河南林业志

（1978～2000）

河南省林业厅　编

黄 河 水 利 出 版 社
·郑　州·

图书在版编目(CIP)数据

河南林业志:1978～2000/河南省林业厅编. —
郑州:黄河水利出版社,2011.4
ISBN 978-7-5509-0016-5

Ⅰ.①河… Ⅱ.①河… Ⅲ.①林业史-河南省-
1978～2000 Ⅳ.①F326.276.1

中国版本图书馆 CIP 数据核字(2011)第 061635 号

组稿编辑:韩美琴 电话:0371-66024331 E-mail:hanmq93@163.com

出 版 社:黄河水利出版社
地址:郑州市顺河路黄委会综合楼 14 层 邮政编码:450003
发行单位:黄河水利出版社
发行部电话:0371-66026940、66020550、66028024、66022620(传真)
E-mail:hhslcbs@126.com
承印单位:河南省瑞光印务股份有限公司
开本:787 mm×1 092 mm 1/16
印张:18.5
字数:315 千字 印数:1—2 000
版次:2011 年 12 月第 1 版 印次:2011 年 12 月第 1 次印刷

定价:118.00 元

编委会名单

编辑说明

《河南林业志》(1978～2000)是第一部全面记述改革开放后河南省林业建设和发展历程的志书，是河南林业精神文明建设的一件大事，自编写工作启动以来，得到了厅领导的高度重视和各部门的大力支持，几经努力，终于于2011年圆满完成编纂任务，付梓出版。

本志结合了《河南省志·林业志》部分的编写工作。根据河南省志的编写要求，时间上限为1978年，下限截至2000年，前后23年时间。这23年也是河南林业建设快速发展的重要时期之一。

《河南林业志》(1978～2000)的编写采用章节条目体，篇目结构为编委会名单、凡例、编辑说明、正文、后记。主题内容由12章39节427个条目组成。全书约32万字。

为突出河南林业的特点，全面反映20多年来林业建设取得的成就和发展变革的历程，同时保证全书的完整性、系统性、资料性和时代性，更好地起到志书存史、资志的作用，对于篇目的设置和具体内容的选择，除遵循一般志书的编写原则外，还收录了人事党务和人物等内容。

在内容的编写方面，依据科学分类、按照部门分工的原则进行编写。有交叉的部分，根据章节需要安排条目，并遵循详近远略、详主略次的原则，尽可能做到宏观统筹和综合平衡，使全书既整体系统、合理严谨，又分合有序，详略得当。

尽管如此，由于文字记述量大，时间跨度长，收集资料、核实工作有一定的难度，加之编者经验不足、水平有限，在章节设置、内容选择、文字记述、资料考证等方面，难免会有这样那样的错误或疏漏之处，敬请有关专家、同仁以及广大读者批评指正。

本书的编纂工作得到了各级领导、同事的大力支持和帮助，在此表示衷心的感谢。

编　者

2011年8月

凡　例

一、《河南林业志》(1978～2000)的编写以马列主义、毛泽东思想、邓小平理论、“三个代表”重要思想和科学发展观为指导，运用辩证唯物主义与历史唯物主义的观点，在认真贯彻国务院《地方志工作条例》的基础上，坚持存真求实的原则，如实记述河南林业改革发展的客观实际，充分反映河南林业改革发展的过程和取得的巨大成就，力求达到思想性、科学性和资料性的统一。

二、本志内容上限始自1978年,下限止于2000年。

三、本志的编写方式,以志为主,辅以述、记、传、表等形式,采用章、节和条、目结合体例,按照林业工作的性质,事一类从,横分纵述。章为最高层次,章、节下面直接以条目展开。条目为实体,以时间为序,直陈其事。人物条目的排序依据生年先后排列。

四、各章、节、条、目以事命题，条目不标次第序码，主条目为实心鱼尾纹号,典型条目为空心鱼尾纹号;各级标题力求简明、规范,能准确涵盖所描述的内容。

五、本志采用记述性语体文,寓观点于记事之中,行文力求准确、朴实、简洁、流畅。所使用的文字、标点符号、数字、时间、计量单位、年代等,均按国家有关规定和统一规范书写,做到使用准确,前后统一。行文的计量单位名称均用汉字表示,如10公里、15立方米等。历史上使用过的计量单位,有条件的尽可能换算成现行量值。

六、组织机构、会议、文件、著作等名称一般用全称,过长的名称第一次出现时使用全称,后用简称。地名用当时名称。纪年一般按公历。机构、职位按当时称谓记述。一些机构名称发生变更,一般自变更之日起使用新的名称,不再特别注明。译文以通译为准。

七、志中注释,均采用文内注方式。文中表序以所在章和排列序号两个数字编码。

八、书中引用数据以统计部门和主管单位公布数据为准。

九、本志资料来源主要为省林业厅原始档案、省地方志有关林业的专著和文献记载，以及本厅各职能部门及地方林业局提供的专题资料。数据来自统计部门和有关单位。在编写过程中广采博取，并详加考订核实，力求做到去伪存真，准确完整，翔实可靠。所收录的资料一般不再注明出处。

目 录

第一章 综 述

远古时期的河南，境内多数地方为森林所覆盖，生态环境良好，适宜人类居住。至公元前2700年左右，全省森林面积约有1 500多万公顷，森林覆盖率约为63%。随着人口数量的增加、生产的发展以及战乱的破坏，大片的森林逐渐变为农地或荒山。至中华人民共和国成立时，全省平原地区仅保存林木2.5亿株，林木覆盖率为1.5%；山区保存森林130多万公顷，林木蓄积量1 278万立方米，森林覆盖率为7.81%，成为一个缺林少材、水土流失和风沙危害严重、生态环境恶化的省份。中华人民共和国成立之后，河南逐步开展了沙区造林、平原绿化和荒山造林活动，全省森林资源得到了恢复和发展。但由于接连遭受了大炼钢铁和“文化大革命”时期的重大破坏，全省林业建设进展缓慢。

中共十一届三中全会，把全党全国工作的重心转移到社会主义现代化建设上来，开启了改革开放的伟大航程，也开启了河南林业事业发展的新时期。河南林业工作坚持深化改革，广泛发动群众，有计划、有组织地开展了人工造林、封山育林和飞播造林，大力培育森林资源；增设了林政管理、林业公安和护林防火机构，加强了林业执法和森林资源保护管理，切实巩固造林绿化成果；坚持科教兴林，积极发展林业产业，不断提高林业的质量和效益；全省林业工作向全社会办林业，全民搞绿化，资源培育、保护和利用并重方向发展，林业建设逐步走上持续、快速、健康发展的道路。

1978年以后，中国农业经营形式发生历史性变革，农村全面推行了家庭联产承包责任制，但由于林业生产责任制尚未建立，一些地方没有充分考虑林业的特殊性，一味套用农业生产责任制形式，对集体林木实行分户经营管理，责、权、利不明确，不少地方乱砍滥伐林木，形成了仅次于大炼钢铁时破坏森林资源的现象，致使全省森林覆盖率急剧下降，可采森林资源趋于枯竭。1979～1980年，全省共发生滥伐林木事件14 165起，砍树1 439万株，至1980年底，全省森林覆盖率下降到8.5%。

1981年，河南省认真贯彻执行党在农村的经济政策，从林业的自身特点和省情出发，制定了与农业生产责任制相适应、符合河南实际的林业政策，把

“统”和“分”有机地结合起来,较好地解决了农民群众最为关注的林木所有权与收益分配权问题,极大地调动了广大群众造林营林的积极性。1982年全国人大常委会作出了《关于开展全民义务植树运动的决议》,河南省人民政府发出《关于开展全民义务植树运动的通知》,要求各级人民政府都建立绿化委员会,把义务植树纳入整个造林计划。同时决定每年3月和11月为全省植树造林月,并成立河南省绿化委员会。全省县以上各级政府成立了以政府主要领导为主任,以财政、计划、铁路、城建、交通、林业、农业、水利等部门和地方驻军主要负责人为成员的绿化委员会,组织、动员适龄公民和各部门、各系统开展义务植树、绿化国土活动。河南省委、省政府针对河南平原地区的实际情况,通过制定优惠政策,树立典型,大力开展平原绿化活动。对平原地区原有树木,除少部分留集体经营管理外,其余作价转让给农户管理,收益归农户所有;在指定地点新栽的树木,实行“谁栽谁有,合造共有”的林业政策,调动了农民群众植树造林的积极性,拉开了河南大规模平原绿化的序幕。新郑县和尉氏县率先推行“统一规划、树随地走、苗木自筹、谁栽谁有”的林业政策,把农民的内在动力变成了有组织、有计划的植树造林运动,三年实现了农林间作和农田林网化。禹县采用“春育苗、夏规划、秋冬栽植”的方法,1983年当年育苗、当年出圃、当年植树800万株,营造农田林网和农桐间作7万多公顷,一年完成了全县的平原绿化植树任务。1983年10月,林业部在郑州召开了全国第五次平原绿化会议,新郑等12个县被授予“全国平原绿化先进县”荣誉称号。在推进平原绿化快速发展的同时,河南省委、省政府制定了“以林为主,全面发展”的山区林业建设方针,开展了稳定山权林权、划定自留山和责任山、确定林业生产责任制为内容的林业“三定”工作。各地从实际出发,进一步放宽林业政策,“农民经营的自留山有使用林地权、经营自主权、收益分配权、子女继承权和中途转让权”,“农民承包责任山的面积不限,承包期限30年至50年不变”,这些林业政策的制定,解除了群众长期以来的思想顾虑,许多农民上山落户办林场,由兼营林业向专业化发展。与此同时,针对一些地方出现的一山多户或一户多山,过于分散,无法治理和个别农户荒山面积过大、难以治理两种新情况,桐柏、信阳、泌阳等县在不改变“两山”(自留山、责任山)所有权、继续稳定林业家庭承包责任制的基础上,按照综合治理的原则,重新规划山场,采取统一整地、统一栽植、统一管护、统一技术指导,收益按山权、管护、投工投资比例分成,联营合股的办法,规模治理荒山荒地。河南省政府在泌阳召开现场会,推广其经验,进一步加快了全省山区造林绿化的进程。到1984年全省林业“三定”工作基本结束时,全省共给农民划定自留山74.5万公顷、责任山131.1万公顷,林业专业户发展到66 202户,林业重点户发展到30 670万户,林业联合体发展到6 100个。

在林业政策的推动和新郑县、尉氏县、禹县等平原绿化先进典型的带动下,河南平原绿化开始向大规模、高标准迈进。“党政领导包植树面积,林业干部包技术指导”的“双包”植树造林责任制在全省各地广泛推广;“春抓育苗、夏抓规划、秋冬突击植树造林、常年抓管护”已成为一套规范化的生产程序,在平原绿化工作中广泛应用;“群众集资、国家补助、苗木自筹、谁栽谁有”的资金筹措办法有效地解决了平原绿化的投入和苗木供应问题,推动了河南平原绿化的快速发展。商丘地区实行田、林、路、渠统一规划,点、片、网、带综合发展,8县1市通过一个冬春完成了全区的农田林网化建设任务,成为全国第一个实现农田林网化的地区,使农田林网打破了一县一市的界限,实现了上千万亩连片绿化,并为全省平原绿化的整体推进创造了一套成功经验。1984年2月13日,《人民日报》发表了题为《扎扎实实地抓绿化》的评论员文章,向全国推广了禹县平原绿化和河南大搞农田林网化建设的经验;林业部对禹县平原绿化提出了表扬,河南省委、省政府通令嘉奖了禹县。1985年3月,国务院副总理、中央绿化委员会主任万里及参加中央绿化委员会第四次全体会议的委员视察了商丘地区的平原绿化工作。同年7月,第九届世界林业大会在墨西哥召开,中国代表团提交的《中国的平原绿化》报告重点介绍了河南省平原绿化的经验,在与会代表中引起强烈反响,被称为是中国的一大创举。1986年,林业部在商丘召开8省(市)平原绿化现场经验交流会,冀、鲁、豫、晋、苏(北)、皖(北)和京、津等8个省(市)的106个平原县(市)及省、市林业厅(局)和部分地(市)的负责人出席了会议,河南省商丘、周口两地区和民权等40个县获得“达到平原绿化标准”证书和“全国平原绿化先进单位”奖牌。随着平原绿化工作的深入开展,河南省及时调整了平原绿化的经营方针,从单一的以发挥生态防护效益为目标,向生态效益与经济效益相结合的双目标发展,按照经济规律开展平原绿化工作,在抓好造林绿化的同时,注意林木的加工利用和林产品市场建设,实行林、工、商综合经营,森林资源培育、保护和开发利用全面发展,使平原绿化不仅成为改善农业生产条件的有效措施,而且成为农民增收的重要途径。全省平原地区先后建起了600多个木材交易市场,上千家林产品加工企业迅速在平原地区崛起,木材买卖自由,价格随行就市而且轻税薄赋,使广大农民在平原绿化中得到了较大实惠。

随着国家对林业生态建设的重视和林业投资的加大,河南省开始实施国家林业重点工程,造林绿化工作开始由群众投资投劳造林逐步向工程造林转变。1986 年，河南在豫北 4 市的 15 个县(市、区)启动了太行山绿化工程，林业部批准规划区宜林地总面积 53.3 万公顷。1987 年，河南省开始建设“京九绿色长廊(河南段)”工程。

1987 年，中央提出“实行领导干部保护、发展森林资源任期目标责任制”。中共河南省委、河南省政府认真执行中央的指示，落实森林资源保护和发展目标责任制，把植树造林、绿化国土的任务放在各级领导干部的肩上，每年召开一次山区工作会议或林业工作会议，安排部署林业工作。1988 年，河南省吸取 1987 年大兴安岭特大森林火灾的教训，重新成立了省护林防火指挥部，由省政府分管林业的副省长任指挥长，河南省军区和林业、公安、铁路、司法、交通、邮电、物资、气象、卫生、民航、民政等部门负责人任成员。各级政府也成立了相应的护林防火指挥机构。省政府制定并印发了《河南省护林防火指挥部职责范围和工作制度》和《河南省林木采伐和木材管理运输管理办法》，发布了护林防火布告，切实加强护林防火和森林资源管理工作。全省各地大力造林、普遍护林，国家、集体、个人一齐上，造、育、管、护密切配合，生产、加工、流通一起抓，造林绿化事业走上了稳步发展的轨道。

1989 年，河南省制定了“完善平原，主攻山区”的林业建设方针。中共河南省委书记杨析综发表了题为“奋战十年，绿化中原”的电视讲话，进行全省动员，要求各级党委、政府加强对造林绿化工作的领导，全社会各行各业都尽自己的责任，参与林业建设和国土绿化。中共河南省委办公厅、河南省政府办公厅转发了省绿化委员会《关于各级党委政府领导干部都要办造林绿化点的意见》，要求各级党政领导率先垂范，带头领办造林绿化点，以实际行动带领群众植树造林，绿化国土。河南各地各部门积极响应省委、省政府的号召，切实搞好各地各部门的造林绿化工作。同时，根据全国平原绿化达标的要求，河南省政府提出了“奋战三年，实现全省平原绿化达标”的奋斗目标，对全省平原、半平原和部分平原县进行了摸底排队，制定了分期分批达标计划，实行平原绿化达标目标管理，单独考核。1990 年河南省政府召开了 35 个平原绿化未达标县座谈会，要求平原绿化未达标的县制定限期达标规划，集中力量打歼灭战，促使一些平原绿化基础较差、长期绿化水平上不去的县，在短期内实现了平原绿化达标。全省一手抓平原绿化完善提高，一手抓山区造林绿化，平原绿化和山区造林同步发展。

1990 年 8 月，林业部在驻马店市召开了全国平原绿化座谈会，推广河南整体推进平原绿化的经验，全国 19 个重点平原省(区)和 9 个计划单列市、4 个重点平原绿化县(区)的代表及河南省 11 个平原绿化未达标县的主管副县长参加了会议。针对平原地区已经实现大范围绿化而山区造林绿化进展缓慢的情况,全省林业工作在巩固和发展平原绿化成果的基础上,及时将重点转移到了山区。中共河南省委、河南省人民政府作出了关于实施《河南省十年造林绿化规划》的决定,河南省人大常委会作出了《关于全民动员 奋斗十年 基本绿化中州大地的决议》,河南省政府印发了《河南省十年造林绿化规划(1990~1999年)》,对今后十年造林绿化的目标任务、重点建设项目、实施步骤、工作措施等作出了明确规定。为确保按期完成十年造林绿化规划,河南省政府与12个有荒山绿化任务的地(市)负责人签订了河南省山区造林目标责任书。在实施十年造林绿化规划期间,河南省每年召开一次林业工作会议,公开通报造林绿化规划实施进展情况,表彰先进,鞭策落后,安排部署造林绿化工作。

随着改革开放的不断深入,外资项目逐渐增多,河南省在利用好国内资金造林绿化的同时,也积极利用外资开展工程造林,以加快林业发展步伐。1990年,河南启动了世界银行贷款国家造林项目,共利用世界银行贷款579.1万个SDR①(约合人民币5 555.6万元),营造用材林4.23万公顷。1991年,启动了世界银行贷款河南农业发展(林果业)项目,共利用外资2 725万元,造林2.03万公顷。

随着国家对防沙治沙工作的重视,河南的治沙工作开始向工程治理迈进。1991年,河南省制定了防沙治沙十年规划,全国治沙工程项目开始在河南实施,林业部分配给河南治理开发任务6.2万公顷,涉及焦作等9个地(市)的29个县(市、区)和国营林场。

经过3年努力,到1991年,全省94个平原、半平原和部分平原县全部实现了平原绿化达标,被全国绿化委员会、林业部授予"全国平原绿化先进省"荣誉称号。河南省平原绿化达标工作取得的成就在全国引起了较大反响,新华社、人民日报社、中央电视台、中央人民广播电台等中央新闻单位组成中央记者团,对河南平原绿化工作进行了全方位宣传报道。河南实现全省平原绿化整体达标之后,在总结平原绿化40年经验教训的基础上,提出了完善提高全省平原绿化水平的新目标。河南省林业厅针对平原地区的不同特点,制定了《关于搞好平原绿化规划的意见》,将河南平原地区划分为平原沙区、一般平原农区和稻作区3个类型。根据不同类型区防御农业灾害的需要,分别制定了相应的绿化标准。要求3个类型区的农田林网网格面积分别控制在

① "SDR"表示"特别提款权"。

13.33公顷、15公顷、26.67公顷以内，林木覆盖率分别达到17%、12%、10%以上，宜林荒地、荒滩绿化率达到95%以上，沟河路渠绿化率达到90%以上。河南全省实现平原绿化达标后，结合实际，因地制宜地开展了平原绿化规划，以完善农田林网为重点，大力调整林种、树种结构，在全省开展了平原绿化"第二次创业"活动。

在抓好山区荒山造林和平原绿化达标的同时，河南省注重发挥林业的经济效益，切实加大了林业产业发展和经济林基地建设的力度。河南省林业厅编制了《河南省林产工业发展规划》，出台了《关于加快发展林产工业和多种经营的若干意见》，确定了"九五"期间及到2010年全省林产工业和多种经营的发展目标。1991年，河南省政府在三门峡市召开全省山区经济林现场会，贯彻落实中共河南省委、河南省政府关于"调整产业结构，大力发展经济林，加快山区造林绿化步伐、振兴山区经济"的指示精神，动员广大干部职工认真实施十年造林绿化规划，大力发展经济林，振兴山区经济，改变山区面貌。河南省省长李长春在给参加现场会议的代表的信中要求：各地要加快山区经济林发展步伐，走出一条山区脱贫致富、促进山区经济发展的新路子。会议提出了全省10年内发展经济林46.67万公顷，重点建设十大经济林基地，到20世纪末，全省经济林总面积达到100万公顷，经济林产品年总产量达到30亿公斤的总任务。会议确定了全省经济林开发的总体布局：在豫西伏牛山区建立以苹果为主的鲜果基地；豫北太行山区建立干鲜果和花椒基地；豫南大别山区建立以板栗为主的木本粮油基地；豫西南伏牛山区、桐柏山区建立干鲜果、特用经济林基地；中心城市周围结合菜篮子工程，建立小杂果基地。1992年，河南省政府印发了《河南省经济林十年发展规划》。1993年，林业部批准在河南建立了"林业部郑州林产品流通改革试验区"。1993年、1994年，河南省政府连续两年召开全省银杏生产和加工会议，特邀山东省人大常委会副主任李晔作报告，河南省省长马忠臣主持会议并作重要讲话，要求各地广泛宣传、因地制宜、狠抓落实，全省实现人均5棵银杏树的目标，使千秋银杏遍布中原大地。1994年，河南省政府召开豫西经济林基地开发建设会议，河南省副省长李成玉出席会议并对豫西经济林基地开发建设工作作了安排部署。1995年，河南省政府印发了《豫西经济林基地开发建设十年规划》，进一步明确了豫西地区经济林发展的工作思路，全省经济林进入快速发展阶段。

在抓好造林绿化的同时，河南省加强了森林资源保护管理和科教兴林工作。1995年，河南省八届人大常委会第十四次会议审议通过了《河南省实施〈中华人民共和国野生动物保护法〉办法》。河南省林业厅发布了《河南省森林采伐限额管理暂行办法》，对森林采伐限额的制定、凭证采伐管理、检查监督以及违反该办法的处理等，作出了较为详细的规定。1996年，河南省政府下发了《关于在全省设置木材检查站的通知》，决定在全省设置100处木材检查站，并明确木材检查站是林业基层行政执法单位，主要职责是依法查验过往运输车辆的木材运输证、松香运输证、野生动物运输证和森林植物检疫证。河南省林业厅发布了《河南省森林采伐限额核定管理暂行办法》，印发了《关于加强非林业生产使用林地管理的通知》，对森林采伐限额管理和林地征、占用审核作出了明确规定。1996年，省林业厅召开河南省林业科学技术大会，出台了《关于加速林业科学技术进步 实施科教兴林战略的意见》，总结了"八五"期间全省林业科技工作，安排部署了"九五"期间及到2010年全省林业科教发展的主要目标和任务，对全省实施科教兴林工作提出了具体要求。

为确保《河南省十年造林绿化规划（1990～1999年）》目标任务的圆满完成，1996年，中共河南省委、河南省人民政府作出《关于在全省开展造林绿化决战年活动的决定》，把1996年作为全省造林绿化决战年，要求各级党委、政府迅速行动起来，动员全省人民切实搞好绿化宜林荒山和平原绿化完善提高工作。河南省"完善平原，主攻山区"的林业建设经验得到了林业部的高度评价。1996年，全国绿化委员会第十五次全体（扩大）会议第二阶段会议在河南召开，推广了河南山区造林和平原绿化的经验。1997年，河南省委、省政府召开全省林业工作会议，省委书记李长春、省长马忠臣致信会议代表，要求全省山区要保质保量完成规划的荒山造林和补植补造任务，平原要切实搞好平原绿化完善提高工作。会议把1997年作为全省造林绿化攻坚年，要求各级党委、政府和林业部门再接再厉，坚决打好造林绿化攻坚战，确保全省基本绿化宜林荒山和完善提高平原绿化目标如期实现。为调动全社会植树造林的积极性，河南省绿化委员会作出了《关于在全省开展争创造林绿化百佳村、十佳乡、十佳县、十佳单位、一个最佳城市活动的决定》，以树立典型，以点带面，推动全省造林绿化事业持续、快速、健康发展。在实施《河南省十年造林绿化规划（1990～1999年）》期间，河南省层层实行了人工造林实绩核查和造林绿化工作奖惩制度，河南省委、省政府每年都根据省林业厅对各地（市）、县（市、区）造林任务完成情况的核查结果，作出表彰决定和通报批评，先后对95个单位进行了通报表扬，对78个单位给予了通报批评，对26个单位给予了黄牌警告，暂时收回了5个单位的先进奖牌，共颁发奖金1 153万元。

从1999年起，河南省及时调整林业建设的战略部署，以初步建立比较完备的林业生态体系和比较发达的林业产业体系为目标，坚持把林业生态环境建设与国土整治、产业开发和区域经济发展相结合，森林资源培育、保护和合理开发利用并重，把林业工作重点转移到了林业生态工程建设上。河南省人民政府批准实施了《河南省林业生态工程建设规划》，确定了2000年到2030年河南林业建设的目标任务及2030年到2050年的建设设想，提出了今后一个时期河南林业的建设重点和保障措施。河南省政府召开了黄河上中游重点地区天然林保护工程规划编制工作会议，对天然林保护工程规划的基本思路、工程实施的总体目标、工程建设的内容与主要任务、工程实施的政策措施等作出明确规定，正式启动了河南省天然林保护工程。2000年，河南省黄河上中游天然林保护工程区退耕还林(草)试点示范工程正式启动，试点任务包括退耕地造林1.33万公顷、宜林荒山荒地造林1.67万公顷，涉及济源市及陕县、新安县和灵宝市。河南省绿化委员会发出了《关于加快绿色通道工程和城乡绿化一体化建设的通知》，与省交通厅、林业厅一起将京珠高速公路安阳至许昌段列为省级通道绿化示范工程并启动建设。河南省政府印发了《河南省县级平原绿化高级标准》，在全省平原地区开展了平原绿化高级达标活动。

经过改革开放20年艰苦不懈的努力，河南林业取得了长足的发展。据1998年全国第四次森林资源清查结果，全省林业用地面积达379万公顷，占全省总面积1 670万公顷的22.7%；全省有林地面积由1980年的142万公顷增加到209万公顷；全省森林覆盖率由1980年的8.5%提高到12.52%(全省林木覆盖率由1980年的12.97%提高到19.83%)；全省活立木总蓄积量由1980年的6 821.9万立方米增加到13 167.55万立方米(其中“四旁”①树总蓄积量由1980年的3 105.5万立方米增加到7 464.92万立方米)。

平原绿化成效明显。全省平原地区10多万公里铁路、公路和河道两侧基本绿化；豫东5条骨干防风林带得到进一步完善；修建了2条总长424公里、造林4万公顷的豫北黄河故道防护林带以及全长725公里、造林9.6万公顷的青年黄河防护林带。全省平原地区片林面积达到23.2万公顷，保存农田林网、农林间作面积约400万公顷，“四旁”植树达到16.6亿株。全省沟、河、路、渠绿化率达到73.1%，村庄绿化率达到43.1%。全省平原地区活立木蓄积量5 872.5万立方米、年林木蓄积生长量836万立方米、年木材采伐量300万立方米，分别占全省总量的44.6%、52.5%和62.5%。平原林业的快速发展，显著地改善了平原农区的生产条件，促进了农牧业的发展。20年来，全省有60多万公顷沙荒地变成了绿洲，100多万公顷沙碱薄地变成了稳产、高产

① 路旁、沟旁、村旁、宅旁。

田。完善的农田林网有效降低了风速,增加了农田林网内土壤耕作层的含水量,减少了蒸发量,提高了相对湿度,减轻了干热风、霜冻、风沙、干旱和冰雹等自然灾害对农业生产的影响,促进了农作物增产。据在豫东、豫北沙质平原区农田防护林网和旷野对照测定:农田防护林网可使小麦增产6.8%~17.6%、玉米增产5.5%~13.1%、花生增产4.7%~8.4%、棉花增产8.3%~12.8%、西瓜增产12.4%。

林业产业快速发展。全省经济林总面积达到80万公顷,各类干鲜果品年产量达到35亿公斤,产值30亿多元;花卉生产面积达到0.8万公顷;速生丰产用材林面积达到24.66万公顷,蓄积量达到978万立方米。全省共有大中型木材加工企业200多家,人造板年加工能力近60万立方米。全省共建立国家和省级森林公园35个。全省林业总产值达到151亿元。1994年9月,在北京举办的全国林业名特优新产品博览会上,河南展区展出效果十分显著,中共中央总书记江泽民,国务院总理李鹏,国务委员罗干、宋健及中央有关部委和部分省(市、区)的领导参观了河南展区,给予高度评价。

林业生态工程建设进展顺利。在全省组织实施了退耕还林试点工程、天然林保护工程和太行山绿化、黄河中游生态防护林、长江流域综合治理防护林、淮河流域综合治理防护林、太湖流域综合治理防护林、世界银行贷款林业项目、野生动植物保护及自然保护区建设、通道绿化、环城防护林等一批国家和省级重点林业生态工程,共营造防护林46万公顷。在80多个县实施了世界银行贷款林业项目。通过林业重点工程的实施,进一步加快了全省造林绿化步伐,改善了局部地区的生态环境。南阳市6个县实施长江中上游防护林工程4年后,水土流失面积、土壤侵蚀模数和土壤侵蚀量比治理前减少了五分之一,农民人均年林果业收入增加了100多元。

森林资源保护工作不断加强。全省共建立各级森林公安机构185个、木材检查站100个、森林专业消防队63支、森林病虫害防治检疫站131个、乡镇林业工作站2 108个、国家和省级自然保护区13个。组织开展了"中原绿剑行动"、"天保行动"、"林业严打整治斗争"等多次林业严打专项斗争,通过采取厅领导包大案要案督察责任制,集中办案、易地交叉办案、上网追逃等措施,加大了林业案件的查处力度,确保了林区治安稳定。

全民义务植树和部门造林绿化稳步发展。全省各级领导带头创办造林绿化点,县级以上机关单位包山头绿化,带动了全民义务植树的全面开展。淇县全民动手,义务植树,城市支援农村,平原支援山区,干部支援群众,全县87个县直单位、10万群众,在绵延50多公里的300多座山头上,连续奋战4年,植树3 800万株，建成了全省规模最大、标准最高的义务植树基地。全省每年参加义务植树的人数逐步增加到3 500万人次，义务植树达到1.2亿株以上，共建立义务植树基地1 000处、“三八绿色工程”1 000多个、“青年林”450处。部门造林绿化成绩显著，被国家绿化委员会授予“全国部门造林绿化先进省”荣誉称号。

林业改革进一步深化。全省共利用世界银行贷款21 595万元，造林12.65万公顷。全省新建股份合作林场3 000多个，年林产品出口创汇达4 000多万美元。以山区“四荒”和平原“四旁”闲地拍卖为主的林业产权制度改革在全省逐步开展，调动了社会各界发展林业的积极性，林果业、花卉业已成为河南省一些地方新的投资热点和经济增长点。

科教兴林步伐明显加快。全省有100多项林业科技成果获得省部级奖励；选育林木优良品种100多个、引进新品种300多个，共实施国家和省级重点林业科技推广项目300多项次、林业科技开发项目50多项，累计推广新品种200多个、新技术150多项，建立各类科技示范林、示范园、示范点4 000多处；全省林业生产的良种使用率、科技成果转化率、科技成果推广覆盖率、林业科技进步贡献率分别达到57%、34%、30%、28.9%。泡桐新品种研究、湿地松与火炬松引种推广、毛白杨速生丰产栽培技术研究在全国处于领先地位。累计向社会输送林业专业人才1万多人，培训林农200多万人次。

第二章 森林资源

【森林资源概述】 河南省位于我国中东部、黄河中下游、华北平原的南部，地理坐标介于东经110°21′～116°39′、北纬31°23′～36°22′。全省面积16.7万平方公里，约占全国国土面积的1.74%。境内地表形态复杂，北、西、南三面为山地，东部为平原。山地、丘陵面积约占全省面积的44.3%，平原面积约占全省面积的55.7%。河流众多，有大小河流200多条，分属黄河、淮河、海河和长江四大水系。黄河在本省境内的流域面积为3.62万平方公里，占全省面积的21.7%；淮河是本省流域面积最大的水系，在本省境内长约340公里，流域面积8.83万平方公里，占全省面积的52.8%。

河南大部分地处暖温带，南部跨亚热带，属北亚热带与南暖温带过渡的大陆性季风气候，同时还具有自东向西的平原向丘陵山地气候过渡的特征，具有四季分明、雨热同期、复杂多样和气象灾害频繁的特点，植物和动物种类丰富且地带性分布特点比较明显，南北方类型及南北广布的动植物种类都有分布。据2000年河南省陆生野生动物资源调查和史料统计，全省有高等植物近4 000种，其中国家重点保护的植物40种；约有陆生脊椎动物522种，其中国家级保护动物90多种。丰富的动植物资源及不同的植被类型构成了河南省的生物多样性。随着人口的增长和不合理的资源开发活动以及环境污染程度的加剧，对各种生物及其生态系统产生了极大的冲击，生物多样性损失严重。20世纪70年代末期，生物多样性保护的重要性受到了社会的高度关注。一方面，通过大力开展人工造林、封山育林和飞播造林，培育森林资源，增加森林植被；另一方面，通过多种措施，加强动植物资源的管理，保护生物多样性。

根据1998年全国森林资源连续清查的结果，河南省有林地面积达到209.01万公顷，活立木蓄积量达到13 167.55万立方米，森林覆盖率达到12.52%。从1980年到2000年，河南省先后批准建立了内乡宝天曼、嵩县龙池曼、西峡老界岭、鲁山石人山、信阳鸡公山等13个省级自然保护区，先后发布了《河南省人民政府关于保护野生珍贵稀有动物、植物的布告》、《河南省重点保护野生动物名录》、《河南省森林和野生动物类型自然保护管理细则》和《河南省实施〈中华人民共和国野生动物保护法〉办法》，逐步建立和完善了野生动植物保护管理体系,野生动植物保护管理工作逐步走向规范化和法制化管理的轨道,使一批具有代表性、典型性的自然生态系统得以保存,使国家、省级重点保护的野生动植物和一批具有价值的野生动植物资源得到有效保护。

第一节　林地林木资源

【林地林木资源简述】　党的十一届三中全会之后,河南省通过大力开展人工造林、封山育林和飞播造林,加强林地林木资源保护和管理,有林地面积、活立木蓄积量和森林覆盖率实现了“三增长”。据 1998 年全国森林资源连续清查的结果,全省有林地面积由 1980 年的 142.0 万公顷增加到 1998 年的209.01万公顷,活立木蓄积量由 1980 年的 6 821.9 万立方米增加到 1998 年的13 167.55万立方米,森林覆盖率由 1980 年的 8.50% 提高到 1998 年的 12.52%。

【林地资源】　国家规定,每五年进行一次全国性的森林资源连续清查活动。自 1978 年至 2000 年,河南省共进行了 4 次森林资源连续清查。

1979～1980 年全省森林资源连续清查的结果为:全省林业用地面积383.9万公顷,其中有林地面积 142.0 万公顷,占全省林业用地面积的36.99%;疏林地面积 3.7 万公顷,占全省林业用地面积的 0.96%;苗圃地面积 0.1 万公顷,占全省林业用地面积的 0.03%;未成林造林地面积 6.1 万公顷,占全省林业用地面积的 1.59%;灌木林地面积 21.2 万公顷,占全省林业用地面积的 5.52%;无林地面积 210.8 万公顷,占全省林业用地面积的 54.91%。

1988 年全省森林资源连续清查的结果为:全省林业用地面积 370.13 万公顷,其中有林地面积 157.11 万公顷,占全省林业用地面积的 42.45%;疏林地面积 25.54 万公顷,占全省林业用地面积的 6.9%;苗圃地面积 0.83 万公顷,占全省林业用地面积的 0.22%;未成林造林地面积 6.94 万公顷,占全省林业用地面积的 1.88%;灌木林地面积 17.50 万公顷,占全省林业用地面积的 4.72%;无林地面积 162.21 万公顷,占全省林业用地面积的 43.83%。

对比分析 1988 年全省森林资源连续清查的结果与 1980 年全省森林资源连续清查的结果,可以看出,全省林业用地总面积和无林地面积有所减少,有林地面积和疏林地面积增加较多。

1993 年全省森林资源连续清查的结果为:全省林业用地面积 380.12 万公顷,其中有林地面积 175.27 万公顷,占全省林业用地面积的 46.1%;疏林地面积 27.88 万公顷,占全省林业用地面积的 7.3%;灌木林地面积 18.40 万公顷,占全省林业用地面积的 4.9%;未成林造林地面积 7.58 万公顷,占全省林业用地面积的 2.0%；苗圃地面积 0.80 万公顷，占全省林业用地面积的 0.2%；无林地面积 150.24 万公顷，占全省林业用地面积的 39.5%。

对比分析 1993 年全省森林资源连续清查的结果和 1988 年全省森林资源连续清查的结果，可以看出，全省林地资源消长态势的总趋势是林地资源持续增长，全省林业用地、有林地、疏林地和未成林造林地的面积稳步增加，非林业用地和无林地面积持续下降。

1998 年全省森林资源连续清查结果为：全省林业用地面积 378.64 万公顷，其中有林地面积 209.01 万公顷，占全省林业用地面积的 55.2%；疏林地面积 13.40 万公顷，占全省林业用地面积的 3.5%；灌木林地面积 57.78 万公顷，占全省林业用地面积的 15.3%；未成林造林地面积 6.46 万公顷，占全省林业用地面积的 1.7%；苗圃地面积 1.13 万公顷，占全省林业用地面积的 0.3%；无林地面积 90.86 万公顷，占全省林业用地面积的 24.0%。

1998 年全省森林资源连续清查结果与 1993 年全省森林资源连续清查结果对比分析，全省林业用地面积略有减少，有林地面积大幅度增加，无林地面积明显减少。

【林木资源】 据 1979～1980 年全省森林资源连续清查结果：全省活立木总蓄积量 6 821.9 万立方米，其中“四旁”树蓄积量 3 105.5 万立方米。全省森林覆盖率达 8.50%（全省林木覆盖率 12.97%，其中，森林覆盖率 8.50%，灌木林地覆盖率 1.27%，“四旁”树木折算覆盖率 3.20%）。

据 1988 年全省森林资源连续清查结果：全省活立木总蓄积量 9 151.5 万立方米，其中“四旁”树蓄积量 4 487.9 万立方米。全省森林覆盖率 9.40%（全省林木覆盖率 14.8%，其中，森林覆盖率 9.4%，灌木林地覆盖率 1.1%，“四旁”树木折算覆盖率 4.3%）。

对比分析 1988 年全省森林资源连续清查结果与 1980 年全省森林资源连续清查结果，可以看出，1988 年全省活立木总蓄积量、“四旁”树蓄积量和森林覆盖率都保持持续增长的趋势，但依然存在着林木蓄积量少、森林覆盖率低、资源分布不均匀、林分结构不合理等现象。

1993 年全省森林资源连续清查的结果为：全省活立木总蓄积量11 748.64 万立方米，其中林分蓄积量 4 818.91 万立方米，占全省活立木总蓄积量的 41.0%；疏林地林木蓄积量 307.00 万立方米，占全省活立木总蓄积量的 2.6%；散生木蓄积量 268.06 万立方米，占全省活立木总蓄积量的 2.3%；“四旁”树总株数 129 706 万株，蓄积量 6 354.67 万立方米，占全省活立木总蓄积量的 54.1%。全省森林覆盖率为 10.50%（全省林木覆盖率为 16.35%，其中森林覆盖率 10.50%，灌木林覆盖率 1.10%，农田林网、林粮间作及“四旁”树木折算覆盖率4.75%）。

对比分析1993年全省森林资源连续清查结果与1988年全省森林资源连续清查结果，可以看出，全省林分蓄积量稳定增长，森林资源的质量明显提高；成熟林资源下降，过量采伐和“拔大毛”择伐现象比较严重；森林资源的消耗量呈上升趋势。

据1998年全省森林资源连续清查结果：全省活立木总蓄积量为13 167.55万立方米，其中林分蓄积量为5 258.50万立方米，占全省活立木总蓄积量的39.9%；疏林地林木蓄积量为102.09万立方米，占全省活立木总蓄积量的0.8%；散生木蓄积量为342.04万立方米，占全省活立木总蓄积量的2.6%；“四旁”树总株数为114 620万株，蓄积量为7 464.92万立方米，占全省活立木总蓄积量的56.7%。全省森林覆盖率为12.52%（全省林木覆盖率为19.83%，其中，森林覆盖率为12.52%，灌木林覆盖率为3.46%，“四旁”树木折算覆盖率为3.85%）。

1998年全省森林资源连续清查结果与1993年全省森林资源连续清查结果对比分析，全省林木资源的主要消长态势是：森林覆盖率继续稳步上升；活立木总蓄积量继续增长，但增长速度有所减缓；森林资源质量继续提高，单位面积林分蓄积量有所增加；用材林可采资源呈上升趋势，林木粗度级上升。

第二节　植物资源

【植物资源简述】　河南省地处北亚热带与南暖温带的过渡地带，气候具有明显的过渡特征，境内地表形态复杂，植物种类丰富。有高等植物近4 000种，其中：树种95科、322属、1 353种（变种、杂交种），常用造林树种大约90个，引进成功并用于造林的树种30多种；被列为国家重点保护的植物40种。河南植被类型多，并呈现出明显的区域和垂直分布特征。河南省内的自然植被分为针叶林植被型、阔叶林植被型、竹林植被型、灌丛和灌草丛植被型、草甸植被型、沼泽植被和水生植被型等6个植被型，划分为黄淮海平原人工栽培植被区、豫西伏牛山北坡与太行山地丘陵台地落叶阔叶植被区、豫西伏牛山北坡与太行山地丘陵台地落叶阔叶植被区、大别山与桐柏山地丘陵常绿落叶阔叶植被区等4个植被区和太行山、伏牛山北坡、伏牛山南坡、大别山与桐柏山等4个森林垂直带谱。

【树种资源】　《河南省木本植物名录》记载，河南省共有树种95科、322属、

1 353种(变种、杂交种),包括乔木650种,灌木558种,藤本145种。其中,可供药用478种、油料331种、栲胶7种、软木1种、饮料5种、观赏93种(含1种多用树种)。据1998年全省森林资源连续清查结果,全省209万公顷有林地中,用材林100.4万公顷,占48%;防护林36.8万公顷,占17.6%;特用林3.9万公顷,占1.8%;薪炭林8.7万公顷,占4.2%;经济林57.3万公顷,占27.4%;竹林1.9万公顷,占1%。

〖常用造林树种〗　河南造林绿化采用树种90个左右,其中,用材林和防护林树种近60种,经济林树种20多种,采条树种5种。用材林和防护林树种主要有油松、华山松、马尾松、黄山松、黑松、火炬松、湿地松、华北落叶松、日本落叶松、杉木、池杉、落羽杉、水杉、柳杉、侧柏、桧柏、银杏、麻栎、栓皮栎、槲栎、三角枫、五角枫、枫杨、七叶树、淡竹、刚竹、毛竹、毛白杨、小叶杨、加杨、欧美杂交杨、美杨、青杨、旱柳、白榆、刺槐、楸树、黄金树、兰考泡桐、山明泡桐、豫选1号泡桐、毛泡桐、豫林1号泡桐、白花泡桐、中国槐、臭椿、苦楝、合欢、黄山栾、悬铃木、喜树、重阳木、美国黑核桃和四倍体刺槐等。经济林树种主要有:枣树、柿树、板栗、核桃、油茶、黄连木、棕子、花椒、油桐、漆树、乌桕、山茱萸、玉兰、杜仲、金银花、苹果、梨、葡萄、石榴、桃、杏、李、樱桃、柑橘、猕猴桃和美国黑樱桃等。采条树种主要有:柽柳、紫穗槐、白蜡条、杞柳和荆条等。

〖珍稀树种〗　河南省的珍稀树种有连香树、香果树、大别山五针松、大果青扦、金钱松、红豆杉、香榧、太行花、垂枝云杉、山白树、巴山冷杉、银杏、南方红豆杉、水曲柳、秦岭冷杉、水青树、红豆树、秤锤树、楠木、金钱松、连香树等30多种。这些树种有的已濒临灭绝,有的为全国所稀有。

〖引进树种〗　河南省树种引进历史悠久,核桃、石榴等树种,相传为西汉张骞通西域时,经新疆一带引入河南,后逐渐已乡土化。清末开始引进刺槐等树种进行人工造林。截至2000年,河南省试验引进树种有池杉、落羽杉、水杉、日本柳杉、日本黑松、雪松、火炬松、湿地松、日本落叶松、铅笔柏、美杨、加杨、欧美杂交杨、银白杨、悬铃木、新疆核桃、火炬树、珙桐、银鹊树、美国黑核桃、四倍体刺槐、美国黑樱桃、日本甜柿等30多种,其中落羽杉、水杉、日本柳杉、日本黑松、雪松、火炬松、湿地松、日本落叶松、欧美杂交杨、悬铃木、新疆核桃、美国黑核桃等树种在全省各地大量种植。

【野生植物资源】　河南省有高等植物247科,近4 000种,其中苔藓植物48科,103属,167种;蕨类植物29科,73属,255种;裸子植物10科,25属,75种;被子植物160科,1 009属,3 500种左右。伏牛山区、大别山区、桐柏山区和太行山区为野生植物集中分布区。在伏牛山区分布的维管植物共计174

科,892 属,2 879 种;在大别山区的鸡公山自然保护区就有高等植物 217 科,900 属,1 693 种;在太行山区的太行山猕猴自然保护区,分布有 197 科,785 属,1 760 种高等植物。

河南省分布的我国特产的单种属有香果树、青檀、连香树、大血藤、猥实、水青树等。还有一些我国特产的少种属,如地构叶、金钱槭、八角莲、虎榛子等。河南特有的种属有河南马先蒿、河南蓼、河南海棠、河南杈叶槭、河南蒿、河南山梅花、河南杜鹃等。

河南植物区系成分复杂。有丰富的世界广布成分,常见的草本植物有蓼、紫苑、龙胆、苔草、鬼针草、野塘蒿、苍耳、狗尾草、莎草、芦苇、灯心草等。木本和蕨类植物的世界广布种有鼠李、悬钩子、铁线蕨、铁角蕨、蹄盖蕨、满江红、槐叶萍等植物。北温带成分是河南野生植物资源的重要部分,常见的种类有云杉、冷杉、槭、桦木、鹅耳枥等。河南还广泛分布东亚成分,如水青科、领春木科、连香树科、箐荚叶科等,是第三纪的孑遗植物,主要分布于伏牛山区或太行山区。另外,河南还分布有属于泛热带成分、热带美洲和热带亚洲成分、东亚—北美成分的野生植物。

按用途分,河南省有用材植物 300 余种,淀粉植物 100 余种,纤维植物近 200 种,野生油料及涂料植物 200 余种,野生果树资源 100 余种,鞣料与色素植物 300 余种,香科植物 200 余种,药用植物 1 000 余种,园林绿化植物 400 余种,野菜植物 100 余种,野生饲料植物 200 余种。

【珍稀濒危植物资源】 1984 年,国务院环境保护委员会公布了第一批《珍稀濒危保护植物名录》,确定国家一级重点保护植物 8 种,二级重点保护植物 159 种,三级重点保护植物 222 种。河南省分布有 40 种国家重点保护植物,其中列为国家二级保护植物的有狭叶瓶尔小草、银杏、大果青扦、大别山五针松、金钱松、连香树、水青树、山白树、杜仲、秤锤树、香果树、太行花、独花兰等 13 种,列入国家三级保护的有秦岭冷杉、麦吊云杉、红豆树、野大豆等 27 种。1999 年 8 月 4 日,国务院批准了《国家重点保护野生植物名录(第一批)》。河南境内有国家重点保护野生植物 27 种,其中国家一级重点保护野生植物有银杏、红豆杉、南方红豆杉 3 种,国家二级重点保护野生植物有秦岭冷杉、麦吊云杉、大果青扦、大别山五针松、金钱松、球果香榧、华山新麦草、中华结缕草、香樟、润楠、闽楠、楠木、野大豆、花榈木、红豆树、厚朴、连香树、水青树、红椿、水曲柳、香果树、川黄檗、秤锤树、榉树等 24 种。

〖银杏(*Ginkgo biloba* Linn)〗 银杏又名白果树、公孙树,为中国特有树种,也是著名的中生代孑遗植物,是现存种子植物中最古老的种类,是研究古生物学、古地理学、古气候学等的重要古植物之一，被称为“活化石”。银杏树树干端直，树形优美，种仁俗称白果，可食用、入药，现普遍栽培于河南各地。野生银杏为国家一级重点保护植物。河南省把树龄超过100年的栽培银杏作为野生植物对待。

〖红豆杉(*Taxus chinensis*)〗　红豆杉又名紫杉树，属红豆杉科常绿乔木，为中国特有的第三纪孑遗树种之一，被列为国家一级保护植物。红豆杉木材致密，色泽美观，尤以其坚韧、耐腐性强，成为造船工业、高级家具、细木工的特优材料。红豆杉树形整齐，枝叶碧绿；种子成熟后，红如玛瑙，点缀在绿叶丛中，色彩艳丽，是优美的观赏树种。科学研究表明，红豆杉有重要的药用价值，特别是从红豆杉树皮中提取的紫杉烷二萜化合物“紫杉醇”，具有很强的抗癌活性，价格昂贵，所以它又被称做“黄金树”。红豆杉对生境条件要求严格，对空气和土壤湿度要求较高，多在潮湿荫蔽的天然林或河溪两旁有杂木的林中生长。在河南主要分布于卢氏、嵩县、南召、内乡、西峡和鲁山等地。

〖南方红豆杉(*Taxus chinensis var* Mairei)〗　南方红豆杉又名美丽红豆杉、紫金杉，为红豆杉的变种，形态特征上与红豆杉有所区别。在河南主要分布于太行山区的济源、修武及灵宝的小秦岭区域。

〖水曲柳(*Fraxinus mandschurica*)〗　水曲柳又名东北梣，属木樨科落叶乔木，树干通直，是珍贵的用材树种，为国家二级保护植物。水曲柳侧根发达，萌蘖力强，在阔叶林中常可见到萌芽更新的幼树，在河南山区常与千金榆、金钱槭、暖木、漆树、三桠乌药、落叶栎类等树种混生，组成杂木林。水曲柳为寒温带树种，主要生长于东北地区，耐寒性强，喜较冷湿气候及肥沃深厚、排水良好的微酸性土壤，不耐水淹，在沙地、陡坡、干旱山坡或低湿地生长不良。河南是水曲柳分布的南界，境内水曲柳主要分布于伏牛山区海拔1000～1700米的山坡林地或河溪两旁湿润地。

〖香果树(*Emmenopterys henryi*)〗　香果树又名水冬瓜，是第三纪古热带植物区系的孑遗树种，有“活化石”之称，为中国特产单种属树种，分布数量极少，为国家二级保护植物。香果树属于亚热带树种，喜温暖湿润、雨量充沛的气候，分布区为湿润和半湿润气候类型。河南是香果树分布的北界，境内香果树多生长于阴坡或半阴坡的山谷和溪沟两旁低洼地，分布海拔500～1 500米，常与枫杨、青檀、枫香、落叶栎类等混生，多分布于枫杨林群系和落叶栎类群系组中，或单独形成香果树纯林。

〖大果青扦(*Picea neoveichii* Masl)〗　大果青扦属松科常绿乔木，中国特产珍贵稀有树种，国家二级重点保护植物，濒危种。大果青扦为喜温凉湿润气候的针叶树,生境狭窄,种群数量少,且更新繁殖困难。河南省现存 5 株大果青扦,生长于内乡宝天曼自然保护区,与千金榆、栎类等阔叶树混生,分布于千金榆群系中,海拔为 1 200 米。

〖秦岭冷杉(*Abies chensiensis*)〗 秦岭冷杉属松科常绿乔木,是中国特有的珍稀树种,国家二级保护植物,濒危种。秦岭冷杉仅分布于我国北亚热带及暖温带过渡地带的中高山区,数量少,分布区狭窄。秦岭冷杉喜温凉湿润气候,稍耐寒冷,怕干旱瘠薄的土壤,在阴坡及缓坡谷地,土层深厚肥沃、富含腐殖质的微酸性棕壤生长良好,呈零散单株或团状分布。秦岭冷杉在河南主要分布于伏牛山区的内乡、鲁山、嵩县、栾川县及灵宝小秦岭海拔 1 800 米的山坡上,与巴山冷杉、飞蛾槭、锐齿栎、千金榆等树种混生,分布于巴山冷杉、飞蛾槭、锐齿栎等形成的群系中。

〖水青树(*Tetracentron sinense*)〗 水青树属木兰科落叶乔木,是第三纪古热带植物区系的古老成分,在系统发育上孤立,形态独特,在被子植物系统发育研究方面具有重要的科学价值,为国家二级保护植物。水青树为亚热带树种,在伏牛山地冬寒夏凉、雨量较多、湿度大的阴湿谷地、溪沟两岸生长,表现出喜温凉湿润环境及耐寒冷、抗冰冻的特性,分布于河南省伏牛山区的淅川、西峡、南召和内乡县,垂直分布在海拔 800 米以上的落叶栎林中。

〖大别山五针松(*Pinus dabeshanensis*)〗 大别山五针松又名安徽五针松,属松科常绿乔木,可作绿化观赏树,与栓皮栎落叶树种混生,是中国特有树种,也是古老的孑遗树种之一,对于研究古植物区系与古地理气候的演变有重要的科学价值,为国家二级保护植物,濒危种。大别山五针松多生于近山脊的悬岩石缝中,具有一定的耐寒、抗风、抗旱能力,仅在鄂、皖、豫大别山局部地区残留少量植株,而且分布零散,资源极少,河南省仅在商城县的金岗台自然保护区有少量分布。

〖红豆树(*Ormosia hosiei*)〗 红豆树属豆科落叶乔木,为中国特产亚热带树种,为国家二级保护植物,濒危种。大别山和秦岭山脉南坡是红豆树分布的北界,在植物地理和区系的研究上具有一定的学术价值。红豆树是经济价值较高的珍贵树种,野生种极少,大树更为稀见,开花结实量小,天然下种更新困难。红豆树为偏阴性树种,不耐干旱瘠薄土壤,多在河溪两旁、山谷疏林地的温暖避风处生长,海拔 700 ~ 1 300 米,常零星混生于含常绿树种的落叶林中。

〖秤锤树(*Sinojackia xylocarpa*)〗 秤锤树又名捷克木,属安息香科落叶小乔木,是中国特有植物,为国家二级保护植物,濒危种。秤锤树果实似秤锤,可作庭园绿化、观赏植物。秤锤树为北亚热带树种,喜生于温暖湿润、土层深厚、肥沃的微酸性土壤，常生长在山坡林缘或疏林中，与麻栎、黄连木、山合欢等混生。在河南零星分布于商城黄柏山、新县黄毛尖等地海拔500～800米的山地落叶栎林中。

〖楠木（*Phoebe zhennan*）〗　楠木又名雅楠、桢楠，属樟科，常绿乔木，中国特产珍贵树种，渐危种，为国家二级重点保护植物。楠木为中亚热带、深根、阴性树种，喜冬暖夏热、秋雨较多、冬阴多雾、少霜雪的湿润型气候，不耐寒冷。楠木对土壤条件要求较严格，适宜在富含腐殖质、土层深厚、湿润的酸性土壤生长，主要分布于海拔1 000米以下避风的幽深峡谷地，常在常绿树和落叶树种混生的密林中散生，伴生的乔木树种主要有青冈栎、香果树、枫杨、中华槭等，灌木层有冬青、紫珠、构骨等，草本植物较少。

〖连香树（*Cercidiphyllum japonicum*）〗　连香树又名子母树、紫荆叶木，属连香树科，落叶高大乔木，系第三纪时期的孑遗树种，属单属科植物的稀有种，东亚植物区系的特征科，对于研究古植物区系和古地理气候有着重要的科学价值，为国家二级重点保护植物，稀有种。连香树较耐寒冷，怕干旱，喜温凉湿润的气候，多见于山地黄壤或黄棕壤呈中性或微酸性的土壤中，在土层深厚、富含有机质的沙壤生长良好。连香树的萌芽性很强，被砍伐的母树桩常萌发出众多的萌蘖苗，群众习惯称之为“子母树”。连香树在河南主要分布于海拔1 000米以上的山谷杂木林中，常与领春木、千金榆、枫杨及落叶栎类伴生，形成落叶栎林、千金榆林、枫杨林、领春木林等群系或群系组。

〖金钱松（*Pseudolarix amabilis*）〗　金钱松属松科落叶乔木，是中国特产的单种属植物，系第三纪古热带区系的孑遗树种，为国家二级重点保护植物，稀有种。金钱松树干通直，材质优良，为亚热带地区的珍贵用材树。它树姿优美，叶轮状排列，入秋变黄，状若金钱，是世界驰名的五大庭园观赏树木之一。金钱松为亚热带树种，适生于温暖湿润气候和深厚肥沃、排水良好的酸性土壤或中性土壤，耐寒性较强。河南是金钱松分布的北界。

【森林资源分布】　河南省地处南北气候和从山区到平原的过渡地带，因受气候和地形的影响，森林植被表现出南北不同地带的过渡性和自高山到平原不同环境的复杂性，形成多种多样的植被类型，呈现出明显的区域和垂直分布特征。

〖森林植被类型〗　河南省的植被类型为北亚热带和南暖温带的过渡型，以温带为主。由于山川、河流众多，地形复杂，气候、海拔及小地形的影响，地域之间植被差异显著，垂直分布带谱较为明显。河南省的自然植被分为针叶林植被型、阔叶林植被型、竹林植被型、灌丛和灌草丛植被型、草甸植被型、沼泽植被和水生植被型等 6 个植被型。

针叶林植被型：该植被型在河南各山区均有分布，可分为落叶针叶林群系纲、常绿针叶林群系纲、针阔叶混交林群系纲 3 个群系纲。落叶针叶林群系纲包括落叶松林、水杉林、落羽杉林 3 个群系；常绿针叶林群系纲包括巴山冷杉林、秦岭冷杉林、油松林、白皮松林、华山松林、黄山松林、侧柏林、柳杉林、铁杉林、杉木林、马尾松林 11 个群系；针阔叶混交林群系纲，包括马尾松林、栓皮栎林、华山松林、锐齿栎林 4 个群系。

阔叶林植被型：该植被型广布于全省，可分为落叶阔叶林群系纲，落叶、常绿栎类混交林群系纲，山顶常绿阔叶矮曲林群系纲等。落叶阔叶林群系纲包括山杨林、白桦林、红桦林、坚桦林、千金榆林、锐齿栎林、栓皮栎林、短柄枹林、麻栎林、槲栎林、辽东栎林、石灰树林、茅栗林、板栗林、漆树林、黄连木林、黄檀林、化香林、江南桤木林、枫杨林、枫香林、香果树林、榆树林、毛白杨林、旱柳林、刺槐林、泡桐林 26 个群系；落叶、常绿栎类混交林群系纲包括栓皮栎、青冈栎林，栓皮栎、岩栎林，黄橿子林，黄橿子、鹅耳栎林 4 个群系；山顶常绿阔叶矮曲林群系纲包括太白杜鹃林、河南杜鹃林 2 个群系。

竹林植被型：河南竹林多为人工栽培，可分为单轴型竹林群系纲、合轴型竹林群系纲、复轴型竹林群系纲 3 个群系纲。单轴型竹林群系纲包括毛竹林、桂竹林、刚竹林、淡竹林、水竹林 5 个群系；合轴型竹林群系纲包括华橘竹林、箭竹林 2 个群系；复轴型竹林群系纲仅有阔叶箬竹林 1 个群系。

灌丛和灌草丛植被型：可分为常绿灌丛、落叶灌丛和灌草丛 3 个群系纲 33 个群系。

草甸植被型：可分为典型草甸、湿生草甸、盐生草甸和沙生草甸 4 个群系纲 29 个群系。

沼泽植被和水生植被型：可分为沼泽植被和水生植被 2 个群系纲 30 个群系。

〖森林植被区域分布〗 1980 年中国植被编辑委员会出版的《中国植被》一书，把河南森林植被划为暖温带落叶阔叶林和亚热带常绿落叶混交林两个区域。根据全国植被区划分以及河南自然条件和植物分布组成的区系特征，将河南划分为黄淮海平原人工栽培植被区，豫西伏牛山北坡、太行山地丘陵台地落叶阔叶植被区，伏牛山南坡山地、丘陵、盆地含有常绿阔叶植被区和大别山、桐柏山地丘陵常绿落叶阔叶植被区等 4 个植被区。

黄淮海平原人工栽培植被区：该区地势平坦，由于开垦历史悠久，天然植被已为人工栽培植物所代替。在自然植被中，草本植物约有 100 多种，以禾本科、莎草科、菊科、藜科等为最多,常见的有狗尾草、马唐、莎草、马齿菜等,盐碱地区有碱蓬、猪毛菜、节节草等。森林植物以华北区系成分为主,常见的有杨、旱柳、榆、国槐、刺槐、臭椿、兰考泡桐、楸树、侧柏等。博爱、沁阳一带还分布有斑竹、甜竹。果树有梨、苹果、桃、杏、柿、枣、葡萄、李等。

豫西伏牛山北坡、太行山地丘陵台地落叶阔叶植被区:该区具有高山深谷、低丘缓坡、平川等复杂地形,因而植被分布呈现一定的复杂性,但仍以华北区系为主。本区森林植被因人为破坏呈次生状态,海拔 1 400 ~ 1 700 米,多以华山松、槲栎、锐齿栎为建群种,混生树种有槲树、千金榆、鹅耳枥、四照花、椴树、白桦、红桦等;在 1 000 ~1 400 米处主要以栓皮栎、油松为建群种,伴生有千金榆、椴树、槭树、朴树等;1 000 米以下多栎类萌生幼林;伏牛山高海拔地带尚有太白冷杉、铁杉零星分布。林下灌木有河南杜鹃、荆条、酸枣、黄栌、杜梨、连翘、三桠乌药、六道木等。常见的草本植物有黄背草、白草、茵陈篙、黄花篙等。村庄周围散生有侧柏、皂角、楸树、刺槐、黄连木、银杏等。果树有柿、枣、苹果、核桃、桃、梨、杏等。中山引种日本落叶松获得成功。

伏牛山南坡山地丘陵、盆地含有常绿阔叶植被区:该区北面因高山阻隔,低温寒流影响较小,热量资源比较丰富,其自然分布的植被虽有南北东西成分交汇的特色,但山麓仍以北亚热带森林植被景观为主。地带性植被多以栓皮栎、麻栎、锐齿槲栎为建群种的落叶阔叶林和马尾松为建群种的针叶林。海拔 1 800 米以上山脊分布有铁杉、太白冷杉、华山松和马桑、忍冬、夹迷等灌丛,草本植物以禾本科、莎草科、菊科植物为主;海拔 1 400 ~ 1800 米以上多为华山松与锐齿槲栎混交林,次为栓皮栎与锐齿栎混交林,另外还混交有椴树、湖北枫杨、漆树、五角枫,灌丛植物有胡枝子、连翘、照山白等,草本植物有羊胡子草、天门冬、黄背草、白昔等;800 ~ 1 400 米山区,为锐齿槲栎和栓皮栎混交林、油松林;800 米以下的低山垄岗生长着大量的栓皮栎、麻栎、油松、马尾松等;东部南召一带 400 ~ 1 200 米,多以栓皮栎为主;西南部淅川、内乡一带有棱果海桐、冬青为主的常绿灌丛,在背风阳坡地带有人工栽培的柑橘、油桐、杉木等;南阳盆地自然植被早已荡然无存,周围的垄岗荒坡多为灌丛与草类,间有少量人工栽植刺槐。村庄周围散生树种有椿、榆、杨、柳、泡桐、女贞、刺槐、皂角等,果树有桃、杏、梨等。

大别山、桐柏山地丘陵常绿落叶阔叶植被区:该区地处亚热带北部边缘,是河南水热资源最为丰富的地区。典型植被是常绿阔叶、落叶混交林,以落叶阔叶混交林为主。海拔 200 ~ 500 米阴坡、半阴坡多被麻栎、栓皮栎、茅栗所占据,山谷中多为刺楸、四照花、杜鹃、粗榧等组成的杂木林,阳坡上多分布枫香。

在500米以下的山溪两旁，枫杨、红心柳分布普遍。常绿树种有铁杉、冬青、青冈栎等，针叶树种有马尾松，广泛分布在海拔600米以下地区，700米以上则由黄山松林所取代；杉林多人工林，主要分布在海拔1 000米以下的山脚、山凹等土层深厚而肥沃的背风沟洼处。草本植物主要有芒草、黄背草、白茅等。在淮南畈田平原和垄岗地区，有散生的楸树、泡桐、刺槐、旱柳、枫杨、刚竹等。该区经济树种主要有茶树、油茶、油桐、乌桕、毛竹、板栗、桃、杏等。近几年来当地引种获得成功的树种有水杉、柳杉、温地松、火炬松、檫树、喜树等。

〖森林植被垂直分布〗　河南从山区到平原海拔高差2 000多米，由于土壤、气候不同，使森林植被类型在各山区呈现出明显的垂直分布。

太行山森林垂直带谱：海拔1 800米以上为华山松林和山顶灌丛；海拔1 800～1 000米，为锐齿槲栎林和华山松林（华山松面积较小，仅分布于局部地区）；海拔1 000～600米，为栓皮栎林和油松林；海拔600米以下，天然森林破坏殆尽，水土流失严重，分布有侧柏和荆条、酸枣、野皂角灌木。

伏牛山北坡森林垂直带谱：海拔1 800米以上，以华山松为主，在土层湿润的阴坡，有小面积的巴山冷杉林，典型的林下灌木有松花竹；海拔1 800～1 600米，分布着华山松、红桦混交林，华山松、锐齿栎、槲栎混交林，局部地区有油松、锐齿栎、槲栎、枹树混交林；海拔1 600～1 200米，分布着以锐齿栎、槲栎为主的落叶栎林，林下灌木有杭子梢、小叶石棒子、照山白、六道木，接近下限的地方，锐齿栎、槲栎逐渐稀少，常出现以栓皮栎、枹树为主的栎林，混交树种有山杨、槭类、椴类；海拔1 200～800米，多分布栓皮栎萌芽林，以山杨、白桦、化香为主的杂木林，油松林和侧柏疏林，在土壤肥沃湿润的沟谷地带，分布以领春木、千金榆、五角枫、水曲柳为主的阔叶杂木林；海拔800米以下，主要分布着半旱生的灌丛，如黄栌、连翘、荆条、酸枣等，也生长有灌丛状的栓皮栎、化香萌芽林。

伏牛山南坡森林垂直带谱：海拔1 800米以上常分布有华山松纯林，海拔2 000米左右则与巴山冷杉、坚桦、红桦构成混交林；海拔1 800米左右常与油松、铁杉混生，灌木层的种类很多，常见有天目琼花、小叶石棒子、黑果枸子、袋花忍冬、卫矛、悬钩子等；海拔1 800～1 000米分布着以锐齿槲栎为主的落叶栎林，混生有栓皮栎、枹树、千金榆、化香、黄檀等，灌木有连翘、杜鹃、狗脊骨、杭子梢、胡枝子；海拔1 000～400米，主要分布着由原始的落叶栎林、杂木林反复破坏后所形成的杂灌丛，主要树种有黄栌、化香、栓皮栎、枹树、鹅耳枥、连翘、照山白、小叶丁香、胡枝子、绣线菊、山葡萄、猕猴桃等；海拔400～200米，为马尾松林，混生有少量的麻栎、栓皮栎、杜梨、乌桕、响叶杨、黄檀、黄连木等，灌木有荆条、野山楂、胡枝子。海拔1 000米以上,垂直带分布比较明显,1 000米以下由于人为活动频繁,森林破坏严重,垂直带分布不明显。

大别山、桐柏山森林垂直带谱:海拔1 000～800米,为黄山松林带,内含栓皮栎林、杉木林、水杉林、毛竹林;海拔800～400米,为栓皮栎、马尾松林带,内含麻栎林、枫香林和毛竹林;海拔400米以下,为马尾松林、杉木林带,内含油茶林、油桐林和桂竹林。

第三节　动物资源

【动物资源简述】　河南省动物的地带性分布特点比较明显。据《中国动物地理区划》,河南省属于华北区和华中区,该分界线西接秦岭,沿伏牛山主脉向东南倾斜至淮河区,大体沿其主干出省界,因而在河南境内南北方类型及南北广布的动物种类都有分布。界线以北,北方动物种类占优势;界线以南,南方动物种类占优势。

根据2000年河南省陆生野生动物资源调查和史料统计,河南省约有陆生脊椎动物522种,包括两栖动物20种、爬行动物38种、鸟类385种、兽类79种,其中国家一级保护动物13种,国家二级保护动物79种,省重点保护动物35种。

1996～2000年,全省野生动物调查实际发现陆生野生脊椎动物354种,其中两栖动物2目6科16种,爬行动物3目7科27种,鸟类17目46科268种,哺乳动物8目18科43种。豫南小鲵(*Hynobius yunaicus*)是河南省继发现商城肥鲵以来发现的又一新种,红腰杓鹬和秃鹳为这次调查发现的分布新记录种。另外,调查中还发现了一些区域性分布新记录种,如首次发现鹮嘴鹬、黑翅长脚鹬等在孟津县黄河滩区分布等。

【两栖类动物资源】　河南省共有两栖动物20种,秦岭淮河以南有19种,属有尾目5种、无尾目14种,其中施氏巴鲵、极北小鲵、商城肥鲵、东方蝾螈、中国雨蛙、无斑雨蛙、虎纹蛙、饰纹姬蛙8种,仅分布于大别山、桐柏山区。秦岭淮河以北有12种,属有尾目1种、无尾目11种。中国林蛙、花背蟾蜍、中华大蟾蜍、北方狭口蛙、黑斑蛙等在省内广泛分布。

【爬行类动物资源】　河南省有爬行动物38种,分布于大别山、桐柏山区的有31种,伏牛山、太行山区28种,豫东、豫北平原及南阳盆地15种,主要栖息于沟塘、河流、沼泽、稻田以及其他湿地环境,包括黄缘盒龟、王锦蛇、玉斑锦蛇、黑眉锦蛇、乌梢蛇、蝮蛇、菜花烙铁头、竹叶青等。

【鸟类资源】 河南省约有鸟类385种，大别山及桐柏山的鸟类以东洋界种占优势；伏牛山区除有东洋界种外，还有不少古北界种类；太行山区的鸟类种数不及豫南山区多，以古北界种占优势。豫东、豫北鸟类区系简单，北方型的喜鹊、灰喜鹊、乌鸦等占优势。黄河两岸的宽阔滩地、黄河故道及其他湿地为冬候鸟或旅鸟的越冬地或停歇地。鸟类栖息生境多样，森林、湿地、灌丛、农田、城市及乡村均有分布。全省鸟类以水鸟为主，共有103种，其中迁徙水鸟占多数，共92种。从居留情况看，有留鸟11种，如小䴙䴘、斑嘴鸭、鸢等；冬候鸟28种，如大白鹭、白琵鹭、大天鹅、灰鹤等；夏候鸟22种，如池鹭、白鹭、中白鹭、夜鹭等；旅鸟42种，如苍鹭、草鹭、白鹳、黑鹳、小天鹅、白头鹤、丹顶鹤、白鹤等。

【兽类资源】 河南省约有哺乳动物79种，分属于8目21科。其中全省广布种有17种。广大平原农区除野兔、黄鼬、猪獾等广布种外，主要是鼠类众多。大多数哺乳类动物都分布于山区，伏牛山区有哺乳动物67种，大别山、桐柏山区有50种，太行山区有36种，大多栖息于森林、灌丛等各类生境。

【鱼类资源】 河南省鱼类资源比较丰富，全省有129种，以鲤科鱼类为多，其地理分布主要受河流水域的影响。全省自南向北有汉水、淮河、黄河和卫河等4大水系。以淮河水系鱼类最多，分布最广，数量最大，共73种，主要有草鱼、马口鱼、赤眼鳟、宽鳍鱲、逆鱼、银鲴、中华鳑鲏、高体鳑鲏、兴凯棘鳑鲏、餐条、长春鳊、青梢红鲌、鲢鱼、鳙鱼、花䱻、唇䱻、麦穗鱼、黑鳍鳈、棒花鱼、鲤鱼、鲫鱼等，均是广泛分布的习见种，而且有许多为优势种；其次为汉水水系，计70种，其中鲤科鱼类占多数，计有48种；黄河水系有65种，其中鲤科鱼类49种，驰名的黄河鲤鱼在河道中分布普遍；卫河水系的种类和数量均较少，计有45种，其中鲤科鱼类有28种，马口、宽鳍鱲、赤眼鳟、银鲴、中华鳑鲏、鲶鱼、黄颡鱼、鳜鱼、黄鳝、乌鳢、泥鳅等广泛分布于卫河各水域，在淇河中还有著名的淇河鲫鱼。

【重点保护野生动物】 据统计，河南省已列入国家和省重点保护野生动物名录的陆栖脊椎动物有126种，其中国家一级保护动物13种，分别为豹、梅花鹿、白鹳、黑鹳、金雕、白肩雕、玉带海雕、白尾海雕、白头鹤、丹顶鹤、白鹤、大鸨、小鸨；国家二级保护动物79种，分别为猕猴、穿山甲、豺、青鼬、水獭、大灵猫、小灵猫、金猫、原麝、林麝、河麂、鬣羚、斑羚、角䴙䴘、赤颈䴙䴘、白鹈鹕、斑嘴鹈鹕、黄嘴白鹭、小苇鳽、白鹮、白琵鹭、白额雁、大天鹅、小天鹅、鸳鸯、凤头蜂鹰、鸢、栗鸢、苍鹰、赤腹鹰、雀鹰、松雀鹰、大𫛭、普通𫛭、毛脚𫛭、草原雕、乌雕、白腹山雕、蛇雕、秃鹫、白尾鹞、鹊鹞、白头鹞、白腹鹞、鹗、小隼、猎隼、游隼、燕隼、灰背隼、红脚隼、黄爪隼、红隼、勺鸡、白冠长尾雉、红腹锦鸡、灰鹤、白枕鹤、蓑羽鹤、小青脚鹬、斑尾鹃鸠、小鸦鹃、黄嘴角鸮、红角鸮、领角鸮、雕鸮、毛脚鱼鸮、领鸺鹠、斑头鸺鹠、鹰鸮、纵纹腹小鸮、灰林鸮、褐林鸮、长尾林鸮、长耳鸮、短耳鸮、蓝翅八色鸫、大鲵、虎纹蛙；省重点保护动物35种，包括狐、貉、豹猫、小麂、狍、草鹭、苍鹭、大白鹭、红雁、灰雁、八声杜鹃、普通夜鹰、黑枕黄鹂、红嘴山鸦、寿带、画眉、黄缘盒龟、商城肥鲵、黑斑蛙等。

〖豹（*Panthera Pardus* Linnaeus）〗　豹为国家一级保护动物，别名金钱豹、豹子、老豹、文豹，食肉目猫科。豹全身呈黄或橙黄色，布满大小不等的黑斑或古钱状黑环。头圆，颈稍短，被毛棕黄色，背部色较重，往两侧渐浅，至腹部为乳白色。头部密布小黑斑，头顶的黑斑略大；颈背至尾具黑色的圆形或椭圆形黑环，向体后部渐大，腰臀部的最大，黑环内外的毛色相同，耳尖黄色，耳壳黑褐色；颈下部、胸腹部及四肢内侧毛为黄白色，黑褐色斑稀少；四肢外侧为浅棕黄色，黑褐色斑向四肢末端逐渐变小；尾的前2/3部分为棕黄色，有较大的黑褐斑。分布于太行山区、伏牛山区、桐柏大别山区；栖息于多种多样的环境，巢穴相对固定。性情孤僻而机警，平时单独活动。活动时善于隐蔽，并能爬树和游泳。昼伏夜出，活动有一定的领域，并以便尿来标志领域界限。冬、春季节，豹到居民点附近活动，危害家畜家禽；夏、秋季则远离人类聚居区。食物以偶蹄类动物为主，也吃野兔、鸟类和小型肉食性动物。在偏僻山区，亦袭击幼牛、羊、猪、狗、鸡等家畜家禽。2～3岁性成熟，每年3～4月发情交配，6～7月分娩，每胎产2～3仔。

〖猕猴（*Nacaca mulatta* Zimmermann）〗　猕猴为国家二级保护动物，别名猴子、猴、黄猴、恒河猴、广西猴，灵长目猴科。猕猴体形中等匀称，四肢粗短，前肢比后肢略短，指（趾）端有扁平的指（趾）甲。尾短，约等于头体长的1/2。颜面及两耳肉红色，有颊囊，臀胼胝明显，呈红色。体背毛色灰棕，后背部有橙黄色光泽。猕猴体长一般50～60厘米。分布于济源、辉县、修武、沁阳、博爱的太行山区。此外，河南省部分地区建有驯养基地，如河南师范大学，济源五龙口、九里沟，南阳新野县等地，其中南阳新野县的猕猴养殖业具有较长的历史，已逐渐发展成为当地的支柱产业之一。猕猴的栖息地类型多种多样。河南境内太行山及中条山南端分布的猕猴主要栖息在植被条件较好、林木茂密、水源充沛的石质峭壁及河边悬崖等处。猕猴一般在黎明时分开始活动，上午9时左右为觅食活动高峰期，随后即隐匿于树林或悬崖峭壁上休息；下午4时前后为第二次觅食活动高峰。食物非常繁杂，且随季节而变化。主要采食植物的果实、花、芽、叶及嫩枝、树皮与树根等。性成熟年龄，雄性为5～6岁，雌性为 4 ~5 岁，交配期多集中于 9 ~11 月，妊娠期 170 天左右，次年 3 月上旬分娩，产仔高峰期是 4 月份。

〖斑羚（*Naemorhedus goral* Hardwiske）〗　斑羚为国家二级保护动物，别名青羊、山羊，偶蹄目牛科。其大小如山羊，但颊下无胡须。外形极似鬣羚，但眶下腺严重退化。鼻吻部裸露区较大，向后延至鼻孔以后，尾甚短。雌、雄皆具短而直的角，黑色，长 15 ~20 厘米。两角自额骨向后上方斜伸，角尖向后下方略有弯曲，末端光滑尖锐，其余部分有 10 余个横棱额。颌呈棕黑色，两颊及耳部为瞳的灰棕色，耳内白色。喉部具白色喉斑，喉斑边缘为灰棕色。颈背至臀部有一条棕褐色带纹。针毛毛尖黑色，绒毛为灰色，远观呈隐约的麻点状，故有些地方称之为“麻羊”。斑羚尾基呈灰棕色，尾端呈棕黑色；四肢被毛较长，腿部毛可达蹄上；前肢前缘有黑纹，可过膝关节，或达蹄上簇毛。斑羚分布于全省山区，多栖息于中、高山阔叶混交林，尤喜在食物丰富而地势陡险的山顶岩石堆或峭壁裸岩地区出没；单独或成对活动，有时可见 3 ~5 只集成小群活动；晨昏活动频繁，饱食后常到溪边饮水，随后复归原栖息地。斑羚以乔灌木植物的幼枝嫩叶、青草等为食，夏、秋季亦捡食落地浆果，冬季食物匮乏时，亦取食地衣、苔藓、干草及嫩树枝。每年 9 ~10 月为其发情交配期，次年 4 ~6 月分娩，每胎产 1 仔，偶有 2 仔。

〖鬣羚（*Capricornis sumatraensis* Bechstein）〗　鬣羚为国家二级保护动物，别名苏门羚、山驴子、野山羊、长鬃羊，偶蹄目牛科。鬣羚体型中等，肩高达 112 厘米，耳狭长而略尖似驴耳，吻端裸露，唇周有鬣毛。有球囊状眶下腺，其开口处有一撮丛毛。尾较短，不及后足长之半。四肢粗短，强健有力，全身被毛稀疏而粗硬。上、下唇污白或灰白色，沿背脊有一条明显的黑纹。胸部黑褐色，腑下及鬣鬃部淡棕色。四肢外侧在膝关节以上为黑色，以下为赤褐色；内侧在膝关节以上为棕褐色，以下为浅黑色，前后蹄为黑色。分布于伏牛山区，为典型的山地林栖兽类，善于在险恶的乱石崖间窜跳奔跑，行动迅捷，灵活自如，绝不失足。喜独居，偶见 2 ~5 只的小群。晨昏活动频繁，栖息场所相对固定。食物多为鲜嫩多汁的草灌木植物。每年繁殖 1 次，9 ~10 月发情交配，次年 5 ~6 月分娩。

〖大天鹅（*Cygnus Cygnus* Linnaeus）〗　大天鹅又名天鹅、大白鹅、白天鹅、黄嘴天鹅、咳声天鹅，雁形目鸭科，为国家二级保护动物，是大型水禽。其体长 120 ~160 厘米。雌雄羽色相同，颈特长，几乎与体长相等；游泳时颈部隆起，侧面观察时更易识别。飞翔时颈向前伸直，两脚伸至尾下。除嘴、脚黑色外，余部皆呈白色。眼先裸露，鼻孔椭圆形。嘴黑色，上嘴基部黄色，沿嘴两侧向前延伸至鼻孔之下，约占嘴峰长度的一半；上嘴先端与下嘴黑色。虹膜暗褐色，跗跖、蹼、爪均为黑色。大天鹅在全省各地均有分布，栖息于芦苇、水草丰盛的大型湖泊、水库，多为数十只至数百只在一起成群活动。善游泳，很少潜水。游泳时颈向上伸直，与水面呈垂直姿势。起飞不太灵活，需两翅急速拍打水面，同时两脚在水面助跑一段距离。飞翔时常排列成“一”字形或“V”字形，非常整齐，通常边飞边鸣。主要以水生植物的叶、茎、根和种子为食，也吃少量软体动物、水生昆虫等动物性食物。夜间在水面上度过。营巢于大的湖泊、水塘和小岛岸边干燥地面或浅水处大量堆集的干芦苇上，巢呈圆帽状。每年产卵1窝，每窝4～7枚。卵乳白色，长椭圆形。

〖小天鹅(*Cygnus columbianus* Ord)〗 小天鹅又名天鹅、白天鹅、啸声天鹅、短嘴天鹅，雁形目鸭科，为国家二级保护动物。其体形较大天鹅稍小，外形似大天鹅。雌雄羽色相同，但雌体略小。全身羽毛洁白，头顶至枕部略沾淡棕黄色。嘴上下扁平，嘴端黑色，嘴基部黄色仅限于嘴基两侧，沿嘴缘前伸于鼻孔之下。脚短健，位于身体后部。跗跖、蹼、爪黑色，虹膜棕色。分布于全省，主要栖息于多芦苇及水草的大型湖泊、水库及水塘，常集群活动。游泳时颈向上伸直，几乎与水面垂直。常结群觅食，主要以水生植物的根、茎、叶和种子为食，也吃部分昆虫和其他小型无脊椎动物。繁殖期为6～7月。营巢于湖泊、水塘边的多草苔原地及苔原沼泽的小土丘上，巢呈盘状，内垫绒羽。每年繁殖1次，每窝产卵2～5枚。卵白色，长椭圆形。

〖白冠长尾雉(*Syrmaticus reevesii* Gray)〗 白冠长尾雉又名地鸡、长尾鸡、翘鸡、紫鸡，鸡形目雉科，为国家二级保护动物。白冠长尾雉尾长达160厘米，头顶具白色羽毛，为其主要鉴别特征。雄鸟的头顶、喉和颈白色，眼下有一大白斑，眼区、颊、耳区至后颈均为黑色，形成圈着头顶的环带，白色颈部之后有一不完整的黑领。背部羽毛为金黄或棕黄色，各羽具黑色羽缘，使羽呈鳞片状。雌鸟头顶及后颈大都暗栗褐色，各羽中央黑色，额、眉、头侧、颌、喉围绕一圈为淡棕黄色。上体大部黄褐色，背部具显著黑色和大型矢状白色斑，下体浅栗棕色，往后转为棕黄色。尾较短，有多道不甚显著的黄褐色横斑。眼周裸露为鲜红色，虹膜暗褐色，嘴灰黄绿色，脚铅灰色。分布于罗山县、新县、商城县、鸡公山国家级自然保护区、确山县、泌阳县、桐柏县、西峡县。1987年，由原林业部资助，罗山董寨自然保护区和河南师范大学生物系共同开展了白冠长尾雉生态行为及人工驯养繁殖课题研究，取得了多项研究成果，目前已建立有数十对繁殖种群的养殖研究基地。白冠长尾雉栖息于生长着高大乔木的常绿阔叶林或常绿针阔叶混交林中，适宜分布高度为600～1 000米。白天多在地面活动觅食,晚上多在位置较高、视野开阔的高大乔木树枝上栖息。繁殖期多单个或成对活动,三五成群觅食,最大群达 10 多只,为杂食性鸟类。河南境内大别山区的白冠长尾雉每年 3 月开始发情,高峰期在 3 月中旬至 4 月中旬。3 月下旬便有部分白冠长尾雉开始营巢产卵。巢营在地面,简陋,浅坑状,椭圆形,铺垫物少。每窝产卵 8 枚左右,最多 14 枚。卵椭圆形,青灰色或灰褐色,无斑纹。

〖黄嘴白鹭(*Egretta eulophotes* Swinboe)〗 黄嘴白鹭又名白鹭、塘白鹭,鹳形目鹭科,为国家二级保护动物。黄嘴白鹭是中型涉禽,体长约 60 厘米。雌雄羽色相似,通体白色。嘴、颈、脚均长。夏季嘴橙黄色,眼先蓝色,脚黑色,头顶至枕部有多枚细长白羽组成的丛状羽冠;背部、两户生有蓑状长羽,向后延伸超出尾端,前颈基部的蓑羽垂至下胸。趾有四个,黄色,三前一后;前后趾位于同一平面上,前趾基部有蹼相连。冬季嘴暗褐色,下嘴基部黄色,眼先黄绿色,脚亦黄绿色,背、肩和前颈无蓑状长羽。虹膜黄色,爪黑色。分布于桐柏大别山区,栖息于峭壁树丛、潮间带以及树林、河岸、苇塘、池塘、水稻田和沼泽等湿地环境中。白天多单独或成对飞到周围的稻田、河流和水库的浅水区,与众多白鹭在一起活动和觅食。黄嘴白鹭为动物性食性,主要取食各种小型鱼类和青蛙,也吃虾、蟹、蝌蚪和水生昆虫。在河南省的繁殖期为 4 ~7 月,主要营巢于栖息地中栓皮栎和麻栎树的主干枝杈或次主干枝杈上。4 月中旬进入产卵期,每年 1 窝,每窝产卵 3 ~4 枚。卵呈卵圆形,青绿色。

第三章　林木种苗

【林木种苗概述】　河南省地处南北气候过渡地带，境内地形复杂，植物种类繁多。丰富的植物资源为河南林木种苗的发展奠定了良好的物质基础。1978年，河南省恢复了省级林木种苗机构以后，全省林木种苗工作按照"'一把手'抓种苗，超前抓种苗，下大力气抓种苗"的林木种苗工作要求，紧紧围绕河南省不同时期的造林绿化重点，及时调整林木种苗基地的建设布局，积极引进林木种苗新品种、新技术，大力培育良种壮苗，努力为林业建设提供优质种苗。1984年，河南省财政厅、林业厅开展了国营苗圃认定工作，全省共认定国营苗圃88个。从1978年至2000年，全省共采集各种林木种子4 070.2万公斤；建立林木种子库23处，库房总面积3 594平方米，累计经营林木种子2 200余万公斤。全省累计完成林木育苗面积78.8万公顷，产苗514.8亿株；累计完成容器育苗50余亿袋。全省共建立良种基地22处，总面积1 140公顷，每年提供林木良种1.1万公斤；共选育近500个优良林木品种和优良无性系。建立部、省联建采种基地22处，树种涉及白榆、侧柏、马尾松、日本落叶松、白皮松、杜仲、黑核桃、黄山松、黄楝、"三杉"①、辛夷、香椿、火炬松等20多个。

第一节　种　子

【种子简述】　河南省植物种类繁多，林木种子资源丰富。全省可供采种的林分达100多万公顷，其中刺槐9万公顷（另有"四旁"林分2亿株）、侧柏3万公顷、马尾松16万公顷、白榆1.2亿株、油松1万公顷、栎类50万公顷，年林木种子生产能力达2 000多万公斤。全省每年林木种子采收量在100万～300万公斤，除满足本省造林用种外，还可支援其他省（区）部分造林用种。

1978年以后，河南省按照全国林木种子会议提出的"种子生产基地化、质量标准化、造林良种化"的林木种苗工作方针，调整重建母树林，实行林木种子统一计划管理，统一经营，全面调整种子价格，对主要林木种子统配调运。

① 池杉、水杉、落羽杉。

1983 年,河南省林木种子市场开放,林木种子实行多家经营,由市场调剂余缺,林木种子部门的工作重点转向种子质量监督和良种繁殖与推广。先后颁布了《河南省主要造林树种苗木质量分级》、《河南省林业育苗技术规程》、《河南省主要造林树种的种子质量分级》和《河南省主要树种种子检验技术规定》等地方标准和技术规程,林木种子管理工作逐步走上了规范化管理轨道。据统计,1978 ~2000 年,全省累计建立林木采种基地 2 万公顷,采收各类林木种子 4 070.2 万公斤,各级林木种子库(站)共为林业生产提供林木种子 2 200 余万公斤。

【采种基地】 1978 年以后,随着全省林业的发展,造林用种量逐年增大,一些地方出现了"有啥种采啥种,有啥种育啥苗,有啥苗育啥林"的现象。针对这种新情况,河南省加大了林木采种基地的建设,先后划定卢氏、栾川、嵩县、西峡、鲁山、济源、新乡、沁阳、辉县、灵宝、林州、中牟、尉氏、淅川、孟州、获嘉、汝阳、郾陵、商城、信阳鸡公山、修武、泌阳、偃师、鹤壁等市、县、林场为橡子、油松、泡桐、臭椿、白榆、白皮松、刺槐、紫穗槐、侧柏、黑核桃、杜仲、辛夷、山茱萸、黄山松、"三杉"、香椿、火炬松、湿地松、园林绿化树种、黄连木、华山松、日本落叶松等采种基地。1986 年起,河南省与林业部联合建立部、省林木采种基地,先后建立了新乡白榆,西峡马尾松,卢氏油松、侧柏,淇河林场日本落叶松,沁阳白皮松等采种基地,河南林木种子生产开始向基地化迈进。1989 年,济源白榆采种基地被林业部评为全国先进单位。1999 年,为配合黄河上中游天然林保护工程、退耕还林工程等重点林业生态工程建设,国家投资新建了修武香椿、泌阳和桐柏国外松、孟州温带阔叶树种、鲁山辛夷、偃师园林绿化树种、商城黄山松、汝阳杜仲、鄢陵黑核桃、鹤壁市黄连木、鸡公山"三杉"等林木的采种基地 16 处,核定基地建设总规模为 1 666.7 公顷,总投资 2 250 万元。项目建成后,16 处林木采种基地的年生产能力将由 0.5 万公斤增至 10 万公斤。1980 ~2000 年,全省各级林业部门先后投资 3 000 余万元,累计建立林木采种基地 2 万公顷,涉及树种 30 余个,共采收各类林木种子 3 650.2 万公斤。1978 ~2000 年河南省采种数量统计情况见表 3 -1。

【种子库】 为了搞好林木种子的购销、储备,更好地服务于林业建设,河南省有计划地分批建立了林木种子库。1980 年后,新乡地区、舞钢区和洛宁县、淅川县、商城县、镇平县、郸城县先后建立林木种子站(库)。1991 年,林业部批准河南省林业厅与林业部林木种苗管理总站在郑州市联合建设林木种子低温库一座,设计储藏种子能力 15 万公斤,总投资 226.64 万元。截至 2000 年底,全省共有林木种子站(库)23 处,库房总面积 3 594 平方米,晒场面积 2 880 平方米，职工254人。各级林木种子库（站）除为当地林业生产服务外，还积极外调林木种子支援其他省、市的林业建设。1978～2000年，河南各级林木种子库（站）共为林业生产提供林木种子2 200余万公斤，具体情况见表3－2。

表3－1　1978～2000年河南省采种数量统计表

（单位：万公斤）

年度	采种量	年度	采种量	年度	采种量	年度	采种量
1978	225	1984	375	1990	165.5	1996	145.1
1979	240	1985	197.5	1991	147.6	1997	121
1980	250	1986	150.5	1992	125.6	1998	105
1981	240	1987	152.0	1993	127.1	1999	105
1982	243.5	1988	145.7	1994	101.8	2000	120
1983	275	1989	157.3	1995	155	合计	4 070.2

表3－2　1978～2000年河南省种子库经营种子量统计表

（单位：万公斤）

年度	经营量	年度	经营量	年度	经营量	年度	经营量	年度	经营量
1978	96.5	1983	192.0	1988	81.5	1993	76.0	1998	63.0
1979	92.0	1984	292.0	1989	94.3	1994	57.0	1999	58.8
1980	88.0	1985	125.0	1990	95.9	1995	93.0	2000	67.2
1981	160.0	1986	18.0	1991	82.0	1996	81.2		
1982	123.5	1987	79.0	1992	75.4	1997	72.0	总计	2 263.3

【种子调剂】　河南林木种子经历了一个由用种不足，到自采自用又到基本自给有余的发展历程。1978年以后，随着全省造林绿化步伐的加快，林木种子用量加大，河南适应这一形势的需要，加强了同外省林木种子经营单位的联系，加大了林木种子的调剂力度，通过国家林木种子管理部门和外省林木种子经营单位，每年从外省调进以油松为主的林木种子20万公斤左右。随着计划经济向市场经济转轨，河南林木种子调剂也由以计划管理为主转变为以市场调节为主。针对林木种子管理机制转型过程中出现的假冒伪劣、以次充好、欺

行霸市、哄抬价格等不良现象，为保证林农的利益和林业建设的质量，河南各级林业部门积极协调工商、物价、技术监督等部门多次联合下发文件，采取措施，打击不法经营林木种子的违法活动。1991 年，河南省林业厅、河南省工商局联合下发了《关于整顿林木种子市场的紧急通知》，规定凡到河南购买杉木、华山松、侧柏、水杉、刺槐、白榆、香椿、海棠、棠梨、构橘、杜仲等 13 个树种种子的，均须经当地县级以上林业主管部门同意，并报当地工商行政管理机关备案，在当地林业主管部门的统一组织下进行。随着市场经济的逐步完善，林木种子市场逐步放开，林木种子根据需求进行调剂。为搞好林木种子调节，河南每年都召开林木种子调剂会议，交流信息，调剂全省林木种子余缺。

〖紫穗槐〗 1978 ~ 1980 年,河南每年收购紫穗槐种子 30 万 ~ 40 万公斤,自给有余。20 世纪 80 年代,每年收购紫穗槐种子 15 万 ~ 20 万公斤;90 年代,由于造林需求量减少,每年收购紫穗槐种子在 10 万公斤左右;90 年代后期至 2000 年,由于河南开展创建高级平原绿化县活动,平原绿化实行乔灌结合,加上通道绿化中的铁路、高速公路两旁护坡造林以及沙区治理的需求,紫穗槐用苗量加大,紫穗槐种子采购量又有回升,每年收购紫穗槐种子 15 万公斤左右。

〖刺槐〗 20 世纪 70 年代,河南每年收购刺槐种子 15 万 ~ 20 万公斤,自给有余;80 年代初期,年收购刺槐种子 25 万 ~ 30 万公斤,1985 年刺槐种子达到饱和;90 年代,由于河南实施退耕还林工程和治沙工程，荒山绿化和治沙造林步伐加快,刺槐的用种量明显加大,每年收购量又回升到 30 万公斤以上,除满足河南省需求外,还支援广东、广西、云南、贵州、四川、湖南、湖北、江西、山西、陕西、内蒙古、甘肃等省(区)的造林绿化。

〖油松〗 河南省是油松自然分布的南界。1978 年后,河南每年造林需油松种子 2.5 万 ~ 5 万公斤,基本自给。1981 年后,随着河南飞机播种造林面积的不断增大,每年人工造林和飞播造林需油松种子 15 万 ~ 20 万公斤,每年需从山西、河北、辽宁等省调入 12.5 万 ~ 15 万公斤油松种子。

〖马尾松〗 河南省是马尾松自然分布区的北界。20 世纪 70 ~ 80 年代，由于豫南大别山区和桐柏山区以大面积营造杉木林为主,因而马尾松年用种量较少,每年可收马尾松种子 5 万 ~ 7.5 万公斤,省内基本自给;进入 90 年代后,河南许多马尾松林进入结果盛期，马尾松种子自给有余。

〖白榆〗 河南省白榆种源丰富,种子质量好,是全国最佳种源区,主要产地在新乡、焦作、安阳、济源等市。20 世纪 70 ~ 80 年代,河南白榆种子年产量在50万公斤以上，每年自用约5万公斤，大部分调往外省，支援陕西、甘肃、新疆、河北、山西、内蒙古、宁夏、黑龙江、吉林、辽宁等省（区）的造林绿化；90年代中后期，由于榆兰金花虫的危害，白榆母树减少，种子产量急剧下降；到90年代后期至2000年，由于退耕还林的需要，西部省（区）白榆种子需求量增加，河南白榆种子收购量开始回升，年收购量大约10万公斤左右，大部分销往西部省（区）。

〖泡桐〗 1978年后，河南泡桐育苗主要采用埋根繁殖，用种量减少，年采种0.25万~0.5万公斤，主要是白花泡桐及少量山明桐和楸叶桐，大部分供应外省；90年代后期基本停止了泡桐采种，仅采少部分泡桐种子为科研部门进行杂交育种及国际科技交流使用。

〖核桃〗 20世纪70年代，为大力发展核桃，河南省外贸局、供销社、林业厅联合下达任务，每年选留核桃种子15万公斤，用于营造核桃林。1982年后，因核桃造林面积减少，省里不再下达核桃留种指标。据全省重点产区林木种子库统计，每年核桃种子经销量约7.5万公斤。

〖侧柏〗 河南是侧柏主要产区，年产侧柏种子50多万公斤，其中淅川县的白皮柏是优良类型，确山侧柏是全国最佳种源。1991~1999年，由于荒山绿化的需要，河南大力推广容器育苗，侧柏用种量急剧增大，种子短缺，少量从河北、山西调入。2000年后，由于容器育苗任务下降，加上树种结构调整的需要，侧柏用种量减少。

〖火炬松〗 河南省从1978年开始从美国进口火炬松生产用种，年进口火炬松种子30~50公斤。1986年起，开始大批量进口火炬松种子，年进口量达2 500公斤。1983~1996年全省累计进口火炬松种子2.2万公斤。90年代后期，由于火炬松造林用种减少，国产种子产量提高，不再从美国进口火炬松种子。

【种子检验】 1980年，河南省林业技术指导站种苗科购买了种子检验仪器，配备了种子检验人员，恢复了种子检验业务。1983年，河南省林业技术指导站在河南农学院举办了首期全省林木种子检验员培训班，对全省17个市（地）林业部门和林木种子站的技术人员进行了近1个月的技术培训。从1983年开始，新乡、济源及栾川、西峡等市、县林木种子站相继开展了林木种子检验工作。1987年，河南省林业厅、工商局联合下发通知，规范了全省林木种子检验机构的名称，明确了进出省林木种子和飞播用种子的检验责任。将地（市）、县林木种子经营单位统一更名为林木种子站，以加强林木种子检验工作；对进出省的林木种子，统一由河南省林业技术指导站检验并签发证书；

飞播用种由河南省林业技术指导站或其委托单位负责检验，统一签发种子使用证，凭证装机进行飞播造林。

为了提高全省林木种苗质量，努力实现林木种苗生产标准化、管理科学化、造林良种化的目标，在认真执行国家林木种苗质量标准的同时，河南省林业厅会同河南省标准局，结合河南实际，于1980年3月制定了《河南省几个主要树种优树复选标准》；1987年10月颁布了《河南省主要造林树种苗木质量分级》和《河南省林业育苗技术规程》；1988年11月颁布了《河南省主要造林树种的种子质量分级》DB/410000B61003—88等3个地方标准；1988年制定了《河南省主要树种种子检验技术规定》，并在全省强制性执行。1996年，河南省经济林和林木种苗工作站成立，履行林木种苗管理职能。1997年，河南省林业厅制定了《河南省现代化示范苗圃和省市中心苗圃建设标准》。1997年，河南省技术监督局批复河南省林业厅在河南省经济林和林木种苗工作站的基础上筹建河南省林木种苗质量监督检验站，以加强林木种子检验工作，各市、县林木种苗站也相继建立了种子检验室，并对全省的造林用苗用种进行了大面积抽检，全面提高了林木种子的受检率。1998年10月27日，经河南省技术监督局计量认证和审查认可，河南省林业厅批准成立了河南省林木种苗质量监督检验站。林木种苗质量监督检验站与河南省经济林和林木种苗工作站合署办公，一套人马、两块牌子，下设办公室、种子检验室和苗木检验室，受河南省林业厅和省技术监督局双重领导，其职能是宣传、贯彻、执行林木种子法规、标准，监督、抽查全省林木种苗质量，培训林木种子检验员，制定林木种苗地方标准。业务范围包括林木种苗质量的监督检验、仲裁检验、委托检验和种苗检验技术咨询等。1999年后，河南省林木种苗质量监督检验站对全省的飞播种子和洛阳、南阳、三门峡、平顶山、许昌、周口、焦作、新乡、郑州、济源等市的林业重点工程项目造林苗木进行了全面抽检，促进了全省林木种子和苗木质量的提高。

【采种支援甘肃】　1983年，共青团中央向全国青少年发出“义务采集草种树种、支援甘肃改变面貌”的号召后，河南省各级团组织和林业部门积极组织，广大青少年踊跃参加。8月14日，团省委召开电话会议进行了动员部署，17个市（地）成立了采种办公室，并通过各种形式进行了广泛宣传发动。从8月15日到9月上旬，全省共采集各类草种、树种4.15万多公斤。团省委连续召开了两次电话会议，要求各级团组织和广大青少年再接再厉，保质保量地完成6.15万公斤草种、树种的采集任务。到10月17日，全省共采集各类草种、树种19万多公斤，超过了团中央分配给河南省的5.25万公斤的任务。10月23

日,团省委、省林业厅、省农牧厅、省教育厅联合召开电话会议,要求各地抓紧做好草种、树种的入库调运工作。河南省委常委赵地在会上讲话,团省委副书记杜耀敏、省林业厅副厅长蒋书铭分别就采种工作的情况和如何做好收集、储存、调运工作提出了具体意见,要求10月底前入库完毕,同时,要把好质量关,做好调运前的各项准备工作。

1984年4月10日,团省委、省林业厅、省教育厅、省农牧厅联合发出《关于1984年采种支甘任务分配的通知》,对1983年"采种支甘"工作进行了总结,对1984年工作作出了安排。河南省1983年的"义务采集草种树种,支援甘肃改变面貌"活动,在广大青少年的积极努力和各级团委、林业、教育、农牧业部门密切配合下,超额完成了上级分配的任务,取得了"支甘"草种、树种22万公斤的好成绩,被评为"全国采种支甘优胜者",11个团县委被评为"全国采种支甘先进集体"。河南省表彰了64个红旗单位、92个先进集体、322名先进个人。1984年团中央下达给河南省"采种支甘"任务8.75万公斤(省实际分配任务为11.5万公斤)。河南省有关部门及时下发通知,要求各市(地)继续按照1983年团省委、省林业厅、省教育厅、省农牧厅联合转发的团中央、林业部、教育部、农牧渔业部《关于组织青少年支援甘肃采集草种树种的通知》精神,搞好本年度的"采种支甘"工作。1985年1月9日,团中央决定:向精心组织"采种支甘"活动并取得显著成效的黑龙江、河南、吉林、山西四省团委颁发"采种支甘"活动优胜奖杯。同时授予共青团河南省郑州市委员会、共青团河南省南阳地区委员会为全国青少年"采种支甘"活动红旗单位称号,授予河南省共青团邓县委员会、共青团辉县委员会、共青团新野县委员会、共青团新郑县委员会、共青团商水县委员会、共青团淮阳县委员会、共青团中牟县委员会、共青团密县委员会、共青团登封县委员会、共青团巩县委员会、共青团荥阳县委员会、共青团内乡县委员会、共青团襄县委员会等13家单位全国青少年"采种支甘"活动先进单位称号。

第二节 育 苗

【育苗简述】 1978年,河南省制定了"造多少林育多少苗,以自育自造为主,适当调剂为辅"的林木育苗工作方针。1979年,河南省政府拨专款对山区群众林木育苗进行扶持,育1公顷苗补助150元(1亩苗补助10元),从而调动了群众林业育苗的积极性。1983年,河南农村出现了林业育苗专业户、重点户或数户联合承包集体土地育苗(简称"两户一体")的现象,所育苗木除自用造林外,还在市场上销售,收入按承包合同规定的比例与集体分成。据统计,1983年全省“两户一体”林木育苗面积占全省育苗面积的64.1%。1983~1985年,河南省政府加大了对林木育苗的补助力度,每年拨款150万元用于扶持林木育苗。但是,由于群众对林木育苗规律缺乏认识,一哄而起,出现了苗木大量积压滞销的现象。1985年后,全省“两户一体”林木育苗面积占全省育苗面积的比例下降到10%。随着河南造林绿化步伐的加快和人们对苗木质量要求的提高,林木育苗的集约化程度和标准化育苗面积日益加大,专业户和专业村育苗面积逐步增加,大型育苗专业户、专业村不断涌现,全省林业育苗面积急剧增加,育苗树种主要有泡桐、杨树、苦楝、白榆等。此后,随着全省平原绿化达标工作的全面展开,林业育苗以阔叶树为主。全省平原绿化达标任务完成后,河南林业建设的重点开始转向山区,造林绿化对树种的需求开始变化,河南及时调整了林业育苗的树种结构,由以阔叶树育苗为主向针叶树和阔叶树育苗相结合转变,育苗树种呈现多样化。

1990年,中共河南省委、河南省人民政府制定了“完善平原,主攻山区”的林业建设方针,全省全面开展了荒山绿化工作。河南省林业厅将林业育苗作为荒山绿化工作的第一道工序来抓,层层签订目标管理责任状,对林业育苗实行“一票否决”,并与造林经费挂钩。90年代以后,全省容器育苗、经济林育苗和花卉育苗发展很快。1991年,河南省林业厅成立了河南省容器育苗推广领导小组和技术指导小组,在全省山区大力推广容器育苗,当年全省育容器苗6 100万袋。由于容器育苗不受季节限制,造林成活率高,因而很受山区和丘陵区广大干部群众的欢迎,容器育苗技术很快被农民群众掌握,全省出现了全民动手、男女老少齐上阵,大搞容器育苗的可喜现象。1996年、1997年全省容器育苗达到了高峰,年容器育苗突破10亿袋。1991~2000年,全省累计育容器苗50.29亿袋。1992年,随着《河南省经济林十年发展规划》的实施,河南各地掀起了发展经济林的高潮,经济林育苗迅速增加,年育苗面积突破0.33万公顷,主要树种为苹果、山楂、葡萄、桃、银杏、板栗、核桃、桑树等,经济林育苗的大发展推动了全省经济林的快速发展。进入90年代后期,随着人们生活水平的提高和传统绿化观念的改变,人民对绿化、美化、香化的要求逐步提高,花卉育苗面积开始增加,首先在鄢陵、潢川、安阳郊区等地发展,然后逐步在全省推广。林业部与河南省林业厅分别在洛阳市郊区苗圃和鄢陵县建立了国家牡丹基因库及腊梅基因库,大力发展中国的传统名花。1997年,全省花卉育苗面积达到0.67万公顷。到2000年,全省花卉育苗面积已超过3万公顷。河南在根据造林绿化的需要不断调整林木育苗树种、加大育苗面积的同时,积极研究推广林木育苗新技术，全省由传统的秋季播种育苗向四季播种育苗发展，一些先进的育苗技术如组织培养、细根段育苗、芽苗切根移栽、子苗嫁接、温坑催芽催根、地膜覆盖、塑料大棚、小拱棚、容器育苗、苗粮间作、麦茬移栽、全光照喷雾扦播、ABT生根粉等激素应用、菌根剂应用、保水剂和除草剂等新技术得到广泛应用，育苗水平和苗木质量都有大幅度提高。1978～2000年，全省累计林木育苗78.8万公顷，培育合格苗木514.8亿株，具体情况见表3－3。

表3－3 1978～2000年河南省林业育苗统计表

年度	育苗面积（万公顷）	产苗量（万株）	容器育苗（万袋）	年度	育苗面积（万公顷）	产苗量（万株）	容器育苗（万袋）
1978	6.40	192 000.00		1990	2.37	191 177.08	
1979	5.18	155 400.00		1991	2.59	225 854.50	2 610.00
1980	5.73	171 900.00		1992	2.16	233 168.40	16 000.00
1981	4.15	117 949.00		1993	2.02	254 855.40	17 000.00
1982	3.14	151 000.00		1994	2.12	275 434.90	51 354.10
1983	4.12	1 886 688.30		1995	2.28	302 210.00	74 000.00
1984	7.00	301 198.10		1996	3.30	501 627.00	134 926.00
1985	5.79	126 921.00		1997	2.09	281 050.00	105 962.90
1986	4.60	252 328.87		1998	1.82	265 097.03	52 338.86
1987	3.22	191 040.64		1999	1.85	218 612.00	27 239.40
1988	2.51	149 868.04		2000	1.82	225 346.20	21 426.46
1989	2.55	174 152.72		合计	78.81	5 148 180.18	502 857.72

【国有苗圃】 1978年，河南省共有国营苗圃98处。1984年，为了加强对国营苗圃的管理，河南省财政厅、河南省林业厅联合下发文件，对全省国营苗圃进行了认定，共认定88个苗圃为国营苗圃。同时规定：国营苗圃原隶属关系不变，是为发展林业提供种苗的生产基地，是事业性质实行企业管理的生产单位，在经济上实行独立核算，自负盈亏。文件要求：国营苗圃要建立和完善以大包干为主体的经济责任制，在保证完成培育林木种苗的同时，积极开展多种

经营,搞活苗圃经济,提高经营管理水平。1985 年 6 月,河南省政府批转省林业厅《关于林业体制改革若干问题的意见》,指出:国营苗圃改革的重点是扩大场圃自主权,变生产型单位为以林为主的生产经营型单位,一业为主,多种经营,发展商品生产,搞好内包外联,不断提高经济自给和扩大再生产的能力,实现经济效益、生态效益和社会效益同步增长。1990 年,林业部召开全国场圃工作会议,授予河南省淮阳县、南乐县、洛阳市郊区苗圃"全国先进场圃"荣誉称号,会议要求每个市(地)建立一个中心苗圃。河南省响应林业部的号召,从 1991 年开始分期分批建设市地中心苗圃,首批建设了永城县、南乐县、罗山县、洛阳市郊区、南阳县等 5 个中心苗圃,以后陆续有郑州市、长葛市、汝州市、正阳县、卢氏县、修武县、浚县、安阳县、周口地区、济源市、卫辉市、开封市等 13 个国营苗圃被确定为市地中心苗圃。

中共十四大召开之后,随着市场经济体制的建立和深化改革的需要,国营苗圃更名为国有苗圃,河南省根据林业建设实际,提出了国有苗圃新的工作方针:以育苗为主,积极开展多种经营。基本任务是:繁殖、推广优良树种,培育适宜当地造林绿化所需的优质壮苗,搞好育苗技术示范,引进和总结推广育苗新技术,开展科学试验。随着国民经济的发展,国有苗圃在开展育苗的同时,开展了种植、养殖、加工、开矿、旅游等多种经营。1993 年,林业部下发了现代化示范苗圃建设要点,按照要求,林业部在河南投资建立了 3 个现代化示范苗圃,即信阳县示范苗圃、开封县半坡店示范苗圃、南乐县示范苗圃。1998 年 2 月 26 日,河南省林业厅印发《河南省部省合建国有示范苗圃建设标准》和《河南省省市(地)合建国有中心苗圃建设标准》。示范苗圃要通过国家、省、市和地方投资,在 5 年内达到管理科学化、育苗良种化、苗木质量标准化 8 项目标。中心苗圃要通过省、市 3 年的建设,到 2000 年达到苗圃经济状况明显好转,自给有余,苗圃年产值达 200 万元以上;生产责任制完善,生产经营结构合理;育苗树种全部良种化,具有名、特、优、新特点等 5 项目标。之后,河南省又规划在安阳市和武陟县、柘城县、安阳市、新密市、沁阳市、郾城县、宁陵县、辉县市、光山县、潢川县、伊川县、濮阳县、淮阳县、新蔡县、南召县、渑池县等地建立了 17 个标准化苗圃,全省国有苗圃逐步走上了科学化、规范化、标准化的发展道路。同年,郑州市苗木场被国家林业局授予"全国国有苗圃十大标兵"荣誉称号。2000 年,南乐苗圃、郑州市苗木场、开封市苗圃被国家林业局授予"无检疫对象苗圃"称号。

到 2000 年,全省 88 个国有苗圃中,有山区国有苗圃 32 个(含半山区),平原、沙区国有苗圃 56 个,总面积 2 943. 3 公顷,其中可育苗面积 1 173. 3 公顷,有林地面积666.67公顷，果园面积770公顷，其他用地面积333.33公顷。全省国有苗圃共有职工3 602人，其中行政干部194人，技术干部351人（高级工程师10人，工程师64人，助理工程师111人），离退休人员163人，固定工人1 716人。国有苗圃隶属市级直接管理的有8个，隶属县林业局管理的有80个。全省国有苗圃共有房屋9.36万平方米，机井269眼，拖拉机121台，汽车12部，硬化渠道3.5万米，建围墙2.6万米。1978～2000年，全省国有苗圃累计育苗面积超过2.67万公顷，培育优质壮苗21.6亿株，生产优良穗条（根）1.7亿节（根），同时带动了当地群众育苗，较好地起到了示范、辐射、推广作用。国有苗圃在抓好林业育苗的同时，积极开展林业育苗科学研究，不但成为全省林业教学、科研、生产部门的基地，而且承担了多项林业科研项目，先后获得了20余项国家和部省级科研成果。

【育苗技术】　河南省林业育苗技术发展历史悠久。20世纪70年代，全省推广倡导科学优质丰产育苗技术，创新和总结了一批育苗新技术。80年代，开始鉴定林木育苗技术研究成果并示范推广。90年代以后，新的林木育苗技术如地膜覆盖、容器育苗、全光照喷雾扦插、ABT生根粉应用、组织培养等在育苗生产中普遍应用，不但增加了林业育苗的科技含量，而且大大地提高了苗木产量和质量。

〖地膜覆盖育苗〗　1982年，河南省开始用地膜覆盖进行林业育苗。该技术可以防止地表水分蒸发，抑制杂草孳生，对提高毛白杨扦插成活率和培育泡桐高干壮苗有明显效果。1985年，全省地膜覆盖育苗面积达到2万公顷，占全省总育苗面积的34.4%。

〖容器育苗技术〗　容器育苗技术操作简便，可延长造林时间，且不受造林季节限制，不需占用肥力较好的土地，节约种子和土地，造林后林相整齐，不需进行截根、起苗、假植和包装等作业，缩短幼林抚育的年限，造林时对技术要求不高，造林成本低，便于机械化育苗和造林。尤其在山区用营养钵育松、杉苗，可变两年出圃为当年雨季出圃造林，错过春旱，提高造林成活率。1978年，洛宁上戈林场采用容器育苗技术进行油松育苗，春季育苗，雨季造林，造林成活率达到86%。1980年，鸡公山林场采用容器育苗技术进行杉木种源试验林育苗。1985年，卢氏东湾林场用于油松优树子代测定林育苗。此后，沈丘、商丘、柘城等县用于泡桐麦茬移栽育苗。1991年后，河南省在山区开始大面积推广容器育苗，至2000年，全省累计育容器苗50亿株以上。

〖全光照喷雾扦插育苗技术〗　20世纪80年代，全光照喷雾扦插育苗技术开始在河南省首先应用，90年代后在生产中广泛应用，主要用于难生根树种的扦插育苗，多采用嫩枝扦插，然后再将小苗移栽。全光照喷雾扦插育苗技术的优点是繁殖系数高，一年多季育苗，解决了难生根树种的扦插育苗问题。

〖组织培养育苗技术〗 组织培养也称为离体培养，就是把植株的一小部分组织或器官切下来，接种于试管或其他容器里的液体或固体培养基上进行培养，使它们再形成新植株。组织培养育苗技术的优点是；繁殖周期短，速度快，增殖倍数高，繁殖材料需要量少，利于实现工厂化育苗，能获得无病原菌和无病毒的苗木无性系。组织培养育苗技术 20 世纪 70 ~ 80 年代在河南就有试验，但是基本上未在生产上应用。1997 年，鄢陵县林业局开始建设高新技术育苗基地，使组织培养育苗技术开始在林业生产中广泛应用。之后，洛宁县和郑州、开封、南阳、漯河、驻马店、平顶山、鹤壁、濮阳、新乡等地开始建立组培室，大面积应用于林业育苗生产。

第三节 良种繁育

【良种繁育简述】 河南省具有发展林木良种生产的优越条件，据国内知名专家论证，新乡的白榆、确山的侧柏、南阳的臭椿为全国最佳种源，毛白杨、楸树和板栗为全国种源分布中心，西峡的中华猕猴桃享誉国内外，泡桐为全国最大的人工栽培区。20 世纪 70 年代初，河南省成立林木良种选育协作组，林木良种繁育工作以常用造林树种的良种选育为主。1978 年以后，河南省林木良种繁育向以选为主，选、引、育相结合，试验研究和推广同步发展转变，培育了大批良种壮苗，为河南林业建设作出了贡献。1981 年 12 月 5 ~ 9 日，河南省林业厅在郑州召开全省林木良种会议，总结全省的林木良种工作。据统计，全省已初步建立母树林 560 公顷，种子园 70 公顷，采穗圃 213 公顷，初选优树 528 株，林木良种基地已生产各种种子 550 公斤、种根 300 万根、种条 60 万公斤。会议在肯定成绩的同时，提出了新的工作目标，即抓好选优、优树子代测定、良种基地建设及建立健全良种繁育和推广体系等工作。为进一步搞好林业良种工作，1986 年 7 月，河南省林业厅聘请中国林业科学研究院马常耕、顾万春，北京林业大学沈熙环等 3 位专家为河南省林业厅林木良种技术顾问。为了实现种苗生产基地化、造林良种化、种苗质量标准化的目标，全省林木种苗生产本着“立足当前、放眼长远、突出重点、兼顾一般、因地制宜、合理布局”的工作方针和以用材为主，用材、经济、防护树种相结合，以选择育种为主，选、引、育、繁、推相结合的技术路线，狠抓林木种苗生产基地和良种繁育体系建设，逐步形成了以良种科研为先导、基地建设为中心、良种管理为保证、应用推广为手段、造林良种化为目标，集科研、生产、管理，推广为一体的比较完整的林木良种繁育体系。山区以建立用材林种子园、母树林为主，主要树种有油松、马尾松、侧柏、火炬松、落羽杉等；平原以建立良种采穗圃为主，主要树种有泡桐、杨树、刺槐等。同时，河南还开展了杉木、马尾松、湿地松、火炬松、苦楝、毛白杨、侧柏等树种的种源实验工作，定植种源试验林 39.54 公顷。河南有多项林木良种繁育技术成果在全国处于领先地位，如马尾松加密渐进种子园、油松种子园、日本落叶松 2 代种子园、落羽杉种子园、白榆种子园、泡桐基因库、杉木基因库、毛白杨繁育基地等，面积大，育种材料多，类型全，无性系多，在全国影响很大。1997 年 10 月 16 日，河南省林业厅成立河南省树木改良中心，主要负责全省国内外、省内外优良林木树种的引进、驯化、改良等工作，承担全省平原绿化和山区造林最佳替代树种的选择和苗木繁育示范工作，承担全省林业生态工程、经济林基地和项目造林等重点林业工程建设的苗木繁育等项工作。1998 年 2 月 6 日，根据《林业部办公厅关于成立林业部植物新品种保护领导小组的通知》（厅科字［1997］101 号）精神，河南省林业厅成立植物新品种保护领导小组，负责全省植物新品种保护工作。至 2000 年，全省共选育近 500 个优良林木品种和无性系，建立母树林、种子园和采穗圃等良种基地 22 处，总面积 1 140 公顷，建成了白榆、刺槐、油松、马尾松、侧柏初级种子园，日本落叶松 2 代种子园，泡桐、杨树、刺槐等良种采穗圃，每年提供林木良种 1.1 万公斤，种条 5 000 万根，优良苗木 1 亿株，全省平原地区造林基本实现了良种化。

【林木良种基地】　河南省自 1978 年开始建设第一批林木种子繁育基地，到 2000 年，全省共规划建设部、省级林木种子繁育基地 22 处，山区、平原各占一半。其中林业部批复投资建设 13 处，河南省投资建设 9 处。林业部批复投资建设的林木良种繁育基地有温县毛白杨良种基地，洛宁吕村林场楸树、核桃良种基地、洛阳市郊区苗圃牡丹基因库，栾川老君山林场日本落叶松良种基地，孟县白榆良种基地，卢氏东湾林场、辉县林场油松良种基地，郏县侧柏良种基地，西华林场刺槐、泡桐、杨树良种基地，桐柏毛集林场泡桐、马尾松良种基地，荥阳苗圃采穗圃试验林基地，内黄苗圃采穗圃试验林基地，淮阳苗圃采穗圃试验林基地等。河南省投资建设的林木良种繁育基地有灵宝川口林场油松良种基地、罗山董寨林场杉木良种基地、民权刺槐良种基地、泌阳马道林场火炬松良种基地、桐柏陈庄林场马尾松良种基地，鸡公山林场“三杉”良种基地等。“七五”末，河南省提出“主攻山区，完善平原”的林业建设方针后，为配合全省林业战略目标的转移，经过对在建的林木良种基地检查验收后作了部分调整。“九五”末，河南省在基本完成十年造林绿化规划的形势下，适应林业建设的需要，再次对林木良种繁育基地进行了调整，实现了由用材林向经济林、花卉的转移，重点开始营建河南省林木良种繁育中心，充实补充了银杏、核桃、大枣、辛夷、杜仲、猕猴桃、苹果等经济林良种基地，使全省良种基地布局、结构更加趋于科学合理。

【林木引种】　河南省林木引种历史悠久，其中以经济林新品种引种发展尤其快，日本红富士、美国新红星等苹果新品种引种成功并得到推广，冬桃、油桃、冬枣、梨枣、赞皇枣、长红枣、胎里红大枣、巨峰葡萄、滕稔葡萄、红提葡萄、大樱桃、黑樱桃、仁用杏、苍溪梨等一大批经济林新品种成为林农广泛种植的热门品种；引种的用材和观赏树种主要有铅笔柏、藏柏、墨西哥柏以及金丝垂柳、银芽柳、三倍体毛白杨、四倍体刺槐等。这些引进的优良树种、品种多数在河南省表现良好。到 2000 年，河南省共从国外、省外引种成功并大量栽植的树种 20 多个，其品种类型和无性系数目更多。

【林木良种审定】　1997 年 9 月，河南省林木良种审定委员会成立，河南省林业厅副厅长余学友任主任委员，刘双绂、李军任副主任委员。委员会下设用材林、经济林和花卉三个专业委员会，办公室设在河南省经济林和林木种苗工作站。河南省林木良种审定委员会成立后，制定了《河南省林木良种审定规范》、《河南省林木良种审定委员会章程》和《河南省林木良种审定办法》。2000 年 10 月 30 日，河南省林木良种审定委员会审定通过了河南省第一批林木良种，共 9 个，分别是西峡猕猴桃研究所培育的豫猕猴桃 1 号、豫猕猴桃 2 号、豫猕猴桃 3 号，中牟县林业局培育的豫枣 1 号（无刺鸡心枣），河南省林业科学研究所、罗山县林业科学研究所培育的豫板栗 1 号（豫罗红栗），信阳市平桥区林业局培育的豫板栗 2 号（豫栗王），确山林业局培育的豫板栗 3 号（确红栗），河南省林业科学研究所培育的豫刺槐 1 号（豫刺 1 号）、豫刺槐 2 号（豫刺 2 号）。

第四章　造林绿化

【造林绿化概述】　中共十一届三中全会以后,河南省确定了“以林为主,全面发展”的林业发展战略,调动了农民群众植树造林的积极性,全省大力造林、普遍护林,造林绿化事业走上了稳步发展的轨道。从 1984 年开始,全省集中资金,采取按项目投资、按规划设计、按设计施工、按施工验收等工程管理办法,开展工程造林,先后在栾川、内乡、桐柏、泌阳、新县等 20 个县建成了火炬松、湿地松等国外松、杉木、刺槐、油松等用材林基地;在南阳、信阳两市建立了薪炭林基地;在确山、卢氏、林县、鲁山等县建立了辛夷、板栗、核桃等经济林基地。

进入 20 世纪 90 年代,河南省紧紧围绕“增资源、增效益、增活力”的目标,坚持“完善平原,主攻山区”的林业建设方针,加快造林绿化步伐。1990 年 3 月,中共河南省委、河南省政府批准实施了《河南省十年造林绿化规划(1990～1999 年)》。从 1991 年开始,按照工程管理的要求开展封山育林,每年以3 万～7万公顷的规模在全省推广。全省相继启动了长江中上游防护林、淮河太湖流域综合治理防护林、黄河中游防护林、太行山绿化、平原绿化、防沙治沙等重点林业生态工程项目,造林绿化由群众运动向工程建设转变,造林数量不断扩大,造林质量明显提高,不少地方的土壤沙化和水土流失得到了治理,局部地区生态环境得到了明显改善。1992 年河南省人民政府批转了《河南省经济林十年发展规划》。全省各地狠抓荒山造林、平原绿化和重点林业生态工程建设,大力发展经济林,河南林业建设走上了持续、快速发展之路,取得了显著成效。据 1998 年全国森林资源连续清查结果,河南省有林地面积由《河南省十年造林绿化规划(1990～1999 年)》实施前的 157. 13 万公顷增加到 209 万公顷;活立木蓄积量由实施前的 9 152 万立方米增加到 1. 32 亿立方米;林木覆盖率由实施前的 14. 76% 提高到 19. 83% 。平原地区形成了比较完善的农田防护林体系,有效地控制了风沙旱涝灾害对农作物的威胁,使全省 20 多万公顷沙荒变成了绿洲,60 多万公顷沙碱薄地变成了稳产、高产田。至 2000 年,全省已初步建成了核桃、板栗、大枣、苹果等 10 大经济林基地,经济林总面积达到 80 万公顷,经济林产品年产量达到 35 亿公斤。

第一节　平原绿化

【平原绿化简述】　河南平原地区约 9.3 万平方公里，占全省总面积的 55.7%。全省有 75 个平原、半平原县和 19 个部分平原县。河南的平原绿化是河南人民在治理平原地区的自然灾害和改善农业生产与人民生活条件的实践中逐步发展起来的，从治沙造林、“四旁”植树、农桐间作开始，逐步发展为比较完善的农田防护林体系。1987 年以前，河南平原绿化以群众性的植树造林运动为主，涌现出了许多先进典型，得到了国际社会的高度关注。1979 年 5 月，联合国粮农组织派出由 13 个国家 21 人组成的农用林业考察组，考察了河南省禹县的农桐间作和鄢陵县的农田林网等。1979 年 7 月，联合国粮农组织再次派出亚太地区 10 个国家 21 人组成的群众造林考察组，到鄢陵县、禹县、郑州市郊区等地考察农田林网、“四旁”植树、农桐间作、城市绿化和平原绿化。1980 年，联合国粮农组织派遣的以孟加拉国国家计委林业处处长卡·拉赫曼先生为组长的考察组，对河南省尉氏县的防风固沙林、禹县的农桐间作、博爱县的农田林网、郑州市的城市绿化等进行了考察。1985 年，在墨西哥召开的第九届世界林业会议上，中国代表团向大会提交的《中国的平原绿化》报告，重点介绍了河南省平原绿化的经验。1986 年 2 月 15 日，《人民日报》在头版头条以《林业生产进入大农业结构，三十县人民造林护林，四亿六千万株林木装点，豫东平原建成人工林海》为题报道了河南省豫东平原绿化的成效。

1987 年开始，河南平原绿化由群众植树运动开始向工程建设迈进，国家累计投资 1.8 亿元①，先后组织实施了平原绿化工程和治沙工程，对河南平原地区的林业生态建设起到了很大的推动作用。

20 世纪 80 年代后期至 90 年代初期，河南省在平原地区广泛开展了平原绿化初级达标活动。河南省政府组织对全省 94 个平原、半平原和部分平原县的平原绿化情况进行了详细调查，根据各县平原绿化情况进行了排队，制定了分期平原绿化初级达标计划。商丘、周口地区实行田、林、路、河、沟、渠统一规划，点、片、网、带综合治理，苦战一冬一春，全部完成了农田林网植树任务，成为全国率先实现平原绿化整体达标的地区。在商丘、周口两地区的带领下，河南省平原绿化突破单一的经营模式，向内涵丰富的立体林业发展，开始建设以

---

①　包括平原绿化种苗投资、治沙工程投资、治沙贴息贷款、财政债券、林业事业费等。

农田林网为主,多树种、多林种、多功能相结合的综合性农田防护林体系。到1991年10月,全省94个平原、半平原和部分平原县全部实现了平原绿化初级达标,在国务院召开的全国植树造林表彰动员会上,受到表彰。河南省平原绿化的建设成就,引起了国内外的广泛关注,全国除台湾省外,30个省(市、区)的100多个参观团和55个国家的代表团前来参观考察。

河南省在全省实现平原绿化初级"达标"后,及时在全省开展了高级达标活动。1992年,林业部把河南省的鹿邑、睢县、商水、息县定为全国高标准平原绿化试点县。1994年,河南省提出用两年时间完善提高全省平原绿化水平的目标。此后各地以完善农田林网为重点,大力调整林种、树种结构,在全省开展了平原绿化"第二次创业"活动。周口地区经过几年的努力,于1998年在全省率先实现了全区平原绿化高级"达标"目标,成为全省平原绿化高级"达标"第一区。2000年6月,河南省人民政府印发了《河南省县级平原绿化高级标准》,在全省平原地区开展了高标准平原绿化县创建活动,推动全省平原绿化向更高标准迈进。

据1998年全国森林资源连续清查结果,全省平原地区林业用地面积达到28.72万公顷,占全省林业用地面积的7.59%,其中,有林地面积20.5万公顷。全省平原地区活立木总蓄积5 872.52万立方米,占全省活立木总蓄积的44.6%。全省适宜农田林网、农林间作面积518.62万公顷,已建成农田林网、农林间作面积370.37万公顷,荒滩、荒地(沙)绿化率达到80.2%;沟、河、路、渠绿化率达到73.1%,平原地区林木覆盖率达到13.84%。

【平原防护林建设】　河南省平原防护林体系建设是从新中国成立初期的防沙治沙开始起步的,随着平原绿化的发展而逐步得到完善。1978年3月18日,河南省平原地区绿化领导小组成立,省革命委员会农业办公室副主任刘应祥任组长,省农林局党的核心小组副组长张士修任副组长。至1991年10月,全省平原、半平原和部分平原县全部达到部颁平原绿化标准时,在全省初步建立起了平原防护林体系。

河南平原绿化在整体实现初级"达标"后一度出现了滑坡现象。据调查,全省有38个县(市、区)继续向平原绿化高级标准迈进,占平原绿化初级达标县的40%;有43个县(市、区)的平原绿化工作有所放松,绿化水平不但没有新的提高,反而在部分乡(镇)出现滑坡现象,这样的县占平原绿化初级达标县的46%;有13个县(市、区)平原绿化"达标"后放松了对林木的管理,过度采伐林木甚至出现了破坏平原防护林的不法行为,这样的县占平原绿化初级达标县的14%。

1991 年以来,为促进平原绿化向更高标准迈进,引导平原绿化向更高层次发展,林业部确定了 7 个基础较好的县开展高标准平原绿化试点,河南省的禹县成为其中之一;1992 年河南省试点县扩大到 14 个,息县、睢县、鹿邑县、商水县 4 个县被新列为试点;1994 年河南省的试点县扩大到 32 个;1995 年试点县扩大到 37 个。

1995 年 2 月,河南省绿化委员会第十七次全体(扩大)会议召开,会议决定:对平原绿化滑坡严重的新乡县、禹州市、遂平县、南阳市宛城区通报批评,给予黄牌警告,并限期在 1996 年底前完成补植完善任务;对平原绿化滑坡特别严重的汤阴县、郸城县、虞城县、襄城县通报批评,并暂时收回平原绿化先进单位奖牌,限期在 1996 年底完成补植完善任务,其中郸城县限期在 1995 年底完成补植任务。同年 4 月和 12 月,河南省林业厅分别在鹿邑县和商丘县召开了全省平原绿化现场会,号召全省平原地区以完善林网为重点,以建立林业生态体系和产业体系为目标,全面推进全省平原绿化工作。

1996 年 3 月,全省林业工作会议提出 1996 年为全省造林绿化决战年,对完成造林任务好的县(市)进行表彰,对完成任务差的县(市)黄牌警告。同年 9 月,河南省林业厅在民权县召开全省平原绿化规划现场会,对《河南省林业厅关于搞好平原绿化规划的意见(讨论稿)》进行了讨论,会后,向各市(地)下发了《河南省关于搞好平原绿化规划的意见》,将全省平原地区划分为平原沙区、一般平原农区和丘岗、稻作区 3 个类型区,实行分区规划、分类指导,以建成具有河南特色的集生态效益、经济效益和社会效益于一体的平原防护林体系。到 1996 年底,全省平原绿化滑坡趋势得到基本遏制,全省农田林网和农林间作面积达到 369.7 万公顷;宜林荒滩、荒地(沙)绿化率达到 83%;村镇绿化率达到 48%;沟河路渠堤绿化率达到 73%;林木覆盖率达到 13.7%。

〖全国平原绿化工作会议〗　1983 年 10 月 19 日,第五次全国平原绿化会议在郑州黄河水利委员会礼堂隆重开幕。林业部部长杨钟、副部长董智勇,中央绿化委员会办公室副主任汪滨,中国农村发展研究中心顾问石山,河南省人民政府副省长岳肖峡、胡廷积,河南省军区司令员战景武、政委姚侠出席了会议,参加会议的还有来自全国 22 个省、市、自治区的代表 200 多人。杨钟部长在开幕词中指出:河南省是我国平原绿化开展较早、抓得较好、成绩显著的地区之一,国务院主要领导人 1981 年来这里视察时,给予了充分的肯定和高度的评价。岳肖峡副省长代表中共河南省委、河南省人民政府向大会表示热烈祝贺。他要求到会的河南代表虚心学习兄弟省、市、自治区的先进经验,努力把平原绿化工作搞上去。胡廷积副省长以《提高认识,加强领导,为三年见成效、五年实现平原绿化而奋斗》为题目,向大会汇报了河南省平原绿化的情况。新郑县副县长刘天宝、博爱县代县长孟祥堂在大会上发言。10 月 23 日下午,第五次全国平原绿化会议在郑州闭幕,大会举行了隆重的颁奖仪式。出席闭幕式的有林业部部长杨钟、副部长董智勇,中央绿化委员会办公室副主任汪滨,中国农村发展研究中心顾问石山,林业部党组成员陈虹,河南省委第一书记刘杰,河南省副省长岳肖峡、胡廷积,河南省军区司令员战景武、政委姚侠等。河南省的新郑、尉氏、博爱、鹿邑、禹县、鄢陵、西华、兰考、扶沟、长葛、民权、睢县等 12 个县受到大会奖励。杨钟部长在总结中指出:加快平原绿化步伐,有利条件很多,其中重要的一条,是许许多多先进单位的经验可供借鉴。这些经验是:从发展大农业的要求和建设良好的生态环境的高度,认识平原绿化的重要性、紧迫性。一切从实际出发,因地、因林制宜,建立多种形式的承包责任制,使群众的积极性和集体的优越性同时得到发挥;把长远利益和眼前利益结合起来,使群众尽快得到实惠;领导亲自抓点。刘杰代表河南省委、省政府对这次会议取得圆满成功表示热烈祝贺。他希望出席会议的河南省代表认真贯彻会议精神,吸取兄弟省(市、区)的先进经验,进一步提高认识,加强领导,落实政策,抓好规划,下决心在 3 年内,使河南省平原绿化大见成效。会议期间,董智勇副部长向大会作了题为《解放思想,加强领导,扎扎实实地把平原绿化推向前进》的工作报告。与会代表参观了新郑、尉氏县的造林绿化现场。

1986 年 5 月 15 日,林业部主持召开的“八省市平原绿化现场经验交流会”在商丘开幕。林业部副部长刘广运、原副部长刘昆、中央绿化委员会办公室副主任汪滨、轻工业部原副部长王毅之、河南省人民政府副省长刘玉洁等领导和来自各省、市的 150 多名代表出席了会议。林业部原副部长、中国农村发展研究中心顾问杨钰为会议写了书面发言。

1987 年 12 月 1 ~8 日,由中国林业经济学会、中国林业科学院、河南省林业厅共同召开的“平原林业发展道路学术讨论会”在郑州召开。参加会议的有林业部和晋、鲁、豫、皖、苏五省林业厅、林业科学研究所、部分林业基层单位以及林业大学、南京林业大学的有关专家、教授和工程技术人员。新华社河南分社、中国林业报社的记者也参加了会议。中央顾问委员会委员、中央绿化委员会副主任、中国林业经济学会理事长雍文涛主持会议并作讲话。会前,雍文涛还视察了鹿邑、商丘、民权县的平原林业工程建设情况。会议就平原林业发展道路问题进行了广泛的讨论。代表们列举了大量事实阐述了平原林业在国民经济中的战略地位和发展中的经验,提出了存在的问题以及今后发展的方向。雍文涛在会议总结中强调:平原林业是一项社会性的生物大工程,它为农业的发展提供了良好的生产、生态环境，是造福当代、荫及子孙的一项伟大事业，已引起全国人民的瞩目。

1990 年 8 月，林业部在河南省驻马店市召开全国平原绿化座谈会，与会代表参观了平舆、息县的平原绿化现场。

〖全国平原绿化奖励〗 1983 年 10 月，林业部在河南省郑州市召开全国第五次平原绿化会议，对在平原绿化工作中成绩突出的单位进行表彰，授予新郑、尉氏、博爱、兰考、扶沟、民权、睢县、禹县、西华、鹿邑、鄢陵、长葛等 12 个县"全国平原绿化先进县"荣誉称号。

1986 年 6 月 12 日，林业部向河南省民权县、夏邑县、虞城县、商丘县、宁陵县、永城县、柘城县、睢县、商丘市、西华县、扶沟县、鹿邑县、淮阳县、太康县、商水县、郸城县、沈丘县、项城县、周口市、汝南县、新野县、新郑县、兰考县、杞县、通许县、尉氏县、开封县、鄢陵县、长葛县、许昌市郊区、舞阳县、内黄县、原阳县、封丘县、获嘉县、孟县、武陟县、博爱县、禹县、修武县颁发了"达到平原绿化标准"证书和"全国平原绿化先进单位"奖牌。

1988 年 12 月 28 日，林业部授予河南省南乐县、清丰县、范县、台前县、濮阳县、濮阳市区、长垣县、新乡县、延津县、新乡市郊区、襄城县、郏县、开封市郊区、滑县、温县、中牟县、漯河市源汇区等 17 个县（区）和开封、濮阳等 2 个地级市"全国平原绿化先进单位"称号，并委托河南省林业厅代发达到"平原绿化标准"证书和"全国平原绿化先进单位"奖牌。

1989 年 5 月，焦作市和沁阳县、焦作市郊区获得"全国平原绿化先进单位" 荣誉称号；12 月，郑州、鹤壁 2 个市和汤阴县、安阳市郊区、浚县、淇县、密县、荥阳县、偃师县、洛阳市吉利区 8 个县（区）获得"全国平原绿化先进单位"荣誉称号。

1990 年 12 月，安阳市、新乡市、洛阳市、许昌市、漯河市及安阳县、卫辉市、洛阳市郊区、临颍县、许昌县、息县、淮滨县、平舆县、驻马店市、遂平县、西平县、南阳市、南阳县、郾城县、叶县、宝丰县等 5 个地级市、16 个县（市、区）达到林业部规定的平原绿化标准，获得了林业部颁发的"全国平原绿化先进单位"和达到"平原绿化标准"奖牌与证书。至此，河南省已有 12 个市（地）、83 个县（市、区）平原绿化达标。

1991 年 3 月 12 日，全国绿化委员会、林业部作出《关于表彰福建省等九省（区、市）和北京军区造林绿化工作的决定》，授予河南省"平原绿化先进省"称号。

〖全省平原绿化重要会议〗 1989 年 8 月 1 ~ 2 日，河南省政府在博爱县召开了35县平原绿化规划现场会。会议的中心议题是研究、部署35个未“达标”县的平原绿化规划工作，为1989年冬1990年春的植树造林做好准备。会议组织参观了博爱县的平原绿化现场，与会代表见证了这个人均只有9分地的高产农区县，通过科学规划，高标准建设农田林网，取得林茂粮丰的成绩。会上博爱县政府介绍了《加强领导，科学规划，加快平原绿化步伐》的经验，叶县、息县、唐河、临颍、郾城、邓州、新蔡、正阳和许昌等县（市）汇报了平原绿化规划的进展情况和下一步的工作安排。参加会议的有35个平原绿化未“达标”县的县长、林业局局长、有关市（地）的林业局局长，共110人。会议由省林业厅副厅长王庭训主持，省林业厅厅长马新高作了会议总结，省政府副秘书长张永昌到会并作重要讲话。会议要求35个平原绿化未“达标”县在9月底前完成规划工作。

1990年2月17日，河南省政府在郑州召开平原绿化未达标市（地）、县领导座谈会。尚未完成平原绿化“达标”的9个市（地）分管农业工作的副专员、副市长，27个平原绿化未“达标”县（市、区）的县（市、区）长参加了会议。省委常委、副省长宋照肃在听取与会代表的汇报、座谈后强调指出：完成平原绿化“达标”，县委、县政府的工作是关键，希望参加会议的同志回去后，把这一工作宣传好、组织好，一鼓作气把平原绿化“达标”拿下来。

1990年12月9日，部分市（地）、县平原绿化现场会在新蔡县召开。4个未达标地（市）的林业局局长和11个未“达标”县（市）主管林业的副县长、林业局局长参加了会议。与会人员参观了新蔡县1990年冬平原绿化现场，交流了经验，找出了差距，明确了任务，为再掀绿化高潮、确保按期“达标”奠定了基础。河南省林业厅副厅长关耀信主持了会议，厅长马新高作了总结讲话。进一步加强领导，采取坚决措施，保证按期“达标”。同时坚持科学植树，保证造林质量，切实加强林木管护。

1991年3月9日，河南省委、省政府在郑州召开全省造林绿化表彰动员大会，纪念开展全民义务植树运动十周年，表彰在植树造林、绿化祖国中作出突出贡献的先进单位和个人，动员全省人民、各行各业进一步行动起来，高举“团结奋进，振兴河南”的旗帜，把河南省造林绿化事业推向一个新阶段。省党政军领导侯宗宾、李长春、阎济民、黎明、宋照肃、吴光贤、胡梯云、胡廷积、秦科才、刘源和省绿化委员会全体成员出席了会议。省委常委、副省长胡梯云宣读了省政府关于商水县达到省颁平原绿化高级标准的嘉奖令，省绿化委员会副主任、林业厅厅长马新高宣读了省绿化委员会、省林业厅、省人事厅关于表彰商水县、新县等25个造林绿化先进单位的决定和省绿化委员会关于颁发

1990年度"河南省绿化奖章"的决定。侯宗宾、李长春等领导向受表彰的商水县、新县、济源市、登封县、嵩县、南召县、卢氏县、平舆县、原阳县、尉氏县、商丘县、滑县、淇县、息县、鹿邑县、临颍县、清丰县、长葛县、周口市、南阳市、驻马店市、洛阳第一拖拉机制造厂、中国科学院713厂、河南省平原制药厂、平顶山锦纶帘子布厂等25个先进单位颁发了"河南省造林绿化先进单位"奖牌，代林业部向1990年全省平原绿化"达标"的5市16县颁发了"全国平原绿化先进单位"的奖牌，并向鲁祥、张家勋等179名先进个人颁发了"河南省绿化奖章"。

1996年9月11日至12日，河南省林业厅在民权县召开了全省平原绿化规划会议。17个市(地)林业(农林)局局长，30个平原、半平原县(市、区)林业局局长，17个重点县(市、区)主管领导，河南省林业厅有关处室和单位的负责人参加了会议。省林业厅厅长马新高、副厅长张守印，商丘地委副书记张龙之、行署副专员李海涛等领导出席会议并讲话。这次会议的主要内容是：研究制定关于搞好平原绿化规划的意见，交流推广搞好平原绿化规划工作的经验，分析河南省平原绿化工作的现状，进一步统一思想、提高认识、搞好全省平原绿化的第二次创业。会议讨论通过了《河南省林业厅关于搞好平原绿化规划的意见》，商丘地区和民权县介绍了抓好平原绿化规划的经验。马新高厅长在总结讲话中强调：各地要认真学习推广商丘地区、民权县搞好平原绿化规划的经验和做法，结合本地实际，找出工作中存在的问题，提出下一阶段工作打算，向当地党委、政府作好汇报，进一步统一思想，提高认识，及早动手，认真抓好规划的制订和实施工作，推动全省平原绿化工作再上新台阶。

〖全省平原绿化奖惩〗　1984年1月7日，河南省委、省政府颁发嘉奖令，表彰禹县各级干部和全县人民。1983年在党的"十二大"精神指引下，春季育苗，6月规划，冬季植树，一举完成农桐间作80万亩、农田林网20万亩，加上村宅旁绿化植树860万株，实现了平原林网化，为河南省创出了一条高速度、高标准实现平原绿化的新路子。勉励他们继续发扬自力更生、艰苦奋斗的革命精神，向荒山进军，为尽快绿化禹县山河，建设一个无山不绿、有水皆青、林茂粮丰的新禹县作出新的贡献。要求全省各级党政领导学习、推广禹县经验，因地制宜，创造性地搞好本地区的造林绿化工作，为绿化中原作出贡献。

1985年1月31日，河南省政府颁布嘉奖令，表彰在平原绿化中作出突出贡献的商丘地区。嘉奖令指出：商丘地区党政军民积极响应党中央、国务院关于绿化祖国的号召，坚决执行党的林业政策，实行全民植树，经过1984年一年的努力，全区8县1市共栽树5 000万棵，营造农田林网1 000万亩，绿化道路、河渠3.5万公里,使商丘地区成为河南省第一个基本实现农田林网化的地区,为林业建设增添了光彩。

1990年2月15日,根据《河南省造林绿化奖励办法》(试行),河南省政府按照以奖代补的原则,对获得平原绿化先进单位的8个县(区)给予资金奖励,奖励汤阴县、浚县、淇县、密县、荥阳县、偃师县各5万元,奖励安阳市郊区、洛阳市吉利区各2万元。

1991年3月7日,河南省人民政府发出关于商水县达到省颁平原绿化高级标准的嘉奖令。嘉奖令指出:十年来,商水县在党的十一届三中全会精神的指引下,认真贯彻党的各项林业政策,带领全县广大干部群众,综合治理水、田、林、路,大力发展林业生产,在1986年达到部颁平原绿化标准的基础上,积极调整林种、树种结构,全面完成了"四旁"绿化和农田林网化建设,全县形成了田成方、林成网、路相通、沟相连的农田新格局,改善了生态环境,提高了抗灾能力,第一个达到了省人民政府颁布的平原绿化高级标准,为全省平原县(市)树立了新的榜样。

1992年5月9日,河南省绿化委员会以豫绿字[1992]6号文就博爱县实现平原绿化高级"达标"发出通报。通报指出:经省林业勘察设计院实地检查验收,省林业厅审核,呈报省政府批准,确认博爱县达到了省颁平原绿化高级标准。有关奖励事宜,按省政府[1990]75号文件办理。博爱县在实现平原绿化初级达标之后,按照省政府的要求,继续向高级标准迈进。经过全县人民共同努力,在平原农区实现了田成方,树成行,农、田、林、路、电相配套的农田林网化。树种结构进一步得到调整,有效地控制了干热风等自然灾害,实现了林茂粮丰,已有7个乡实现了亩产吨粮。率先在全省推行了林木资源档案管理,做到了计划采伐,及时更新,林网完整,永续利用。每年向社会提供1万多立方米木材、1 000多万公斤竹材、1 300多万公斤干鲜果品,这是继商水县之后在全省第二个实现高级平原绿化达标的县。

1994年6月22日,河南省林业厅印发关于原阳县达到省颁平原绿化高级标准的通知。通知指出:经省林业厅组织的绿化达标验收小组核查,并呈报省人民政府批准,确认原阳县达到了省颁平原绿化高级标准。有关奖励事宜,按省政府[1990]75号文件办理。同年11月20日,经省林业厅批准确认息县达到了省颁平原绿化高级标准。

1995年1月20日,针对郸城县、虞城县、遂平县在农田林网控制面积上出现滑坡现象,已达不到部颁平原绿化标准的情况,河南省林业厅研究决定:对郸城县、虞城县、遂平县提出黄牌警告,并提出限郸城县在1995年春、虞城县和遂平县在1996年底以前,恢复部颁平原绿化标准。否则,将收回"全国平原绿化先进单位"奖牌和平原绿化合格证书。

〖县级平原绿化初级标准〗 县级平原绿化初级标准以县为单位进行核查验收和评价,主要包括森林覆盖率、农田林网控制率、宜林荒山绿化率、"四旁"植树和村庄绿化率等指标。其基本标准为:森林覆盖率,一般平原农区为10%以上,风沙区为主的县为15%以上,沙丘面积大的严重风沙区县为20%以上。农田林网面积、农林间作面积之和应占全县平原耕地面积的85%以上(网内的农林间作面积和林网面积不重复计算)。林网的网格面积一般为13.33~15公顷(200~300亩),最大不超过26.67公顷(400亩),严重风沙区不大于13.33公顷(200亩),林网的林木整齐,结构合理;农林间作的布局和植树密度合理。零星小片宜林荒地、荒滩、荒沙应全部造上林;集中连片的大面积宜林荒沙(除已建林网的部分外)造林面积不小于80%;山区宜林荒山的造林面积达到50%以上。"四旁"植树是指凡适宜栽树的地方都应栽上树。村庄(村旁、宅旁)的树木覆盖面积占村庄面积的30%。

〖县级平原绿化高级标准〗 2000年,河南省政府印发县级平原绿化高级标准,主要包括林木覆盖率、农田林网控制率、宜林荒山(沙荒)绿化率、村庄和城镇绿化率、通道绿化率、林种和树种结构、人均林木占有量等指标。其基本标准为:一般平原农区县(市、区)林木覆盖率达到15%以上,沙区县(市、区)林木覆盖率达到17%以上。农田林网和农林间作面积之和占全县适宜林网、间作面积的90%以上;农田林网的网络面积一般农区在15公顷(300亩)以内,稻作区在26.67公顷(400亩)以内,沙区乡(镇)不超过13.33公顷(200亩)。农林间作株行距以不同树种分别确定,以不影响农作物生长为原则,农林间作株行距以5米×50~60米为宜。乔、灌结合的农田林网应占10%以上(稻作区除外)。营造农田林网(含间作)的苗木必须是一级苗,且良种率在85%以上。造林成活率在95%以上,保存率在90%以上。全县(市、区)宜林沙荒、荒滩、荒地绿化率达到95%以上。重点沙区乡(镇)流动、半固定沙丘得到全部固定;山区、丘岗乡(镇)的水土流失得到有效控制。村庄的林木覆盖率在40%以上;城镇绿化覆盖率在25%以上,主要街道行道树在两行以上。沟、河、路、渠绿化率在95%以上;凡县(市、区)境内涉及的国家铁路、地方铁路、高速公路、国道、省道、县道两侧,每侧至少栽植树木两行以上;境内四大水系的主要支流两侧的堤岸,每侧至少栽植树木4行以上。县(市、区)林种、树种结构基本合理。主栽树种的某一品种不得超过50%,全县(市、区)农业人口人均活立木蓄积量达到1.5立方米以上,或者全县农业人口人均林木达到

26株以上。

【沙区防护林建设】　河南省的沙区主要分布在黄淮海冲积平原，北起台前，西抵孟州，南达周口市郊，东至夏邑，介于北纬33°20′～36°10′、东经112°50′～116°10′。地跨安阳、濮阳、鹤壁、新乡、焦作、郑州、开封、商丘、周口、许昌等10个省辖市，涉及中牟县、兰考县、开封市郊区、民权县、濮阳县、台前县、清丰县、南乐县、范县、内黄县、滑县、濮阳市区、浚县、淇县、长垣县、延津县、封丘县、原阳县、新乡县、卫辉市、辉县、武陟县、温县、孟州市、郑州市管城区、郑州市邙山区、郑州市金水区、新郑市、杞县、通许县、夏邑县、周口市郊区、淮阳县、西华县、扶沟县、太康县、鄢陵县等44个县（市、区），区域总面积413.54万公顷，占全省土地总面积的24.76%。

20世纪80年代初期，河南省开始在豫东、豫北黄河故道区建设防护林体系，同时，结合黄淮海农业综合开发项目，因地制宜开展引黄灌淤，采取植树造林、改良沙地、种植水稻、挖池养鱼、种草固沙等综合措施，进行了沙、水、田、林、路、渠综合治理，形成了点、片、网相结合的农田防护林体系，有效地遏制了风沙危害，改变了沙区风沙弥漫、自然灾害频繁、缺林少柴的穷困落后面貌。

至1995年，全省沙区有沙漠化土地66.82万公顷，占沙区总土地面积的16.5%。其中，流动沙丘（地）1.73万公顷，占沙漠化土地面积的2.6%；半固定沙丘（地）2.36万公顷，占沙漠化土地面积的3.5%；固定沙丘（地）11.82万公顷，占沙漠化土地面积的17.7%；闯田2.68万公顷，占沙漠化土地面积的4.0%；沙改田47.67万公顷，占沙漠化土地面积的71.3%；重盐碱地5 554.3公顷，占沙漠化土地面积的0.9%。

2000年监测结果显示，监测范围内有沙化土地面积65.05万公顷，占监测区域总面积的15.7%，占全省总面积的3.9%。其中，流动沙丘（地）4 773.3公顷，半固定沙丘（地）4.72万公顷，固定沙丘（地）6.12万公顷，沙改田53.73万公顷。

〖黄河故堤青年防护林带〗　1983年4月10日，河南省政府批复省林业厅，同意命名开封、商丘黄河故道南大堤造林工程为“黄河故堤青年防护林带”。黄河故道南大堤横贯开封、商丘2地区5个县，长约200公里。“黄河故堤青年防护林带”是由团省委倡议，省林业厅支持，开封、商丘2地5县党政直接领导，各级团组织与林业部门密切配合，以青年为骨干，发动全民开展的一项造林工程。工程在1982年冬充分准备的基础上，于1983年3月开始启动，4月5日全部完成，共植树160万株。

〖豫东黄河故道防护林带〗　1982年，河南省政府决定拨款1 181万元，用于豫东防护林带的补造和两条豫北黄河故道防护林带的建设，其中180万元用于扶持豫东防护林的恢复工作。河南省林业勘察设计院新设计了豫东黄河故道基干防护林带，并按照查漏补缺的原则对豫东防护林带补植造林进行了规划。新设计的黄河故道基干防护林带自开封向东，经兰考、民权、宁陵、商丘到虞城县，总长200公里，平均宽30米，规划新造林面积6 667公顷。豫东防护林带辖区内的县（市、区）按照规划设计，经过1984～1985年两年的努力，完成了黄河故道基干防护林带的建设和豫东防护林带的补造任务，使豫东防护林体系得到补充和完善，发挥了显著的生态效益和经济效益。

〖豫北黄河故道防护林带〗　1982年，河南省开始在豫北规划建设两条黄河故道防护林带。一条自武陟县何营起向东北，经原阳、新乡、延津、汲县、滑县、浚县、汤阴、内黄、清丰至南乐县到河北省界，总长210多公里，宽7～40公里，总面积28万公顷；一条自封丘县的大功、贯台起向东北经长垣、滑县、濮阳、范县、台前县到山东省界，全长214公里，宽2.5～25公里，总面积21.8万公顷。两条防护林带共涉及新乡、安阳、濮阳3个省辖市的15个县、147个乡。防护林带以固定流沙为重点，结合农田防护林建设和“四旁”绿化，分别设计了固沙片林、防护林带、农田林网、农林间作、固堤护岸林等多种造林模式，片、网、带、点相结合，构成了比较完整的豫北防护林体系。防护林带于1987年全部建成，共计成片造林面积4.05万公顷。

〖沙区治理的主要经验〗　大型防风固沙基干林带缚住沙龙、生物治理与工程治理并重、调整沙区种植结构，是沙区治理取得的成功经验。

大型防风固沙基干林带缚住沙龙。河南的沙化土地大多数沿过去黄河及其支流改道、决口的临时河道呈带状分布，冬春季节，呈带状的沙地会整体顺风向前滚动，压路埋田，给当地群众的生产和生活造成严重危害。沿沙带栽植大型连续的防风固沙林带可以使流沙固定，有效地减轻流沙对农业生产和人民群众生活造成的危害。豫东黄河故道防护林带和豫北黄河故道防护林带就是两个成功的典型。

生物治理与工程治理并重，实行沙、水、田、林、路综合治理。兰考县从20世纪70年代开始大搞农桐间作，并迅速推广到全省，既起到了防风固沙的作用，又促进了当地经济的发展。黄河北岸的原阳县大搞沙区综合治理，在流动、半流动沙区营造刺槐固沙林，沙区农田基本实现林网化，同时，打机井7 857眼，开挖干、支渠958条，新增灌溉面积4.7万多公顷，平沙造田3 500多公顷，改善了沙区生态环境，实现了林茂粮丰。1995年以后，周口市的太康、扶沟、淮阳、西华等县大力营造农田林网，积极引黄灌淤和引黄浇灌，使1万多公顷沙化土地改造为良田,变为非沙化土地。

调整种植结构,提高沙区经济效益。沙区人民经过多年摸索,通过调整种植结构,创造了枣粮间作、桐粮间作、条粮间作、小网格林网等多种生物治沙模式,不仅有效地治理了沙区的风沙危害,而且提高了沙区种植业的经济效益。兰考县的农桐间作模式,在有效地改善沙区农田小气候、促进粮食稳产高产的同时,还促进了当地桐木加工业的发展和出口创汇。新郑县利用沙地广植大枣,成为中国大枣之乡,各类枣加工产品应运而生。不少地方在沙地上探索建果园、种药材,挖池养鱼、种藕等多种经营模式,既提高了沙化土地的经济效益,又改善了沙区的生态环境。

〖沙区治理的基本模式〗　河南省沙区群众在长期的治沙斗争中,探索出了许多适宜当地情况的治沙模式,其中常见的有10种治沙模式。

农枣间作:分以农为主和以果为主两种间作模式。以果为主的间作模式,在沙地上栽种枣树,每公顷600株(每亩40株,4米×4米)左右(密植可达1 650株/公顷)。当年栽植,当年挂果,3~4年形成产量。在枣树之间,间作花生、红薯、小麦、豆类等低秆作物,可以有效地提高土地利用率。据在新郑市调查,麦枣间作的株行距以4米×6米和4米×8米最好,4米×10米次之,4米×4米对小麦产量有明显影响。以农为主的间作模式,枣树栽植的株行距以4米×6米、4米×8米为最好,4米×10米较好。内黄县是著名的红枣之乡,46万亩枣林内全部采用间作套种模式。其中"枣粮油间作"模式每亩年收入3 000元左右;"枣粮椒模式"每公顷年收入52 500~60 000元。农民形象地比喻其为"上有摇钱树(红枣),下有聚宝盆(花生或尖椒),中间夹着粮食屯(小麦)"。

农条间作:在沙地上栽植白蜡条,1米宽一带,带间距10米或20米。每带栽2行,用1~2厘米粗的当年生枝条作插条,每根插条长20~30厘米,每穴栽3根。如培育条子,当年即可采伐;如培育白蜡杆,3~4年采伐。白蜡条行的走向垂直于主害风方向时生态防护效果最大。河南省豫东地区的主要起沙风为北风和偏北风,而干热风又属南风和西南风,因此白蜡条行的走向以东西走向为最佳。考虑到东西走向的白蜡条林带北侧遮阴严重,影响农作物的产量。长期观测中发现,大面积的白蜡条防护林带,能够形成良好的生态环境。为此,在生产实践中,农条间作面积要达到一定规模,在风口和重沙地林带采用东西走向,其他地方林带仍可采用南北走向。

农桐间作:在沙地上栽植泡桐,株行距之间种植粮食作物,既可以有效地改善沙地的生态环境,促进粮食增产,又可保证林木的生长量,达到林茂粮丰的目的。目前,生产中所采用的农桐间作行距有 20 米、30 米、40 米、50 米、60 米等 5 种类型。观测表明:20～40 米行距的农桐间作地块,平均风速可降低 52%,林带间的增暖和冷却作用非常明显;50～60 米行距的农桐间作地块内,平均风速可降低 45%,林带间的增暖和冷却作用不十分明显,相对湿度比前者大 4%～5%,蒸发量较前者减少 18%。过小的行距相对增大了林冠遮阴的面积,20～30 米的行距,其林冠下减产区面积占总地块面积的 18% 到 40%,增产区面积占总地块面积的 60%;50～60 米的行距,其林冠下减产区占总地块面积的 13%,增产区面积占总地块面积的 87%。实践证明:生产中农桐间作的株行距以 5 米 ×(50～60)米为宜。

栽植金银花:在沙地上,每公顷栽金银花 5 250 株,3 年后形成产量,5～10 年进入盛花期,每公顷产干花 2 250 公斤。这种治沙模式,既固定了流沙,又可产生适当的经济效益。

金银花与石榴套种:把金银花和石榴套种,每公顷栽石榴 900 株,金银花 2 250 株。3 年后,石榴和金银花形成产量,不仅防沙效果显著,而且经济效益很好。

营造防风固沙林:在流动、半流动的沙丘、沙地上,营造刺槐、杨树混交林,不仅能起到防治沙丘、沙地流动的效果,而且还能为周围农田营造良好的生态环境,稳定和提高粮食产量。内黄县属黄河故道,风沙灾害严重,全县成片治沙造林 2 万公顷,农枣间作 3.07 万公顷,果树 1.07 万亩,“四旁”植树 2 000 多万株,活立木蓄积达到 317 万立方米。依托丰富的林业资源,当地大力发展林产品加工业,投建了年产 10 万立方米的木材加工项目和红枣深加工项目。全县从事林业产业的人员达到 5 万多人,年经营加工木材 15 万立方米,加工红枣、水果 3 万余吨,同时带动了交通运输、餐饮服务等二、三产业的发展。

农田林网:在沙改田地区,营造农田林网,网格面积控制在 13.3 公顷以内;在流动、半流动沙地上,营造的农田林网网格面积控制在 6.67 公顷左右,可以有效地改善农田的小气候,提高粮食产量。内黄县马上乡小黄滩村土地沙化现象较重,由于冬春风沙危害,无法种植小麦,因而一年只能种植一季花生,每公顷产量只有 2 250 公斤左右。为改变这种状况,该村采取措施,在每 6.67 公顷土地上营造一个农田网格,两年后,风沙危害逐步减弱,不仅可以种植小麦,而且每公顷产量达到 4 500 公斤,花生每公顷产量达到 3 750 公斤,实现了林粮双丰收。群众总结为“胁地一条线,增收一大片”。1982～1999 年,河南省农业科学研究院设在开封朱仙镇小店王村沙地试验区的 17 年观测数据和研究结论证实:农田林网的生态效益显著。一是防风效果好。旷地常遇强风沙危害,一场大风可使每公顷土地损失表土30～45吨,而林网的综合防风效能则达35%～40%。二是减少水分蒸发。林网系统内土壤储水量增加6.1%,蒸发减少10%,相对湿度提高6.3%,水汽压增长1.3百帕。三是防干热风。据气象统计资料,试验区所在地每年发生干热风2.75次,高时达10余次。每年小麦灌浆和成熟期,基本上均有干热风发生,因为干热风而使小麦减产10%～20%,高的达35%以上。干热风发生3小时后,旷野的相对湿度大幅度下降,在0.8米和1.5米高处分别下降53%和49%,而由于林网系统的总体防风效能较好,林网内0.8米处仅降3%～4%,1.5米处下降26%,从而增加了空气的相对湿度,克服了干热风所造成的危害。四是防低温冻害。农田林网内冬季日均气温可升高0.56℃,夏季可降低0.63℃。五是防沙尘。试验区林网建立后,随着林木的不断长大,其风沙日数不断减少,1991～1994年平均风沙日数低于一天,基本上控制了沙尘危害。农田林网有利于粮食生产。据开封朱仙镇小店王村沙地试验区研究结果表明:1991～1994年林网内每公顷的小麦产量分别是3 450公斤、3 322.5公斤、3 840公斤和4 012.5公斤,其年度增幅分别为－6.14%、8.47%、13.35%;花生产量分别是2 647.5公斤、2 475公斤、2 901公斤和3 157.5公斤,其年度增幅分别为－6.52%、7.58%和19.26%。而林网低覆盖度区的小麦、花生产量和空旷沙地的小麦、花生产量及年度增幅都明显低于林网系统,尤其是1992年大灾之年,林网系统对作物生产的稳定性,比其他两个区域都好。据大田统计资料表明,一般年份林网系统内的小麦产量增产4%～8%,花生产量增产5%～10%。试验区林网系统内作物产量增长趋势稳定。与1982年相比,1999年粮食和花生总产量分别提高了243.59%和385.62%,粮食、小麦和花生单产净增105.15%、127.27%和84.76%。农业生产能力增强,复种指数不断提高。复种指数由1982年的126.78%和1985年的141.12%分别提高到“七五”、“八五”和“九五”的177.79%、187.69%和187.61%(5年平均);同时粮食作物、经济作物和饲料作物的种植比例得以调整与优化,饲料作物比重不断提高,由“七五”期间的8.65%分别提高到“八五”期间的9.42%和“九五”期间的11.08%。林网虽有改善农田生态和生产条件的作用,但同时也与粮食作物存在着争地矛盾,因此,林网设计在发挥保护作用的同时,还要坚持节省耕地的原则。开封沙地试验区通过研究确定,根据沙地树木的生长高度,主林带距离200～250米,东西走向;副林带距离300～400米,南北走向,对控制冬春北向害风和春末夏初南向干热风均能起到较好防护作用。

引黄灌淤:在条件许可的地方,提引黄河水进行淤灌,以淤压沙、压盐、压碱。每淤灌一次可淤土 2 ~3 厘米,不但压住了沙,而且改良了土壤结构,可以有效地提高农作物的产量。

翻淤压沙:在表层是沙、下层是土壤的藏金沙地,通过深翻土地,把表层的沙压在下面,把下层的土壤翻到上面,既压住了沙,又增加了耕地面积。

鱼藕混养:首先在沙地上挖 0. 07 公顷(大约 1 亩)大小的坑,坑深 1. 2 ~1. 5 米。用石灰和土按 3 :7 的比例拌匀,铺于坑的底部并踏实;在坑的底部和四壁铺一层塑料薄膜(或铺一层砖),再用水泥和石子拌匀铺于坑底和四壁,厚度 3 ~4 厘米,待水泥干后即可使用,每个坑可使用 8 ~10 年。在建好的坑内用粗肥(鸡粪)5 立方米、磷酸二氨和尿素等各 15 公斤拌匀,铺于坑底部,厚度 30 厘米,最后灌入水,水面距坑的上沿 10 厘米。4 月初,每坑种藕 250 公斤,下鱼苗 2 000 尾,按照养鱼技术正常喂养。9 月下旬即可捕鱼;莲藕可开挖上市,也可在塘内保存至春节前再挖。每塘(包括建塘、种藕、养鱼)共需投资5 000元。

第二节　山区造林

【山区造林简述】　1979 ~1989 年,河南省山区造林以群众性的植树造林为主,主要造林方式包括人工造林、飞播造林和封山育林三种。

1979 年,为加快全省山区造林绿化步伐,河南省开始飞播造林试验,到 1981 年,共飞播造林 82 个播区,作业面积 9. 385 万公顷。通过 3 年试验,取得了良好效果。从 1992 年起,河南迅速在全省推广飞播造林。到 1989 年,全省共完成飞播造林作业面积 36. 17 万公顷。

封山育林主要以封山管护为主,至 1989 年,全省共完成封山育林 124. 55 万公顷。

人工造林是山区绿化的主要方式,主要包括植苗造林、直播造林和撒播造林,以营造防护林为主。这一时期,在抓好群众造林和营造防护林的同时,开始探索营造速生丰产林和工程造林。1985 年,河南省在豫西营造楸树丰产林,在豫南营造“三杉”(水杉、池杉、落羽杉)速生丰产林,在大别、桐柏山区营造“两松”(火炬松、湿地松)速生丰产林。1986 年,河南省启动了太行山绿化工程。1990 年,《河南省十年造林绿化规划(1990 ~1999 年)》实施以后,河南省各级党委政府把实施十年造林绿化规划作为林业工作的中心任务,组织山区群众开展了大规模的造林绿化活动。通过造林实绩核查、通报表彰先进、黄牌警告落后单位等措施,保证了造林绿化的质量,使全省造林面积逐年增加。

在抓好太行山绿化工程的同时,启动了长江上中游防护林、淮河太湖流域综合治理防护林和黄河中游防护林工程,大面积营造速生丰产林。据河南省林业勘察设计院每年进行的造林实绩核查和对《河南省十年造林绿化规划(1990~1999年)》实施情况的验收,到1999年规划完成时,全省10年累计完成造林面积147.93万公顷(其中人工造林119.45万公顷,飞播造林28.59万公顷),占规划造林任务133.33万公顷的111%。1979年至2000年,全省累计完成人工造林面积317.32万公顷,封山育林面积263.29万公顷,飞播造林作业面积76.58万公顷。

【人工造林】 1979年到林业生产责任制建立以前,河南人工造林以兴办乡村林场、发展农村集体经济为主。1983年河南省政府批转了林业厅拟定的《关于建立和完善林业生产责任制的意见》,在全省开展了稳定山权、划定自留山、确定林业生产责任制的林业"三定"工作。随着林业生产责任制的建立,农村人工造林由集体组织群众造林、兴办乡村林场、发展用材林,逐步转变为国家、集体、个人一齐上,用材林、防护林、经济林一齐抓,涌现出一批林业专业户、重点户,全省人工造林面积逐年扩大,每年造林面积均在10万公顷以上。同时,积极引进国外优良树种如火炬松、湿地松等开展人工造林,逐步探索营造杨树、泡桐、刺槐和国外松等速生丰产林基地、名特优新经济林基地和工程造林经验,人工造林的树种和模式不断增多。1990年实施《河南省十年造林绿化规划(1990~1999年)》以后,河南人工造林的重点由平原绿化转向消灭山区宜林荒山荒地,造林规模不断扩大,特别是1995年至1999年,全省平均年人工造林面积达到21.55万公顷,1996年高达30.67万公顷。同时,随着工程造林面积的逐步扩大,造林投资逐年增多,群众造林的积极性不断提高,人工造林的质量得到了较大提升。2000年,退耕还林工程在河南开始试点,进一步开拓了人工造林的领域,创新了人工造林的模式。1978年至2000年,全省共完成人工造林面积331.11万公顷。

〖速生丰产用材林基地〗 从1980年起,河南省林业厅开始投资在禹县、鄢陵、淮阳、商丘等16个县的适宜地方营造小片速生丰产用材林。1983年以后,河南省成片造林开始向基地造林转变,新规划并组织建设了武陟、温县、宜阳、沁阳、获嘉、郾城、偃师、民权、扶沟、禹县、南乐等县和焦作、新乡市郊的毛白杨用材林基地。至1985年,全省共完成毛白杨用材林基地造林1 369.4公顷,营造毛白杨农田林网6 500公顷;在卢氏、嵩县、内乡、光山、罗山县共营造商品用材林基地4 473公顷;在伊川、临汝、洛阳市郊、宝丰、沈丘等地共营造楸树用材林基地26.3公顷,营造楸树农田林网466.7公顷。至1987年,上述

3 个速生丰产用材林基地已分别完成造林面积 3 333 公顷、5 026.7 公顷、6 333公顷。同时,河南省林业厅在豫南建立了“三杉”(水杉、池杉、落羽杉)基地 2 万公顷,在大别、桐柏山区建立了“两松”(火炬松、湿地松)基地 3.33 万公顷,在黄淮低凹易涝地区建立了杨树基地 3.33 万公顷。根据林业部下达的速生丰产林基地建设任务,1985～1987 年 3 年间,河南省林业勘察设计院先后完成了豫东泡桐、杨树和驻马店地区、焦作市、平顶山市、滑县等 6 个丰产林基地的调查论证及造林总体设计,设计造林总面积 3.8 万公顷。其中滑县泡桐丰产林 6 667 公顷,由林业部和河南省联营,按基建投资,每公顷 1 200 元,于 1987 年开始实施,1992 年完成造林任务。1980～1987 年全省共营造速生丰产林 10.1 万公顷。到 2000 年,全省共保存速生丰产用材林 24.66 万公顷,林木蓄积量达到 978.18 万立方米。1978～2000 年河南省人工造林面积统计情况见表 4－1。

表 4－1　1978～2000 年河南省人工造林面积统计表

(单位:万公顷)

年度	人工造林	年度	人工造林	年度	人工造林
1978	13.82	1986	12.53	1994	11.90
1979	14.42	1987	13.84	1995	25.58
1980	10.83	1988	14.78	1996	30.67
1981	10.00	1989	13.63	1997	10.86
1982	11.20	1990	12.66	1998	20.47
1983	12.30	1991	11.06	1999	20.19
1984	13.02	1992	11.39	2000	12.57
1985	11.23	1993	12.16	合计	331.11

〖经济林基地〗　1978～1984 年,河南省以发展油桐、油茶、核桃等木本油料为主。从 1984 年起,河南省以名优特经济林为重点,集中力量建设十大经济林基地。至 1987 年,猕猴桃基地计划造林 6 666.7 公顷,实际完成 133.3 公顷;大枣基地计划造林 2.67 万公顷,实际完成 1.33 万公顷;板栗基地计划造林 1 万公顷,实际完成 4 000 公顷;山楂基地计划造林 2 万公顷,已全部完成;柿子基地计划造林 1.33 万公顷,实际完成 6 666.7 公顷;核桃基地计划造林

6 666.7公顷，实际完成2 000公顷；杜仲基地计划造林6 666.7公顷，实际完成666.7公顷；辛夷基地计划造林3 333.3公顷，实际完成4 666.7公顷；水果基地计划造林3.67万公顷，实际完成2万公顷；竹子基地计划造林3 333.3公顷，实际完成333.3公顷。全省合计共完成经济林基地造林7.18万公顷，占计划造林任务13.34万公顷的53.8%。1992年，河南省人民政府印发了《关于印发〈河南省经济林十年发展规划〉的通知》，全省规划建立山区水果基地、大枣基地、板栗基地、核桃基地、柿子基地、黄河故道水果基地、油桐和油茶基地、药用林基地、竹子基地、编织原料基地等十大经济林基地，规划新建经济林基地面积16.67万公顷，到2000年，使全省经济林基地面积在14.33万公顷的基础上增加到31万公顷。1995年，河南省人民政府印发了《豫西经济林基地开发建设规划》，对豫西地区的经济林基地建设作出了专门规划并提出了明确建设要求。1999年，《河南省人民政府关于印发河南省林业生态工程建设规划的通知》，提出在抓好林业生态工程建设的同时，大力发展商品林基地，规划新建名特优新经济林和花卉、竹林基地32.9万公顷。

【封山育林】　从1979年起，河南省先后在伏牛、太行、桐柏、大别山区开展飞机播种造林，播后实行封山禁牧，推动全省封山育林由单纯的封育向飞播造林和封山育林相结合转变。1979～1987年，全省累计封山育林面积达到100.21万公顷。1987年后，河南的封山育林开始由封山禁牧、飞播造林相结合向封山禁牧、飞播造林、人工补植补造和抚育管理转变，封山育林的形式也由单一的以集体为主向自留山主、责任山主、专业户、联合体、专业队等多种形式转变，在山区形成了大面积的混交林，有效地改善了山区林分的结构组成。1991年，《河南省封山育林规划》出台，规划封山育林面积26.67万公顷，建立封育型集体林场650个。1988年至1999年，全省累计封山育林面积达到153.41万公顷，年平均12.81万公顷。2000年，经国家批准，黄河上中游天然林保护工程区在河南洛阳、三门峡、济源市的18个县（市、区）启动，河南省全面禁止了天然林保护工程区的商品林采伐活动，在封山育林区树立标牌，建立三级护林网络进行管护，并通过飞播造林、人工造林，提高了封山育林的效果。封山育林纳入工程造林的范畴，实现了规范化管理，开创了封山育林工作的新局面。河南省1978～2000年封山育林面积统计情况见表4－2。

表 4－2　河南省 1978～2000 年封山育林面积统计表

（单位：万公顷）

年度	封山育林	年度	封山育林	年度	封山育林
1978	无数据	1986	5.32	1994	8.98
1979	26.06	1987	7.12	1995	14.18
1980	11.83	1988	12.15	1996	18.95
1981	12.18	1989	12.19	1997	11.18
1982	11.69	1990	13.01	1998	7.86
1983	7.96	1991	13.77	1999	11.67
1984	15.32	1992	14.43	2000	11.23
1985	2.73	1993	15.04	合计	264.85

【飞播造林】 1978 年春，河南省林业厅与省民航局协作，筹备第二次飞播造林试验。河南省林业厅组织洛阳地区林业局、河南农学院、洛阳林校和省民航局的科技人员前往陕西、山西两省考察、学习飞播造林的经验，并在栾川县陶湾、卢氏县杜关、灵宝县朱阳等 3 处，按不同立地条件、树种和不同播期进行了人工模拟撒播造林试验。

1979 年，河南省林业厅在人工模拟撒播造林试验取得较好效果的基础上，决定在豫西深山区的栾川、卢氏等两个县开展飞播造林试验。此次试验调用省民航局的“运五”型飞机，共飞行 122 架次，播种面积 1. 37 万公顷，用种量 10. 2 万公斤，总投资 35. 5 万元，平均每公顷飞播造林成本 26. 85 元。

1980 年，飞播造林试验范围由卢氏、栾川两个县扩大到灵宝、嵩县 4 个县，每公顷播油松种子 6 公斤，每公顷飞播造林成本 26. 43 元。1981 年初，河南省林业厅飞播造林工作队成立，在南阳、新乡、栾川、洛阳、修武等地（市）、县相继举办飞播造林技术学习班，使有关地（市）、县的 200 多名技术人员掌握了飞播造林技术，飞播造林在全省山区大面积开始推广。

根据林业部对播后满 3～5 年的飞播区要进行成效调查的规定，1981～1985 年下半年，河南省林业厅组织有关技术人员，分别对 1979～1981 年的飞播造林区进行了飞播造林成效调查。1987 年秋季对 1982～1983 年的飞播造林区进行了飞播造林成效调查。1990 年以后逐年对播后 6 年的飞播造林区进行了成效调查。至2000年,全省共调查1979~1993年的飞播造林区455个,调查总面积43.78万公顷,其中宜播面积29.98万公顷,占调查总面积的68.5%;成林面积14.89万公顷,占宜播面积的49.7%。

1979~2000年,河南省共在卢氏县、灵宝市、陕县、渑池县、义马市、栾川县、嵩县、汝阳县、伊川县、宜阳县、洛宁县、新安县、济源市、沁阳市、博爱县、焦作市中站区、修武县、辉县市、卫辉市、淇县、鹤壁市郊区、鲁山县、内乡县、西峡县、淅川县、南召县、桐柏县、镇平县、信阳市平桥区、罗山县、新县、商城县、固始县、林州市、安阳县等35个县(市、区)的778个飞播作业区开展了飞播造林,作业面积76.58万公顷,其中宜播面积63.62万公顷,重播面积26.54万公顷,成效面积23.25万公顷。飞播主要树种有油松、马尾松、黑松、侧柏、臭椿、黄连木等。总用种量542.9万公斤,总飞行时间6 493.9小时,总投资4 838.51万元。按播种面积计算,平均每公顷成本63.18元;按宜播面积计算,平均每公顷成本76.05元;按成效面积计算,平均每公顷成本208.14元。1979~2000年飞播造林统计情况见表4-3。

〖飞播林基地建设〗　为加强对飞播林的经营管理,1986年,河南省在全国率先提出了"飞、封、造、管相结合,建设飞播林基地"(飞、封、造指飞播造林,封山育林,人工补植造林)的指导思想,在全省开展了飞播林基地建设试点,选择飞播造林成效好且集中连片的飞播区,规划建设飞播林基地,综合运用飞播造林、封山育林和人工撒播造林、植苗造林等多种措施,提高飞播造林成效。采取修枝、间伐等多种措施,提高飞播林的质量。1989年,在全省大面积推广飞播林基地建设的经验。为进一步提高飞播造林成效,促使飞播造林连片成林,在播区内部和播区之间的造林空当以及播区相连处的宜林荒山荒地人工直播造林11.5万公顷,其中造林合格面积7.73万公顷。至2000年,全省共在太行山区的辉县、林州、修武和伏牛山区的栾川、卢氏、内乡、南召、淅川等8个县(市)建成了总面积10.41万公顷的飞播林基地,有林地面积达到7.11万公顷,其中飞播直接成林面积5.55万公顷。全省形成集中连片且规模在20 000公顷以上的飞播林基地2片,6 667~20 000公顷的飞播林基地10片,667~6 667公顷的飞播林基地50余片。

表 4－3　1979～2000 年飞播造林统计表

年度	播区数	飞播面积		补造面积（公顷）	人工直播造林面积（公顷）	飞播用种量（万公斤）	飞行时间（小时）	飞播成本（元/公顷）	
		播区面积（公顷）	宜播面积（公顷）					按播区面积	按宜播面积
1979	5	13 219	9 222			10. 2	84. 2	26. 85	38. 50
1980	23	29 698	20 714			17. 3	156. 7	26. 43	37. 89
1981	54	50 933	38 333			35. 2	384. 2	26. 21	34. 83
1982	24	26 365	19 867			17. 6	225. 9	30. 12	39. 97
1983	23	18 639	15 133	3 492		30. 0	142. 3	29. 14	35. 89
1984	40	33 711	27 000	5 333		21. 0	277. 5	42. 36	52. 89
1985	63	61 810	49 536	1 067		35. 0	450. 7	36. 72	45. 82
1986	31	31 056	24 424	18 860		17. 0	240. 4	42. 16	53. 65
1987	33	31 713	26 720	22 400		18. 4	383. 7	38. 88	46. 15
1988	39	32 267	26 567	12 333		41. 3	264. 6	47. 40	57. 45
1989	37	32 293	27 260	8 000		44. 4	289. 9	53. 55	63. 45
1990	74	58 940	50 363	23 616		71. 7	571. 8	50. 40	58. 95
1991	37	21 835	18 946	24 691		11. 9	194. 5	56. 25	64. 80
1992	44	36 600	30 807	11 393	28 313	20. 9	327. 6	65. 40	77. 70
1993	24	29 141	24 982	14 606	26 503	14. 6	234. 3	76. 65	89. 10

续表 4－3

年度	播区数	飞播面积		补造面积（公顷）	人工直播造林面积（公顷）	飞播用种量（万公斤）	飞行时间（小时）	飞播成本（元/公顷）	
		播区面积（公顷）	宜播面积（公顷）					按播区面积	按宜播面积
1994	38	44 469	39 772	16 983	34 654	23. 4	329. 8	75. 00	83. 85
1995	37	41 045	36 145	16 776	25 561	24. 2	339. 7	85. 80	97. 35
1996	29	33 663	28 830	21 190		19. 5	305. 5	97. 38	109. 40
1997	31	35 709	31 258	11 143	19. 4	292. 7	114. 40	130. 70	
1998	27	29 305	25 833	21 790	12. 7	296. 5	122. 00	139. 00	
1999	29	33 334	29 621	19 999	17. 4	332. 5	113. 00	133. 00	
2000	36	40 040	34 858	11 691	19. 8	368. 9	116. 00	133. 00	

〖飞播宜林地造林类型区〗 1986年,河南省在对全省飞播宜林地进行全面调查的基础上,根据各地不同的自然条件和飞播造林技术要求,将全省飞播宜林地划分为8个造林类型区,即豫北太行中山油松区、豫北太行低山丘陵侧柏油松区、豫西黄土覆盖石质山地侧柏油松区、豫西伏北低山油松侧柏区、豫西伏北中山油松区、豫西伏南中山油松区、豫西伏南低山丘陵马尾松区、豫南大别桐柏低山丘陵马尾松区。在飞播宜林地造林类型区划的基础上,研究制定了不同造林类型区的主要造林技术和经营措施。主要包括以下内容:播区:荒山宜林地集中连片,面积在一架次之上,有效面积占70%以上;植被:以草本为主,盖度小于80%;播幅:油松、侧柏50米,马尾松60米;每公顷播种量:油松6~7.5公斤,马尾松3~3.75公斤,侧柏11.25公斤左右;管理:播后设专人管理,死封5年;播期:伏牛山区和太行山以夏季播种为主,大别山区以春播为主;树种:中山地带以播油松为主,大别、桐柏山区和伏南低山丘陵区以播马尾松为主,太行山区和伏北山区低山丘陵区可选用侧柏、油松混合播种。

第三节 重点林业生态工程

【重点林业生态工程简述】 为从根本上扭转全国生态环境恶化的状况,缓解森林资源危机,维护生态平衡,充分发挥森林在陆地生态系统中的主体作用,从1978年起,国家先后确立了以遏制水土流失、改善生态环境、扩大森林资源为主要目标的10大林业生态工程。其中,涉及河南的有长江上中游防护林体系建设工程、平原绿化工程、太行山绿化工程、防沙治沙工程、淮河太湖流域综合治理防护林体系建设工程、黄河中游防护林工程。这6个林业生态工程规划区总面积15.6万平方公里,占全省国土总面积的90%以上,规划营造林总面积93.33万公顷,覆盖了河南主要的水土流失、风沙盐碱等生态环境比较脆弱的地区,构成了河南林业生态体系建设的基本框架。1999年,国家整合林业重点工程,在全国规划并启动了6大林业重点工程,其中天然林保护、退耕还林、重点地区防护林、速生丰产林、野生动植物保护和自然保护区工程涉及河南。经国家批准,1999年,河南省启动了天然林保护工程。2000年,在河南省开展了退耕还林工程试点。

【长江上中游防护林体系建设工程】 河南省长江上中游防护林体系一期工程建设区位于南阳市。南阳市长江流域面积23 912.93平方公里,其中有林地面积63.93万公顷,森林覆盖率28.82%,活立木蓄积量2 508万立方米,在全省林业生产中占据着重要地位。

1990年,南阳市自我启动,开展了长江上中游防护林工程建设。规划工程建设总规模37.61万公顷,其中人工造林27.51万公顷、低效林改造2.38万公顷、封山育林7.72万公顷。工程建设总投资13 545.86万元,其中中央投资4 484.24万元,占工程总投资的33.1%;地方投资4 515.29万元,占工程总投资的33.3%;群众投工折资4 546.33万元,占工程总投资的33.6%。1991年9月1~3日,林业部长江上中游防护林工程建设办公室在内乡县召开了自我启动建设"长防林"现场经验交流会,会议代表实地参观了内乡县伏天整地现场,进一步肯定了南阳地区"不等不靠,自我启动,主动建设长防林"的做法。会上,正式把河南省的淅川、内乡、西峡、南召、方城、镇平等6个县列入200个"长防林"建设"达标"县。由内乡县发起,以参加这次会议县的名义,向所有参加"长防林"建设"达标"竞赛活动的县(市)发出了高标准、高质量、高速度建设"长防林"的倡议书。9月19日,河南省林业厅成立以副厅长王庭训任组长的长江防护林建设领导小组。11月28日,为了加强对全省长江防护林工程建设工作的领导,河南省政府决定成立以副省长宋照肃任组长、省政府副秘书长张志平、省农业经济委副主任李友忱、省林业厅厅长马新高任副组长,省计划经济委员会副主任马连兴、省财政厅副厅长杨万书、省林业厅副厅长王庭训、省农牧厅副厅长常运诚、省水利厅副厅长冯长海、省农业银行副行长李全鑫为成员的河南省长江防护林工程建设领导小组。12月12日,河南省政府豫政文[1991]208号决定成立河南省长江防护林建设办公室,办公地点设在省林业厅营林处。1995年2月24日,林业部授予南召县"长护林"工程建设先进单位称号,授予刘朝瑞、郭拾显"长防林"工程建设先进工作者称号。1998年4月22日,"长防林"工程人工造林实绩核查结果揭晓。林业部组织对开展"长防林"工程建设的11个省(市)33个县的人工造林实绩进行核查,河南省南阳市的西峡、方城两个县面积核实率为100%,核实合格率为98.8%,"两率"平均值为99.4%,高于全国"两率"平均水平,在11个省(市)中排名第六。

1990~1999年,全省共完成长江上中游防护林工程建设总规模25.94万公顷,占国家下达计划16.87万公顷的153.8%,其中,重点工程造林完成19.27万公顷,占国家下达计划13.4万公顷的143.8%;植苗造林完成13.2万公顷,占国家下达计划10万公顷的132%。完成工程建设总投资2 912.58万元,其中中央投资1 679.08万元(含债券),地方配套1 233.5万元(其中:省配套325.7万元,南阳市配套282.7万元,工程区所在县配套625.1万元)。工程区群众投劳699.8万人次,投工11 223.5万个,利用多渠道集资8 850万元。

长江上中游防护林工程建设,带动了当地林业产业的发展,有效改善了区域生态环境。据已建成的河南省长江上中游防护林体系建设工程西峡效益监测核心站的观测结果:该区水土流失面积由1990年的6 960平方公里,减少到1999年的4 605.5平方公里,减少33.8%;泥沙流失量由2002.7万吨,减少到1 346.6万吨,减少32.8%。全省6个长江上中游防护林建设工程县10年间新增有林地面积14.33万公顷,森林覆盖率由1990年的28.2%提高到1999年的39.9%,净增11.7个百分点。西峡县、南召县先后被全国绿化委员会、林业部授予"全国造林绿化百佳县"、"全国'长防林'工程建设先进单位"荣誉称号。西峡县森林覆盖率由1990年的48.5%提高到1999年的61.7%,1 000多眼因森林植被破坏而干涸的泉水恢复旺流。内乡县森林覆盖率由治理前的37.3%提高到45%,水土流失面积由1 500平方公里减少到1 100平方公里,土壤侵蚀模数由每年每平方公里1 620吨下降到1 230吨,土壤侵蚀量由治理前的250万吨下降到130万吨。

全省6个长江上中游防护林工程建设县林业年产值由1990年的15 552万元提高到1999年的98 380万元,净增5.3倍。农民人均纯收入由1990年的357.6元提高到1999年的1 648.5元,净增3.6倍,其中30%~60%来自林果业收入。国家级贫困县南召县自实施长江上中游防护林工程建设以来,已初步建成苹果基地1.2万公顷,年产量达5 000万公斤,仅此一项,农民人均增收200元。淅川县上集乡贾沟村1990年发展柑橘20公顷,1995年通过高接换头全部换成特早熟品种,1998年收柑橘90万公斤,年增收60万元,人均增收600元。

河南省长江上中游防护林工程区森林植被的增加,显著改善了区域内的生态环境,林区野生动物数量明显增加。工程区先后建立国家级森林公园1个、省级森林公园3个、国家级自然保护区1个、省级自然保护区2个,新开发了天瞻山、九龙沟、天仙洞等20余处风景旅游区,年森林旅游收入由1990年的不足200万元增加到1999年的3 000万元以上。

【淮河太湖流域综合治理防护林体系建设工程】 淮河发源于河南省的桐柏县,在河南省境内长约340公里,占全长的34%;河南省淮河流域面积9.34万平方公里,占淮河流域总面积的48.9%。河南省淮河流域范围包括信阳、周口、商丘、开封、许昌、漯河、平顶山等7个市的全部,郑州市和驻马店等2个市的大部分以及洛阳、南阳等2个市的一部分,涉及11个市的74个县(市、区)。

1991年夏季,淮河流域发生特大水灾,给沿线工农业生产和人民群众的生活造成了很大的损失。中共河南省委、河南省人民政府高度重视,要求加快淮河流域造林绿化步伐,尽快改善淮河流域的生态环境。为此,河南省林业厅专门成立了河南省淮河流域防护林体系建设领导小组,委托河南省林业勘察设计院组织编写了河南省淮河流域防护林体系建设可行性报告,并上报林业部。11月27日,河南省林业厅在郑州召开了全省淮河流域中上游综合治理造林绿化工程会议,省政府农业处、省农经委、水利厅水保处、林业厅有关处室、淮河流域11个市(地)林业部门的负责人参加了会议。会议研究了河南省淮河流域综合治理的重点工程,要求本着"不等不靠、先行启动"的精神,在搞好农田水利基本建设的同时,把造林绿化工作搞上去。1992年1月,河南省林业勘察设计院完成了《河南省淮河流域防护林体系建设工程总体规划》。一些县、市也自行编制了县级淮河流域防护林体系建设总体规划。

1992年5月16日,河南省政府组织农业专家咨询组成员和省林业厅、水利厅、农牧厅等部门的负责人及专家,对河南省淮河流域防护林体系建设总体规划进行论证。

1995年8月9日,省林业厅批准桐柏县、新县、信阳县、汝阳县、登封市、固始县、淮滨县、泌阳县、长葛市、光山县、商城县、罗山县、信阳市、确山县、禹州市、潢川县、息县、鲁山县、宝丰县、汝州市20个县(市)为河南省淮河流域防护林体系自我启动建设示范县。11月28日,河南省林业厅召开淮河流域防护林体系工程建设启动会议,确定固始、商城、新县、光山、罗山、信阳县、信阳市、桐柏、登封、鲁山等10个县(市)为首批试点单位,当年在10个试点县(市)共安排造林任务0.67万公顷,投资190万元。10个试点县(市)当年完成造林0.78万公顷、大田育苗0.15万公顷、容器育苗96.2万袋。

1996年,根据林业部要求,河南省林业勘察设计院对全省淮河流域防护林工程造林总体规划进行了调整,并对10个试点县(市)进行了造林总体设计,共规划造林面积23.18万公顷,投资56 855.58万元。淮河流域防护林工程试点工作于1996年到1997年在河南省开展了两年。1998年"三江"洪涝灾害发生之后,该工程的国家投资因用于支援"三江"流域灾后恢复生产,工程试点停止。

【黄河中游防护林工程】　河南省黄河流域面积3.62万平方公里。黄河中游防护林工程项目区总土地面积3.27万平方公里,耕地面积84.94万公顷,涉及三门峡、洛阳、焦作、郑州、济源、平顶山等6个市的26个县(市、区)2 143个乡(镇),总人口1 167.3万人,其中农业人口979.9万人。

河南省黄河流域总土地面积占全省面积的19.6%,耕地面积占全省面积的12.5%,人口占全省人口的12.7%,农业人口占全省人口的12.6%,粮食总产量占全省总产量的12.2%,林业产值占全省的14.8%,是全省粮、棉、油的重要产区。项目区的洛阳、三门峡、焦作、济源等市是全省重要的能源、化工和重工业基地。

河南省黄河流域是生态环境恶化、生态平衡失调、水土流失严重、自然灾害频繁的地区。土壤侵蚀模数每平方公里高达4 500~5 600吨,三门峡库区每年因水土流失进入水库的泥沙高达800万吨。小浪底水库库区每年水土流失量108万吨,汛期洪水每立方米平均含沙量299公斤,最高超过662公斤,年平均输沙量13.4亿吨,对水库大坝安全和水库使用寿命构成严重威胁。暴雨、洪水、干旱、冰雹、泥石流等自然灾害频繁发生,常常造成严重的经济损失。全省28个国家级贫困县有9个在该区。

黄河中游防护林工程项目总规划面积33.32万公顷,其中防护林20万公顷,占总规划面积的60%;用材林6.66万公顷,占总规划面积的20%;经济林6.66万公顷,占总规划面积的20%。该工程自1995年起在河南省的8个县(市)开始开展试点工作。1998年,该工程投资因用于支援"三江"洪涝灾害恢复生产,工程试点工作停止。

【太行山绿化工程】 河南省太行山绿化工程涉及安阳、鹤壁、新乡、焦作和济源等5个市,包括林州、安阳、安阳市郊区、汤阴、鹤壁市郊区、淇县、浚县、辉县、卫辉、修武、沁阳、博爱、焦作市郊区、孟州、济源等15个县(市、区)。1984~1986年,根据林业部《太行山绿化造林规划》和《太行山县级绿化规划设计原则》要求,河南省组织编制了《河南省太行山绿化规划方案》。规划总体目标:1986~2000年新增绿化面积32.71万公顷,其中造林21.97万公顷,封山育林8.93万公顷,人工种草和封山育草1.81万公顷;完成"四旁"植树5 672.5万株;到2000年,工程区森林覆盖率达到48.3%(其中农田林网和"四旁"树覆盖率达到6.8%),草地覆盖率达到1.9%,林草两项合计覆盖率达到50.2%。在造林总面积30.90万公顷中,防护林17.42万公顷,占造林总面积的56.4%;用材林6.74万公顷,占造林总面积的21.8%;经济林6.5万公顷,占造林总面积的21%;特用林0.05万公顷,占造林总面积的0.2%;薪炭林0.19万公顷,占造林总面积的0.6%。在造林方式上,人工造林21.37万公顷,占造林总面积的69.2%;飞播造林0.6万公顷,占造林总面积的1.9%;封山育林8.93万公顷,占造林总面积的28.9%。工程共需投资15 729.5万元,其中造林投资13 916.2万元,占工程总投资的88.5%;育草投资377.6万元，占工程总投资的2.4%；其他投资1 435.7万元，占工程总投资的9.1%。

河南省太行山绿化工程分为两个阶段实施。第一阶段为1986～1993年。从1987年开始，林业部先后在林州、辉县、济源等9个县（市、区）开展试点工作。1987年9月26日至28日，河南省林业厅在辉县召开太行山绿化试点现场会，组织与会人员参观了辉县沙窑、后庄、南村、黄水等乡开展大面积荒山造林、封山育林和因地制宜发展经济林，改变山区面貌的现场；试点县、乡介绍了工作情况和经验；全国绿化劳模、辉县南坪村党支部书记崔电亮到会介绍了经验。1988年6月16日，为了搞好太行山绿化试点，提高造林成活率，保质保量完成试点造林任务，河南省林业厅又在林县召开太行山绿化试点造林现场会。1993年，为了进一步贯彻落实全国太行山绿化工作会议精神，河南省制定了《河南省太行山绿化规划调整方案》。调整内容为：1993～1997年造林育林任务21.83万公顷，其中用材林5.95万公顷，防护林9.87万公顷，经济林5.77万公顷，薪炭林0.15万公顷，特用林0.09万公顷。工程建设分两期进行：第一期（1993～1995年）造林任务为13.32万公顷；第二期（1996～1997年）造林任务为8.51万公顷。到1997年规划任务完成后，基本消灭工程区内的宜林荒山，绿化面积达到42.67万公顷，绿化率为100%，其中有林地面积达到40.4万公顷，森林覆盖率达到48.1%。1997年11月16日，河南省太行山绿化工程启动动员会在济源市召开。会议的主要内容是：传达全国太行山绿化会议精神，增强绿化太行山的紧迫性、责任感；调整修订太行山绿化规划；成立河南省太行山绿化工程建设指挥部；广泛发动群众，全面开展植树造林活动。会议号召太行山区各级政府和广大人民群众发扬红旗渠精神，以愚公挖山不止的苦干毅力，奋战五年，把岩山裸露、水土难保的太行山变成绿树覆盖、花果满山的新太行。第二阶段为1994～1999年。1994年太行山绿化工程正式启动，林州、鹤壁市郊区、淇县、辉县、卫辉、修武、济源等7个县（市、区）被国家列为重点示范县。1995年10月21～24日，全国太行山绿化工程现场经验交流会在河南省鹤壁市召开。河北、山西、北京、河南等4省（市）的林业厅（局）长、主管处长和部分地、县领导，林业局局长及有关方面的专家、学者参加了会议。林业部副部长祝光耀、河南省副省长张世英、省长助理杨光喜出席会议并讲话。会议期间，与会人员参观了鹤壁市郊区、淇县、辉县市、林州市的太行山绿化工程。林业部造林司司长朱俊凤、林业厅厅长马新高、鹤壁市委书记韩天经等看望了绿化功臣靳月英。1998年沁阳市又被列为重点示范县，其他7个县（市、区）为一般工程县。

工程实施13年来，工程区共完成造林面积33.69万公顷，其中人工造林合格面积24.77万公顷、飞播造林面积8.92万公顷(其中:防护林18.46万公顷,用材林6.73万公顷,经济林7.91万公顷,薪炭林0.26万公顷,特用林0.33万公顷),封山育林累计面积达43.88万公顷。

河南省太行山绿化工程取得了良好的建设成效,实现了“三增长一调整一提高”。“三增长”即:有林地面积由1986年的6.63万公顷增加到1996年的10.17万公顷,活立木蓄积量由1986年的206.3万立方米增加到1996年的675.759万立方米,森林覆盖率(包括灌木林地和“四旁”树覆盖率)由1986年的12.8%增加到1996年的26.52%;“一调整”即:林分结构得到调整,幼、中龄林的面积和蓄积量所占比重分别由1986年的96.7%、81.8%减少到1996年的85.7%、62.1%,近成熟林面积和蓄积量所占比重分别由1986年的3.3%、18.2%提高到1996年的14.3%、37.9%;“一提高”即:林分质量得到提高,每公顷林分蓄积量由1986年的13.05立方米提高到1996年的28.65立方米。同时,水土流失得到进一步控制。河南省太行山区水土流失面积由7 256平方公里减少到3 500平方公里,土壤侵蚀模数由每年每平方公里1 500吨减少到800吨,每年减少土壤流失量808万吨,生态环境明显改善。

太行山绿化工程在取得明显的生态效益和经济效益的同时,也发挥了显著的社会效益。“太行山精神”、“红旗渠精神”、“愚公移山精神”已深入到工程区及周边地区社会生活的各个方面,广大干部群众的生态保护意识、工程质量意识、市场经济意识和自力更生、艰苦创业的精神明显增强,植树造林、保护环境蔚然成风。1998年,林州市被全国绿化委员会授予“全国造林绿化百佳县”荣誉称号,河南省获得全国绿化奖章的19人中有3人来自太行山区。

【平原绿化工程】 1986年林业部颁布平原绿化标准后,河南省开展了平原绿化“达标”活动,把全省平原绿化工作推向了新的阶段。1991年10月,全省94个平原、半平原和部分平原县达到林业部颁发的平原绿化标准,受到了全国绿化委员会和林业部的嘉奖。1992年,林业部确定鹿邑、息县、商水、睢县等4个县为全国高标准平原绿化试点县。1995年2月,在河南省绿化委员会召开的第十七次全体(扩大)会议上,8个平原绿化滑坡的县(市、区)被黄牌警告,并摘掉了4个严重滑坡县的平原绿化先进县的奖牌。为巩固平原绿化成果,河南省接着又相继召开了3次全省平原绿化会议,通报平原绿化核查结果,表彰先进,批评落后,全省局部地区平原绿化滑坡的现象基本得到了遏制。少数亮黄牌的县(市、区)采取得力措施,及时进行完善提高,重新跨入了平原绿化先进县的行列。1996年林业部对平原绿化工程建设情况进行了抽查,先后抽查了河南省漯河市的临颍县和驻马店地区的上蔡县,分别调查了17个和

30个样方，两个县的农田林网控制率分别达89.9%和85.3%，均达到部颁标准。1996年以后，河南省开展了平原绿化“二次”创业活动。1999年，河南省人民政府印发了《河南省林业生态工程建设规划》，把农田林网化建设工程作为全省十大林业生态重点工程之一纳入了规划，要求按照“巩固、完善、提高”的原则，抓好尚未形成林网、未间作的213.3万公顷农田综合防护林体系的营建和340万公顷农田防护林体系的完善提高，营造护路林带600公里，通道两侧营造高标准农田林网53.3万公顷。2000年，在全省开展了创建高标准平原绿化县活动，推动河南平原绿化向更高的标准迈进。到2000年，全省平原地区保存树木16.6亿株，活立木蓄积量达到5 872.5万立方米。

【防沙治沙工程】　1980年以后，河南省把防沙治沙工作作为一项基本建设项目来抓，投资1 181万元，按照“因地制宜，因害设防，全面规划，综合治理”的原则，制定了河南省防沙治沙总体规划和分年度施工方案，有步骤地推进防沙治沙工程建设。截至1990年，新营造2条豫北防护林带，完善提高了豫东防护林带，造林面积4.72万公顷，新建农田林网13.45万公顷、农林间作19.79万公顷，在沙区初步形成了点、片、网、带相结合的防护林体系，有效地控制了风沙危害。昔日风沙区风起沙腾、填井压房、种不保收的情况得到了基本遏制。1991年，兰州全国防沙治沙工作会议上，全国绿化委员会、林业部、人事部授予兰考县“全国治沙先进单位”称号，授予兰考县县长刘远清“全国治沙劳动模范”称号。兰州全国防沙治沙工作会议以后，河南省根据实际，研究制定了《河南省防沙治沙十年规划(1991～2000年)》，并于同年10月正式印发。为加强对防沙治沙工作的领导，1991年10月29日，河南绿化委员会决定成立河南省治沙工作协调小组，下设治沙工作办公室，负责研究协调治沙工作中的重大问题。治沙工作协调小组由省政府副秘书长张志平担任组长，由省林业厅厅长马新高、省林业厅副厅长王庭训担任副组长。省计划经济委员会副主任夏宗勇、省财政厅副厅长杨万书、省农牧厅副厅长马政宣、省水利厅副厅长冯长海、省交通厅副厅长张圣城、郑州铁路局副局长朱武宪分别为成员。治沙工作办公室设在省林业厅。截至1999年，基本完成了《河南省防沙治沙十年规划(1991～2000年)》确定的防沙治沙任务。全省共完成沙区治理面积11.76万公顷，其中人工造林8.52万公顷，改造低产田3.1万公顷，开挖鱼塘面积0.14万公顷。1999年，河南省人民政府印发的《河南省林业生态工程建设规划》，把防沙治沙工程作为全省十大林业生态重点工程之一纳入了规划，要求抓好43个县(市、区)的防沙治沙工作，完成5.3万公顷流动、半流动沙丘(地)的固沙造林和2.7万公顷已毁林种地的防风固沙林地的退耕还林任务。

【黄河上中游天然林保护工程】 1999年12月，依据《国家林业局长江上游、黄河上中游天然林资源保护工程省级规划方案编制指导意见》，河南省编制了《河南黄河上中游重点地区天然林保护工程规划方案》。2000年12月1日，国家林业局、国家计划委员会、财政部、劳动和社会保障部联合下发了《关于组织实施长江上游、黄河上中游地区和东北内蒙古等重点国有林区天然林资源保护工程的通知》，批准实施河南省黄河上中游天然林保护工程。工程区涉及三门峡市的湖滨区、卢氏县、灵宝市、陕县、渑池县、义马市，洛阳市的嵩县、栾川县、新安县、洛宁县、宜阳县、孟津、伊川、郊区和济源市，共包括3个省辖市的18个县(市、区)、28个国有林场。工程建设期为11年，主要建设任务包括：对工程区内29.23万公顷天然林全面停止商品性采伐，对工程区内88.67万公顷天然林、人工林、灌木林和未成林造林地采取封山设卡、个体承包等形式严加管护；在工程区内采取封山育林和飞播造林等方式造林15.75万公顷；分流安置下岗富余职工4 179人；做好工程区国有林业企事业单位职工基本养老保险社会统筹工作。工程总投资6.4亿元，其中中央补助5.1亿元，地方配套1.3亿元。2000年，国家拨付河南省天然林保护工程财政专项资金4 882万元，加上地方配套资金1 229万元，共计6 111万元。由于国家资金下达较晚，河南省当年只开展了禁止天然林商品性采伐和下岗职工一次性安置方案的申报工作。

【黄河上中游天然林保护工程区退耕还林(草)试点示范工程】 2000年3月9日，国家林业局、国家计划委员会、财政部发出《关于开展2000年长江上游、黄河上中游地区退耕还林(草)试点示范工作的通知》，下达河南省退耕还林任务3万公顷，其中退耕地还林1.33万公顷、荒山荒地造林1.67万公顷。试点范围包括济源、新安、陕县、灵宝4个县(市)。国家总投资为6 452万元，其中种苗费2 250万元、粮食补助折合资金2 800万元、现金补助400万元、种苗基础设施建设资金925万元、科技支撑和前期工作费77万元。9月29日，《河南省人民政府关于印发〈河南省黄河上中游地区退耕还林(草)试点示范工作实施意见〉》，对试点示范工作提出了10条要求：一是进一步提高认识，增强实施退耕还林(草)、加快生态环境建设的紧迫感和责任感；二是明确退耕还林(草)试点示范的目标要求和建设原则；三是认真搞好规划设计和建卡发证工作；四是健全种苗生产供应机制，确保种苗的数量和质量；五是加强检查验收；六是完善政策，充分调动广大群众的积极性；七是严格资金管理，实行报账制；八是加强科技支撑，提高科技含量；九是加强管护，大力推行个体承包;十是加强领导,搞好组织协调。经国家核查验收,2000 年度全省退耕还林核实率 99.49%,核实合格率 93.14%。

第四节　外资造林

【外资造林简述】 1990 年 6 月,河南省林业厅成立项目办公室,具体负责林业外资项目的引进、组织和实施工作。9 月 6 日,根据林业部世界银行贷款项目管理中心的要求,河南省林业厅决定成立河南省利用世界银行贷款营造速生丰产林项目科研、设计、环保、后勤支持小组,负责项目的科研推广、规划设计、环境保护和后勤服务等咨询、指导、服务工作。1991 年 8 月 9 日,河南省政府决定成立河南省国家造林项目领导小组,省政府副省长宋照肃担任组长,省政府副秘书长张治平、省农业经济委员会副主任李友忱、省林业厅厅长马新高任副组长,省计划经济委员会副主任王全书、省财政厅副厅长杨万书、省林业厅副厅长王庭训等省直机关有关负责人为成员。项目办公室设在省林业厅,王庭训兼任办公室主任。1992 年 6 月 3 日,河南省林业厅成立河南省利用世界银行贷款沿黄地区农业综合开发林果业项目专家支持小组,负责项目的技术咨询、指导、服务工作。1997 年 1 月 30 日,河南省林业厅成立了由副厅长张守印任组长的世界银行贷款贫困地区林业发展项目准备工作领导小组。从 1990 年到 2000 年,河南省先后引进了世界银行贷款国家造林项目、河南农业发展(林果业)项目、森林资源发展和保护项目、贫困地区林业发展项目等 4 个林业外资项目,总投资 54 307.00 万元,其中引进外资 30 019.60 万元。外资项目计划造林 15.90 万公顷,其中用材林 12.27 万公顷,经济林 3.63 万公顷。造林树种主要有杨树、刺槐、火炬松、落叶松、泡桐、板栗、银杏等。外资项目区涉及全省 16 个市 47 个县(市、区)和 3 个市的国营林场群。截至 2000 年底,全省实际完成投资 48 672 万元,其中利用世界银行贷款 21 595 万元。完成造林 12.65 万公顷,其中用材林 10.17 万公顷,经济林 2.48 万公顷。

【世界银行贷款国家造林项目】 1990 年 6 月,中国政府与世界银行签订《国家造林项目信贷协定》;7 月,林业部与河南省人民政府签订了项目转贷协议;9 月,河南省林业厅代表省政府与各项目市、县人民政府签订转贷协议。贷款条件为:贷款期 20 年,其中宽限期 8 年,利率为人民币部分年息 6%,直接用汇部分 4%。1999 年,财政部对该项目贷款条件进行调整,贷款期改为 25 年,自 1999 年 8 月起贷款利率调整为人民币部分 4%,直接用汇部分 3%,建设期为 1990～1996 年。项目实施单位包括洛阳、三门峡、商丘 3 市(地)的国有林场群及长垣、武陟、温县、虞城、鹿邑、淮阳、商水、汝州、宝丰、叶县、汝南、泌阳、桐柏、信阳、鄢陵等15个县(区)。项目于1996年竣工,共营造用材林4.23万公顷;完成投资9 649万元,其中利用世界银行贷款579.1万个SDR①(约合人民币5 555.6万元)。

【世界银行贷款河南农业发展(林果业)项目】 1991年,河南省引进世界银行贷款河南农业发展项目。项目计划总投资11.6亿元人民币,其中世界银行资金1.1亿美元。该项目由河南省计划经济委员会组织实施,河南省林业厅主要负责林果业子项目的业务管理。项目于1991年8月签约,贷款期15年,其中宽限期5年,年利率5.5%,建设期为1991年至1996年。承担林果业子项目的单位有虞城县、永城县、夏邑县、原阳县、封丘县、延津县、武陟县、温县、孟州市、濮阳县、濮阳市郊区、清丰县、濮阳农场、通许县、开封县、兰考县、杞县、济源市等18个县(市、区、农场)。项目于1996年竣工,共完成投资5 180万元,其中利用外资2 725万元;共计造林2.03万公顷,其中用材林1万公顷、经济林1.03万公顷。

【世界银行贷款森林资源发展和保护项目】 1994年7月,中国政府代表与世界银行代表签署《世界银行贷款森林资源发展和保护项目》信贷协定。1995年1月,财政部与河南省人民政府签署项目转贷协议;5月,河南省财政厅与林业厅签署项目转贷协议;7月,河南省林业厅与各项目县人民政府签订转贷协议。贷款条件为:贷款期20年,其中宽限期8年,年利率4.5%。项目建设期为1995～2001年。1999年财政部对该项目贷款条件进行了调整,贷款期改为25年,自1999年11月起贷款利率调整为3%。项目单位包括:洛宁县、嵩县、鲁山县、灵宝市、卢氏县、桐柏县、泌阳县、信阳市浉河区共8个县(市、区)。项目于2000年底竣工,共完成投资8 843万元人民币,其中利用外资420.2万SDR(合4 890万元人民币);完成造林2.935万公顷。

【世界银行贷款贫困地区林业发展项目】 1998年7月,中国政府与世界银行签订项目信贷(贷款)协定。1999年5月,财政部与河南省政府签订转贷协议。项目转贷条件为:世界银行贷款(硬贷)与信贷(软贷)各占50%,硬贷部分贷款期16年,包括7年宽限期,贷款利率按世界银行单一货币美元贷款浮动利率执行,承诺费0.75%;软贷部分贷款期25年,其中宽限期8年,贷款手续费年率0.75%,承诺费年率0.5%。项目实施单位有宜阳县、洛宁县、孟津县、鲁山县、陕县、卢氏县、确山县、南召县、淅川县、西峡县、商城县、罗山县、固

① 注:"SDR"表示"特别提款权"。

始县、新县、光山县、信阳市浉河区等16个县(市、区),其中国家级贫困县12个,省级贫困县3个。河南省建设规模:总投资30 635万元人民币,其中世界银行贷款2 030万美元,合人民币16 849万元;全省计划造林面积6.7万公顷,其中杉木、火炬松、杨树、刺槐等用材林4.1万公顷,板栗、核桃、银杏、大枣等经济林2.6万公顷。

第五节　造林灭荒

【造林灭荒概述】 1990年,按照国务院的要求,河南省政府组织制定并实施了《河南省十年造林绿化规划(1990～1999年)》,河南省委、省政府作出了《关于实施<河南省十年造林绿化规划>的决定》,河南省七届人大常委会作出了《关于全民动员,奋斗十年,基本绿化中州大地的决议》,要求全省动员,奋斗十年,基本绿化中州大地。河南省政府批转了省林业厅《关于在全省开展造林绿化达标晋级活动的通知》(豫政[1990]75号)。通知指出:开展造林绿化达标晋级活动,是林业建设的一项改革,也是保证《河南省十年造林绿化规划》顺利实施的重要措施。通知要求各地结合自己的实际情况,制定达标晋级规划。已"达标"的市(地)、县要再接再厉,完善提高,争取晋级;未"达标"的市(地)、县,要采取有力措施,限期"达标",尽快改变林业建设落后的状况。

1994年1月17日,河南省人民政府发出《关于商城县基本绿化宜林荒山的嘉奖令》,对商城县荒山绿化的成绩给予了表扬。十一届三中全会以来,商城县历届县委、县政府坚持把荒山绿化作为一项重要职责和工作重点,组织全县人民坚持不懈地开展大规模治山造林,兴办县、乡、村、组、户五级林场,使全县森林面积和森林资源持续增加,为全省山区造林绿化树立了榜样。省政府给予商城县通令嘉奖的同时,授予其"全省绿化荒山第一县"的光荣称号。

1995年2月13日,河南省委、省政府颁发《关于信阳地区基本消灭宜林荒山的嘉奖令》,对信阳地区荒山造林绿化取得的成绩给予了通令嘉奖,并授予其"全省荒山造林绿化第一区"的光荣称号。同时号召全省人民学习信阳地区绿化荒山、改造自然、发展山区经济的先进经验和团结奋进、拼搏进取的创业精神,坚持"完善平原,主攻山区"的林业建设方针,加快绿化中州大地,为实现省委、省政府提出的1997年基本消灭全省宜林荒山的战略目标而努力奋斗。

1995年2月16日,河南省绿化委员会第十七次全体(扩大)会议在郑州召开。会议的主要议题是:总结近年来的造林绿化工作,表彰先进、鞭策后进,采取措施,加快河南省的造林绿化步伐。省委书记李长春给会议发了贺信,省长马忠臣参加会议并为先进单位和先进个人颁奖。省人大副主任胡廷积、省政协副主席刘玉洁、省军区副司令员纪英田、省委秘书长王全书等领导出席了会议。李长春书记在贺信中指出:各级党委、政府要切实提高对造林灭荒工作的认识,采取得力措施,认真落实各项目标任务,下大力气狠抓荒山造林绿化,坚决制止平原绿化滑坡现象,以对党和人民高度负责的精神,确保按期实现基本消灭全省宜林荒山的目标。省绿化委员会副主任、林业厅厅长马新高向大会汇报1994年全省造林绿化的工作情况以及1995年的工作安排。会上宣读了省委、省政府《关于信阳地区基本消灭宜林荒山的嘉奖令》和省政府《关于表彰荒山造林绿化先进县(市、区)的决定》。省绿化委员会授予新县等130个单位"造林绿化五佳"称号,授予杨生年等228名同志"河南省绿化先进工作者"称号。同时,省政府对唐河县、新安县、修武县等10个荒山造林任务完成差的县(市)和8个平原绿化严重滑坡的县(市、区)给予了通报批评,并对4个滑坡特别严重的县暂时收回了平原绿化先进县奖牌。副省长、省绿化委员会主任李成玉在总结讲话中着重强调了三点:一要认清形势,提高认识,进一步增强搞好造林绿化工作的紧迫感;二要以基本消灭宜林荒山为重点,全面推进造林绿化工作;三要加强对造林绿化工作的组织领导,精心组织,真抓实干,切实搞好造林绿化工作。同日,河南省政府批转林业厅《关于1994年全省造林绿化情况的报告》对全省造林绿化工作取得的成绩给予了肯定,指出了存在的一些突出问题,要求各地认真总结经验教训,切实加强对造林绿化工作的组织领导,努力开创全省造林绿化新局面。河南省政府决定,对已基本消灭宜林荒山的信阳县、信阳市、罗山县、潢川县、固始县、光山县、新县、平顶山市湛河区给予表彰,并授予"全省荒山造林绿化先进县(市、区)"称号;同时,按照省政府与各市地签订的山区造林绿化目标责任书的有关规定,给予资金奖励。4月5日河南省林业厅印发《河南省山区县(市、区)基本灭荒自查办法》,对林地区划、技术标准、小班的划分与调整、内业统计汇总和自查成果等方面作出了具体规定。

1996年2月27日,河南省政府作出《关于1995年度造林绿化情况的通报》,对27个造林绿化先进单位给以表彰、奖励;对1995年按期或提前完成灭荒造林规划任务的西峡县、桐柏县、唐河县、义马市、新密市、荥阳市、宝丰县、舞钢市、焦作市解放区、山阳区、马村区,平顶山市新华区、卫东区给予表彰,授予"全省荒山造林绿化先进县(市、区)"称号。同时根据省政府与各市(地)

政府、行署签订的山区造林目标责任书的有关规定，给予资金奖励；对1995年度整体推进荒山造林和平原绿化，取得突出成绩的鹤壁市、周口地区给予表彰，授予鹤壁市“1995年度造林灭荒工作整体推进先进市”称号，授予周口地区“1995年度平原绿化工作整体推进先进地区”称号；对1995年度完成荒山造林合格面积5万亩以上、并超额完成年度荒山造林目标任务的淇县、卢氏县、修武县、鹤壁市郊区、渑池县、鲁山县、卫辉市、陕县、林州市、泌阳县、灵宝市、淅川县给予通报表扬，授予“1995年度山区造林绿化先进单位”称号；对15个造林绿化工作差的单位给予批评；对到1995年底未按期完成《河南省山区造林目标责任书》有关目标任务的伊川县、偃师市、襄城县给予黄牌警告；对1995年未完成年度荒山造林目标任务且任务完成合格率在40%以下的郏县、洛宁县、汝州市、镇平县、新安县、焦作市中站区、栾川县、内乡县、登封市、南召县提出通报批评，其中对1994年、1995年连续两年受到通报批评的洛宁县、新安县、登封市给予黄牌警告，对平原绿化滑坡严重，经复查林网间作控制率低于部颁标准的上蔡县、濮阳县给予黄牌警告。3月6日至7日，河南省委、省政府在周口市召开全省林业工作会议。会上省委办公厅副秘书长杨子江宣读了省委书记李长春、省长马忠臣致会议的一封信和《中共河南省委、河南省人民政府关于在全省开展造林绿化决战年活动的决定》。林业部副部长祝光耀到会并讲话。省委副书记任克礼、副省长张以祥出席会议并讲话。省绿化委员会副主任、省林业厅厅长马新高汇报了1995年河南省林业工作情况及1996年在全省开展造林绿化决战年活动的意见。省委常委、常务副省长李成玉，副省长张以祥分别主持了7日上午和下午的会议。3月6日，与会代表参观了淮阳县、郸城县、鹿邑县、太康县高标准农田防护林网建设现场。会上，省政府办公厅副主任王春生宣读了《河南省人民政府关于1995年底造林绿化情况的通报》。张以祥副省长在讲话中强调，要着重抓好以下几方面的工作：明确任务，层层签订责任目标，认真抓好落实；切实抓好林业育苗，为造林绿化打好基础；依靠科技进步，提高造林绿化成效；抓好全民义务植树、部门绿化、城市绿化，实行全社会办林业。任克礼副书记在讲话中强调：各级党委、政府要以对党的事业负责，对子孙后代负责的精神，高度重视造林绿化工作，努力搞好林业建设；要进一步完善多种形式的林业承包经营责任制，鼓励多种形式参与荒山开发，兴办林果场，形成全社会办林业，全民搞绿化的新局面，把河南省造林绿化工作提高到一个新水平。会上，周口地区行署介绍了《加大力度，整体推进，大打植树造林翻身仗》的做法和经验；桐柏县、林州市政府作了典型发言。17个市（地）主管农村工作的副书记、副市长、副专员、林业局局长，受到通报批评、黄牌警告、表彰奖励的有关县（市、区）的县（市、区）长，省直有关单位的负责人及中央、省部分新闻单位的记者出席了会议。

1997 年 1 月 25 日，河南省人民政府下发豫政［1997］5 号文，对全省 1996 年造林绿化情况进行了通报。通报指出：1996 年，全省共完成造林合格面积 34.07 万公顷，其中山区人工造林合格面积 26.7 万公顷，比 1995 年净增 7.55 万公顷；有 29 个县（市、区）实现了基本绿化宜林荒山，其中有 17 个县（市、区）提前实现了基本绿化宜林荒山。全省新建和完善农田林网 133 万多公顷，比 1995 年翻一番。为了表彰先进，鞭策落后，进一步加快全省造林绿化步伐，确保 1997 年实现基本绿化全省宜林荒山和完善提高平原绿化的目标，省政府决定：对 1996 年按期或提前完成灭荒造林规划任务的林州市、安阳县、安阳市郊区、博爱县、沁阳市、修武县、焦作市中站区、辉县市、登封市、鲁山县、南召县、淅川县、方城县、镇平县、确山县、泌阳县、陕县、内乡县、新乡市北站区给予表彰，授予“全省荒山造林绿化先进县（市、区）”光荣称号，并给予资金奖励。对 1996 年度超额完成年度荒山造林目标任务的洛宁县、汝州市、卢氏县、灵宝市、栾川县、济源市、嵩县、淇县给予通报表扬，授予“1996 年度山区造林绿化先进单位”光荣称号。对 7 个造林绿化工作差的单位给予批评。对 1996 年未完成年度荒山造林目标任务的鹤壁市郊区、叶县给予黄牌警告；对平原绿化滑坡严重，经复查林网间作控制率低于部颁标准的南阳市宛城区、封丘县、长垣县、汤阴县提出通报批评，并限期半年恢复到部颁绿化标准，到期仍达不到标准，给予黄牌警告或暂时收回奖牌；对平原绿化滑坡特别严重，经复查林网间作控制率低于 20% 的郾城县暂时收回“全国平原绿化先进单位”奖牌，并限期一年内恢复到部颁绿化标准。通报还撤销了对禹州市、遂平县、新乡县、伊川县、偃师市、襄城县等 6 个县（市）的警告，并对郸城县、虞城县、襄城县等 3 个县发还了平原绿化“达标”奖牌。1 月 28 日，河南省委、省政府作出《关于表彰荒山造林绿化先进市（地）的决定》，对实现基本绿化宜林荒山的安阳市、焦作市、郑州市、许昌市、南阳市、驻马店地区给予表彰，授予“全省荒山造林绿化先进市地”光荣称号。省委、省政府号召全省各地认真学习荒山造林绿化先进市（地）的经验，进一步提高认识，加强领导，明确目标任务，强化工作措施，艰苦创业，奋力拼搏，狠抓落实，努力实现省委、省政府提出的 1997 年基本绿化全省宜林荒山的目标。1 月 29 日，河南省委、省政府在郑州召开全省林业工作会议。省委书记李长春、省长马忠臣致信全省林业工作会议，要求全省各级党委、政府进一步提高认识，切实把林业建设摆上重要位置，采取有力措施，坚持不懈地把造林绿化工作抓紧抓好。林业部副部长祝光耀到会并讲话,副省长张以祥出席会议并作工作报告。省委副书记范钦臣、省人大副主任胡廷积、省政协副主席刘玉洁、省政府办公厅副主任王春生等领导出席了会议。省林业厅厅长马新高向会议报告了1996年全省林业工作的情况及1997年工作安排的意见。会议高度评价了1996年造林绿化决战年取得的决定性胜利,决定把1997年作为全省造林绿化攻坚年;会议表彰、批评了一批造林绿化先进单位和后进单位。

1997年3月8～10日,河南省绿化委员会第十九次全体(扩大)会议暨全省山区造林现场会在卢氏召开。会议的主题是:总结交流1996年全省造林绿化情况,安排部署1997年造林工作,动员全省人民迅速行动起来,打好造林灭荒和完善平原绿化攻坚战。省绿化委员会主任、副省长张以祥出席会议并讲话。张以祥在会上强调:要正确分析形势,切实增强搞好造林绿化工作的紧迫感和责任感,把造林绿化这一功在当代、造福子孙的伟大事业,坚持不懈地抓紧抓好,抓出成效。省军区副司令员纪英田主持会议。省林业厅厅长马新高通报了1996年全省的造林绿化情况,在安排1997年工作时重点强调,要认真贯彻落实全国绿化委员会第十六次全体会议和全省林业工作会议精神,以基本绿化全省宜林荒山和完善提高平原绿化为重点,狠抓全民义务植树、城市和部门绿化,进一步加快造林绿化步伐,坚持依法治林,依法护绿,切实加强森林资源保护管理工作。会议组织参观了卢氏县春季植树造林现场,全体与会人员参加了义务植树活动。省绿化委员会各成员单位、省直各有关部门的负责人,各市(地)林业(农林)局局长,18个重点山区县(市、区)的县(市、区)长,林业局局长和新闻单位记者共200多人参加了会议。7月31日,河南省委、省政府在平顶山市召开全省雨季造林工作会议,要求各级党委、政府高度重视1997年的雨季造林工作,增强紧迫感、责任感,采取有力措施,打好雨季造林攻坚战,确保顺利通过国家对我省实施十年造林规划的检查验收。省政府副省长张以祥出席会议并讲话。省政府副秘书长王春生主持会议并就会议的贯彻落实提出了要求。省林业厅厅长马新高通报了实施十年造林绿化规划的情况并安排部署了雨季造林工作。

1998年3月20～21日,经河南省政府同意,全省春季山区造林暨林业育苗现场会在新安县召开。王明义副省长发表了书面讲话,省人大常委会亢崇仁副主任出席会议并讲话。王明义副省长在书面讲话中要求各级党委、政府进一步提高对山区造林绿化工作重大意义的认识,切实加强对造林绿化工作的领导,努力打好春季荒山造林攻坚战。亢崇仁副主任在总结讲话中指出:按期完成基本绿化全省宜林荒山的目标任务,不仅是一项十分重要的经济工作,而且也是一项十分严肃的政治任务。要进一步增强搞好山区造林绿化工作的紧迫感和责任感;实行全社会办林业,全民搞绿化。参加会议的有各市(地)林业局局长,20个造林重点县主管县长、林业局局长,省林业厅有关处室、单位的负责人和有关新闻单位的记者共100余人。省政协常委、农工委副主任马新高,省林业厅厅长张敬增、副厅长李德臣、余学友以及洛阳市副市长张松涛和新安县委、县政府的领导出席会议并与代表一起参观了新安县的造林和林业育苗现场。5月19日,河南省政府作出关于表彰荒山造林绿化先进县的决定,对按期完成荒山造林规划任务的洛宁县、栾川县、嵩县给予表彰,并授予"全省荒山造林绿化先进县"称号;同时,按照省政府与各市(地)签订的山区造林绿化目标责任书的有关规定,给予资金奖励。6月9日,河南省委、省政府作出表彰洛阳市的决定,对洛阳市整体实现基本绿化宜林荒山的显著成绩给予表彰,并授予"全省造林绿化先进市"光荣称号。

2000年3月27日,河南省九届人大常委会第15次会议听取并审议了《河南省十年造林绿化规划(1990～1999年)》实施情况的报告,认为规划所确定的目标任务已基本完成,造林绿化工作取得了显著成绩。据全国第四次森林资源清查和年度核查,规划实施十年来,全省累计完成大面积造林147.93万公顷,为规划目标的111%;成幼林面积达到266.8万公顷,为规划目标的100%。森林覆盖率超额完成20%的规划目标。活立木蓄积量达到1.32亿立方米,为规划目标的110%。全省经济林总产量达到33.5亿公斤,为规划目标的111.7%。全省林业总产值达到127.8亿元,为规划目标的251%。

第五章　全民义务植树

【全民义务植树概述】　1981年全国人大五届四次会议作出《关于开展全民义务植树运动的决议》以后，河南省广大干部群众踊跃参加义务植树运动，取得了显著成绩。到2000年底，全省各级都建立健全了绿化委员会机构，逐步完善了义务植树法律法规，全民义务植树和部门绿化稳步推进，全省累计参加义务植树人数6.35亿人次，植树20.23亿株。

第一节　义务植树

【义务植树简述】　河南省义务植树的主要形式，可分为出劳型和以资代劳型两种。总的来说，农村以出劳为主，城镇以出资为主、出劳为辅。

河南省开展义务植树的初期，主要是适龄公民在当地绿化委员会指定的场地通过直接参加劳动，以资或以物代劳，"农村义务工"植树，栽植纪念林、婚庆林和开展绿地管理、认种、认养等形式履行植树义务。针对农村和城镇的不同情况，河南省坚持对义务植树活动统一规划，实行义务植树登记卡制度，注重提高义务植树的效果和尽责率。义务植树登记卡由河南省绿化委员会统一印制、发放，登记卡记载了各单位义务植树的法定人数和实际造林的面积、株数、树种、地点。各级绿化委员会办公室通过登记卡全面掌握当地和各部门（系统、流域机构）的义务植树开展情况，进行工作检查和评比表彰，依法征收绿化费。

进入20世纪90年代，随着全民义务植树工作的深入开展，河南省把通道绿化、城乡大环境绿化、领导办绿化点与义务植树活动紧密结合起来，把义务植树基地建设作为全民义务植树工作的重点来抓，制定了统一的标准和规划，并注意发挥示范带动作用，从而涌现出了濮阳、南阳、漯河、平顶山等城市郊区大环境绿化的先进典型，郑州铁路局、郑州市、鹤壁市、安阳市、商丘市等通道绿化的先进典型，平顶山市城郊、淇县云梦山、信阳市金牛山等义务植树基地、领导办绿化点的先进典型。不少地方积极探索义务植树的新形式，通过基地产业化和利益驱动机制，鼓励义务植树基地建设与办苗圃、抓果茶、搞养殖相结合，调动了广大农民履行义务植树的积极性，突出了当地的区域和资源优势，达到了综合治理、综合开发、规模经营的目的，不但实现了林业发展的良性循环，而且发挥了良好的社会示范作用，扩大了全民义务植树的社会影响。

为了把全民义务植树工作不断引向深入，河南省拓宽了义务植树的内涵，在豫北黄河故道防护林、长江上中游防护林、淮河太湖流域综合治理防护林、黄河中游防护林、太行山绿化、平原绿化高级试点、防沙治沙、山区林业综合开发等重点林业工程建设中，充分发挥全民义务植树的作用，将全民义务植树活动与林业重点生态工程建设有机结合起来，既增加了工程建设的人力、财力投入，确保了林业重点工程的顺利实施，又提高了适龄公民的义务植树尽责率。

截至2000年底，全省累计参加义务植树人数6.35亿人次，平均每年3 000万人次以上；植树20.23亿株，每人每年平均植树3株以上，尽责率达80%以上。全省已建立义务植树基地1 186处，总面积12.13万公顷。

【河南省绿化委员会】 1982年1月14日，为贯彻第五届全国人民代表大会第四次会议关于开展全民义务植树运动决议的精神，动员各方面力量把河南省的绿化工作搞好，河南省政府决定成立以戴苏理省长为主任，副省长崔光华、岳肖峡（兼秘书长）、省军区副司令员杨宗毅、省人大常委副主任邵文杰为副主任，省委副秘书长张延积等21人为委员的河南省绿化委员会。委员会办公室设在省政府。1983年6月23日，由于机构改革人事变动，河南省绿化委员会进行适当调整，由省长何竹康任省绿化委员会主任，副省长胡廷积、省林业厅厅长张企曾、省军区副司令员陶治中、省政府副秘书长张永昌、省城乡建设环境保护厅厅长魏芳亭任副主任，省直各厅（局）以及有关单位的负责人为委员。省绿化委员会日常工作由张企曾主持，办公室设在省林业厅，办公室下设综合组、农村组、城市组、部队组。办公室主任为张企曾（兼），副主任为关耀信、刘征远、张沐希。1986年7月22日，为适应绿化工作需要，根据机构改革和人事变动，河南省人民政府对绿化委员会组成人员进行调整。由省长何竹康担任主任，副省长刘玉洁、省林业厅厅长张企曾、省军区副司令员王英洲、省政府副秘书长张永昌、省城乡建设环境保护厅厅长秦建修担任副主任，委员由省直机关单位负责人担任。省绿化委员会日常工作由省林业厅厅长张企曾主持。绿化委员会办公室设在省林业厅，办公室主任由张企曾兼任，副主任由林业厅副厅长王庭训、省城乡建设环境保护厅副厅长刘征远、省军区后勤部副部长尹继书兼任。1987年7月21日，经河南省政府领导同意，聘请徐枫、徐国梁、魏芳亭三人为河南省绿化委员会顾问。1998年5月6日，河南省政府对河南省绿化委员会作适当调整，组成了由省政府副省长王明义任主任，省军区副司令员于怀谋、省政府副秘书长兼办公厅主任王春生、省林业厅厅长张敬增和省建设厅厅长蒋书铭任副主任，省计划委员会等22个单位的副厅级干部为委员的省绿化委员会。省绿化委员会办公室挂靠在省林业厅。办公室主任由张敬增兼任，办公室副主任由余学友兼任。

【河南省绿化委员会全会】 1982年之后，河南省绿化委员会先后召开了20次全体会议，及时总结安排造林绿化和义务植树工作，表彰在造林绿化和义务植树活动中的先进单位和先进个人，有力地推动了全省造林绿化工作和义务植树活动的顺利开展。

〖河南省绿化委员会第一次全体会议〗 1982年2月19日，河南省绿化委员会举行首次全体会议。会议由省绿化委员会主任戴苏理主持，副主任崔光华、杨宗毅出席。会议听取了省林业厅、省建设局、省城建局、省军区和郑州铁路局等单位的情况汇报，讨论了全省春季造林和义务植树问题，会议决定于2月25日晚召开全省春季植树造林电视广播大会。

〖河南省绿化委员会第四次全体会议〗 1984年3月1日，河南省绿化委员会召开第四次全体会议。会议由河南省政府副省长岳肖峡主持。会上学习了中共中央、国务院《关于深入扎实地开展绿化祖国运动的指示》；省绿化委员会副主任张企曾汇报了1983年全民义务植树及造林绿化的情况和1984年的工作意见。省绿化委员会副主任、副省长胡廷积在总结时指出：这次会议的任务是贯彻中央指示，总结1983年的工作，部署1984年的任务。会后要广泛宣传，把造林绿化运动扎扎实实地搞起来。要按照省委、省政府的要求：平原地区三年卓见成效，五年完成任务，山区十年完成任务。3月是河南省的“造林月”，各地要加强领导，进一步放宽政策，扎扎实实地搞好春季造林、育苗和全民义务植树工作。

〖河南省绿化委员会第五次全体会议〗 1985年2月13日，河南省绿化委员会召开第五次全体会议，会议由省绿化委员会副主任、河南省副省长胡廷积主持，河南省绿化委员会副主任、省林业厅厅长张企曾，省绿化委员会副主任、省军区副司令员陶治中，省绿化委员会委员、省城乡建设环境保护厅副厅长刘征远和团省委副书记史宁安分别汇报了1984年的绿化情况和搞好1985年绿化工作的意见。会议确定了1985年造林绿化的工作重点：完成林业育苗5.73万公顷、大面积造林18万公顷（其中飞播造林4.67万公顷）、“四旁”植树4.027亿株。胡廷积在总结讲话中强调：平原绿化要三年卓见成效；造林绿化要合理搭配树种、林种；要抓好重点工程和泡桐丛枝病的防治；要认真贯彻执行《森林法》，坚决制止乱砍滥伐。

〖河南省绿化委员会第六次全体会议〗 1985年11月8日，河南省绿化委员会召开第六次全体会议，安排部署1985年冬和1986年春的造林绿化工作。省绿化委员会副主任、省政府副秘书长张永昌主持会议。省绿化委员会办公室副主任关耀信传达了全国绿化委员会办公室成都会议精神。省林业厅副厅长王庭训、省城乡建设环境保护厅副厅长刘征远、省军区后勤部副部长王体宝、团省委副书记史宁安分别汇报了农村、城市、军队和共青团的绿化工作情况与1985年冬和1986年春的工作意见。省政府副省长、省绿化委员会副主任胡廷积就各部门1985年冬和1986年春的造林绿化工作作了部署。要求各部门努力做好以下工作：一是进一步端正造林绿化工作的指导思想；二是结合河南省实际，落实林业政策；三是明确1985年冬和1986年春河南省农村绿化工作的重点，在平原继续搞好和完善农田林网建设，推广商水县田、林、路、渠综合治理的经验，经过一、二年努力，大体完成豫东、豫北和南阳盆地的农田林网建设，为这一地区的农业增产提供一个较好的生态屏障；四是务必讲求质量，以取得最佳的经济效益和生态效益为根本目的；五是扩大绿化视野，推进城市绿化事业的发展；六是根据中央绿化委员会关于各部门绿化任务的分工，各行各业各负其责，把本部门的绿化搞好；七是要持续抓好义务植树；八是加强领导，讲求实效。

〖河南省绿化委员会第七次全体会议〗 1986年3月9日，河南省绿化委员会召开第七次全体会议，作出关于表彰绿化有功人员的决定。对在造林绿化活动中涌现出的一批热爱林业、重视绿化、亲自组织和率领群众开展植树造林、栽花种草，并对所在地区、部门绿化工作取得显著成绩的党政军领导进行了表彰。同时向全省953位绿化有功的各级领导颁发了绿化中州荣誉证书。

〖河南省绿化委员会第八次全体会议〗 1987年3月5日，河南省绿化委员会第八次全体会议召开，省政府何竹康省长和刘玉洁副省长出席会议并讲话。经全体委员研究通过，清除泡桐丛枝病工作由省林业厅、省军区、省总工会、团省委、省妇联五部门共同负责，在省绿化委员会的统一领导下，密切配合，齐心协力，共同搞好。

〖河南省绿化委员会第十次全体会议〗 1988年12月23日，新调整后的河南省绿化委员会在省委常委、副省长、省绿化委员会副主任宋照肃主持下召开了第十次全体会议，省绿化委员会副主任马新高、张永昌、张企曾，省绿化委员会顾问徐枫、魏芳亭、徐国梁和全体委员及新闻单位的代表共30多人参加了会议，省林业厅厅长马新高、省城乡建设环境保护厅副厅长蒋书铭、省军区后勤部副部长尹继书分别向全会汇报了农村、城市和部队开展义务植树与绿化工作的情况以及今后的工作安排意见，团省委向全会提交了书面材料。顾问徐枫、魏芳亭及部分委员作了发言。宋照肃副省长着重强调了四个问题：一是要正确认识河南省的林业形势，增强生态观念。二是要抓好规划，加快绿化步伐。三是对1989年的绿化工作要实行目标管理，引进竞争机制。四是建立健全机构，保证绿化办工作的正常开展。

〖河南省绿化委员会第十二次全体（扩大）会议〗　1990年3月11日，在实施《河南省十年造林绿化规划》的第一年，河南省绿化委员会召开第十二次全体（扩大）会议，河南省委书记杨析综、省长程维高致信河南省绿化委员会第十二次全体（扩大）会议，对大会的召开表示热烈祝贺，并向所有为绿化中州大地作出过贡献的同志表示亲切的慰问。省领导在信中指出：林业是国民经济中一个具有多功能的产业。植树造林，绿化祖国，是我们的一项基本国策，也是保护生态环境，造福千秋万代的大事。要求各级党委和政府要高度重视造林绿化工作，认真实施十年造林绿化规划，下决心奋斗十年，基本绿化中州大地。

〖河南省绿化委员会第十四次全体会议〗　1992年9月，河南省绿化委员会第十四次全体会议在郑州召开。会议传达学习了田纪云副总理在全国绿化委员会第十一次全体会议上的重要讲话。河南省绿化委员会副主任、省林业厅厅长马新高汇报了1991年全省造林绿化工作的进展情况及1992年造林绿化工作的安排意见。会议通过了向155位同志颁发第二批"河南省绿化奖章"的决定。省人大农工委主任张志平出席会议并讲话，强调：一要进一步提高认识，增强造林绿化的责任感和紧迫感；二要全党动员、全民动手，把义务植树运动引向深入；三要以经济林建设为重点，全面推进造林绿化工作；四要依靠科技，努力提高造林绿化质量。

〖河南省绿化委员会第十五次全体会议〗　1993年3月6日，河南省绿化委员会第十五次全体会议在省政府办公大楼召开，省绿化委员会主任、副省长李成玉主持会议并讲话。会上传达了国务院关于加强造林绿化工作的通知和田纪云副总理在全国绿化委员会第十二次全会上的讲话精神。省绿化委员会副主任、林业厅厅长马新高汇报了1992年全省造林绿化的工作情况，安排部署了1993年的工作任务。城建、共青团、妇联等单位汇报了本部门的绿化情况，对1993年的绿化工作也做了安排。会议决定授予郑州市（市区）、河南省平原化肥厂等25个单位"河南省绿化先进单位"称号。

〖河南省绿化委员会第十六次全体会议〗　1994年3月10日，河南省绿化委员会在郑州召开第十六次全体会议。会议由省绿化委员会主任、副省长李成玉主持。全体绿化委员会委员、顾问及部分新闻单位的代表参加了会议。省绿化委员会副主任、省林业厅厅长马新高首先传达了全国绿化委员会第十三次全体(扩大)会议精神,汇报了全省 1993 年的造林绿化工作情况,提出了 1994 年的工作安排意见,城乡建设环境保护厅、郑州铁路局、省交通厅的负责人分别发言。李成玉副省长代表省政府与郑州铁路局、省交通厅、省煤炭厅领导签订了 1994 ~ 1997 年部门绿化责任目标。会议通过了《关于表彰 34 个全省部门绿化先进单位的决定》和《关于在全省开展争创造林绿化百佳村、十佳乡、十佳县、十佳单位、一个最佳城市活动的决定》。会上还宣读了全国绿化委员会授予河南省全国部门造林绿化先进省和全国部门造林绿化 300 佳单位光荣称号以及 18 名“全国绿化奖章”获得者的决定。李成玉副省长作总结讲话,着重强调:一要进一步提高对加快造林绿化重要意义的认识,增强紧迫感和责任感;二要以基本绿化宜林荒山为主攻目标,千方百计加快造林绿化步伐;三要深入扎实地开展全民义务植树运动,实行全社会办林业,全民搞绿化;四要坚持依法治林,依法护绿,巩固造林绿化成果;五要认真落实领导干部任期造林绿化目标责任制,切实加强组织领导。李成玉副省长希望各位委员和各级绿化委员会,振奋精神,多做工作,进一步调动各行各业和广大干部群众的积极性,迅速掀起造林绿化高潮,为加快绿化中州大地作出贡献。

〖河南省绿化委员会第十七次全体(扩大)会议〗　1995 年 2 月 16 日,河南省绿化委员会第十七次全体(扩大)会议在郑州召开。会议的主要议题是:总结近年来的造林绿化工作,表彰先进、鞭策后进,采取措施,加快河南省的造林绿化步伐。省委书记李长春给会议发了贺信,省长马忠臣参加会议并为先进单位和先进个人颁奖。省人大副主任胡廷积、省政协副主席刘玉洁、省军区副司令员纪英田、省委秘书长王全书等领导出席了会议。李长春书记在贺信中指出:各级党委、政府要切实提高对造林灭荒工作的认识,采取得力措施,认真落实各项目标任务,下大力气抓荒山造林绿化,坚决制止平原绿化滑坡,以对党和人民高度负责的精神,确保按期实现基本消灭全省宜林荒山的目标。省绿化委员会副主任、林业厅厅长马新高向大会汇报了 1994 年的造林绿化工作情况以及 1995 年的工作安排。会上宣读了省委、省政府《关于信阳地区基本消灭宜林荒山的嘉奖令》和省政府《关于表彰荒山造林绿化先进县(市、区)的决定》。信阳地区行署专员景献琢介绍了全区提前一年实现基本消灭宜林荒山的经验。省绿化委员会授予新县等 130 个单位“造林绿化五佳”称号,授予杨生年等 228 名同志“河南省绿化先进工作者”称号。同时,省政府对唐河县、新安县、修武县等 10 个荒山造林任务完成差的县(市)和 8 个平原绿化严重滑坡的县(市、区)给予了通报批评,并对4个滑坡特别严重的县暂时收回了平原绿化先进县奖牌。副省长、省绿化委员会主任李成玉作重要讲话,着重强调了三点:一要认清形势,提高认识,进一步增强搞好造林绿化工作的紧迫感;二要以基本消灭宜林荒山为重点,全面推进造林绿化工作;三要加强对造林绿化工作的组织领导,精心组织,真抓实干,切实搞好造林绿化工作。

〖河南省绿化委员会第十八次全体会议〗 1996年3月12日,河南省党政军领导、省绿化委员会全体成员同郑州市党政军领导以及300多名干部职工、解放军战士一起前往郑州新郑机场参加植树活动。林炎志、李成玉、刘广祥、张德广、张以祥、纪英田等领导同大家一起,按照机场规划,在公路两侧栽植柳树。植树活动后,在新郑机场会议室召开了河南省绿化委员会第十八次全体会议。省军区副司令员、省绿化委员会副主任纪英田主持会议。副省长、省绿化委员会主任张以祥出席会议并讲话。

〖河南省绿化委员会第十九次全体(扩大)会议〗 1997年3月8~10日,河南省绿化委员会第十九次全体(扩大)会议暨全省山区造林现场会在卢氏召开。会议的主题是:总结交流1996年全省的造林绿化情况,安排部署1997年的造林工作,动员全省人民迅速行动起来,打好造林灭荒和完善平原绿化攻坚战。省绿化委员会主任、副省长张以祥出席会议并讲话。张以祥在会上强调:要正确分析形势,切实增强搞好造林绿化工作的紧迫感和责任感,把造林绿化这一功在当代、造福子孙的伟大事业,坚持不懈地抓紧抓好,抓出成效。省军区副司令员纪英田主持了会议。省林业厅厅长马新高通报了1996年全省造林绿化情况,在安排1997年工作时强调要认真贯彻落实全国绿化委员会第十六次全体会议和全省林业工作会议精神,以基本绿化全省宜林荒山和完善提高平原绿化为重点,狠抓全民义务植树、城市和部门绿化,进一步加快造林绿化步伐,坚持依法治林,依法护绿,切实加强森林资源保护管理工作。会议组织参观了卢氏县春季植树造林现场,全体与会人员参加了义务植树活动。省绿化委员会各成员单位、省直各有关部门的负责人,各市(地)林业(农林)局局长,18个重点山区县(市、区)县(市、区)长,林业局局长和新闻单位记者共200多人参加了会议。

〖河南省绿化委员会第二十次全体会议〗 1998年7月3日,河南省绿化委员会第二十次全体(扩大)会议在郑州召开,河南省委副书记范钦臣和副省长王明义及各成员单位的领导出席会议。会议传达了全国绿化委员会第十七次全体(扩大)会议精神,总结了1997年的造林绿化工作,交流了经验,表彰了先进。王明义副省长作了总结讲话。省绿化委员会副主任、林业厅厅长张敬增就1997年全省造林绿化情况和今后的工作安排作了工作报告，报告指出：1997年各地、各部门认真贯彻落实中央领导关于加强生态环境建设的重要批示精神，在自然条件比较困难的情况下，实行全党动员，全社会办林业，有力地推动了全民义务植树和整个造林绿化工作的顺利进展。王明义副省长在总结讲话中强调：一要进一步提高认识，增强搞好造林绿化工作紧迫感和使命感。二要依靠全社会力量，全方位搞好河南省的国土绿化。造林绿化、保护环境是一项社会公益事业，必须靠全社会支持，持之以恒，常抓不懈。三要采取有力措施，切实加强对造林绿化工作的领导。

【河南省绿化委员会奖励】　1991～2000年，河南省绿化委员会先后分4批向鲁祥、张家勋等701名在造林绿化事业中作出突出贡献的人员颁发了“河南省绿化奖章”。河南省绿化委员会、省林业厅、省妇女联合会先后向毛春英等114名妇女颁发了河南“三八绿色奖章”。河南省绿化委员会等单位授予董运奇、谢彩云等373名人员“河南省绿化先进工作者”称号，授予宋来生等100名人员“河南省造林绿化劳动模范”称号。

〖河南省绿化奖章〗　1991年3月6日，河南省绿化委员会作出关于颁发1990年度“河南省绿化奖章”的决定，向鲁祥、张家勋等179名在造林绿化事业中作出突出贡献的人员颁发首批“河南省绿化奖章”。1991年3月14日，河南省绿化委员会第十四次全体会议决定向董金勇、李软林等155名在造林绿化事业中作出突出贡献的人员颁发第二批“河南省绿化奖章”。1993年3月6日，河南省绿化委员会、河南省林业厅、河南省人事厅决定：向董运奇、谢彩云等145名人员颁发“河南省绿化奖章”。1995年3月16日，河南省绿化委员会向杨生年等228名人员颁发了“河南省绿化奖章”。

〖三八绿色优质工程和三八绿色奖章〗　1992年3月12日，河南省绿化委员会、省林业厅、省妇女联合会联合作出《关于表彰河南省“三八绿色奖章”获得者的决定》，决定对毛春英等30名妇女授予河南“三八绿色奖章”。1993年2月1日，河南省绿委、省林业厅、省妇联联合作出《关于表彰河南省“三八绿色优质工程”和“三八绿色奖章”获得者的决定》，授予陈素凤等25名妇女河南省“三八绿色奖章”；授予新县苏河乡刘长寨等5个“三八绿色工程”河南省“三八绿色优质工程”称号。1994年2月24日，河南省妇女联合会、省绿化委员会、省林业厅作出表彰河南省“三八绿色优质工程”、“三八绿色奖章”获得者的决定，对崔峤梅、高慧然等29名人员授予河南省“三八绿色奖章”，省妇联同时授予省“三八红旗手”称号；对确山县三角山等6个“三八绿色工程”授予河南省“三八绿色优质工程”称号。1996年3月1日，河南省绿化委员会、省林业厅、省妇女联合会联合作出《关于表彰1995年度河南省“三八绿色奖章”获得者的决定》(豫妇字[1996]6号),对王淑英、李桂萍、刘文会等30名全省造林绿化先进妇女代表进行表彰,授予河南省“三八绿色奖章”,省妇联同时命名为省“三八”红旗手。

〖造林绿化先进单位和个人〗　1993年3月6日,河南省绿化委员会、河南省林业厅、河南省人事厅决定:授予董运奇、谢彩云等145名人员“河南省绿化先进工作者”称号,并颁发“河南省绿化奖章”。同日,河南省绿化委员会第十五次全体会议决定授予:郑州市(市区)、平顶山市西区、博爱县、内黄县后河乡、新县苏河乡、禹州市磨街乡、灵宝县西闫乡、洛宁县上戈乡、鹿邑县太清宫镇、延津县棉纺织厂、漯河市第一人民医院、河南省中原化肥厂、开封化肥厂、民权县国营代寨林场、南阳市自来水公司、洛阳轴承厂、河南省濮阳市公路管理总段、河南省南阳军分区、郑州建筑工程学校、河南省环保研究所、安阳市人民公园、郑州大学、河南农业大学、鹤壁矿务局第三煤矿、焦作矿务局王封煤矿等单位“河南省绿化先进单位”称号。1995年3月16日,河南省绿化委员会作出《关于表彰河南省造林绿化“五佳”单位的决定》,授予鹿邑县郑家集乡等10个乡为“河南省造林绿化十佳乡”称号;授予兰考县三义寨乡陈砦村等100个村“河南省造林绿化百佳村”称号;授予郑州矿务局等10个单位“河南省造林绿化最佳城市”称号;授予洛阳市“河南省造林绿化最佳城市”称号。授予杨生年等228名人员“1994年度河南省绿化先进工作者”称号,并颁发“河南省绿化奖章”。1999年12月9日,河南省绿化委员会、省林业厅授予宋来生等100名人员“河南省造林绿化劳动模范”称号。

〖河南省绿化委员会表彰奖励会议〗　1986年3月10日下午,省会各界人士在省人民大会堂隆重集会,表彰、奖励全省绿化有功人员和林业好新闻获奖作者。省委副书记刘正威、副省长胡廷积、省顾问委员会副主任张赤侠、省人大常委会副主任范濂、省政协副主席阎济民、省军区副司令员王英洲、省政府副秘书长张永昌和省绿化委员会委员以及省直有关单位的负责人参加了表彰会,刘正威、胡廷积在表彰会上分别讲话。刘正威强调:造林绿化是改造河山、治理国土的一项基本建设,各级领导对这项造福当代、荫及子孙的事业要树立责无旁贷的责任心和紧迫感,切实加强领导。同时,要扩大绿化视野,乔灌草花一起上,林果药一起抓,要特别注意提高造林绿化的质量和经济效益。他要求城镇、交通干线、名胜古迹、旅游区的绿化要走在前头,为绿化中州大地作出新的贡献。胡廷积在讲话中指出:党的十一届三中全会以来,河南省绿化事业取得了显著成绩,特别是平原绿化年年都有新突破;17个城市的林木平均覆盖率已达 24%，开始向美化、香化发展。在肯定成绩的同时，胡廷积要求：一要注意提高造林绿化的效益，在发展速生用材林的同时，注意发展见效快的经济林木和林业名、优、特、稀产品，使农民尽快得到收益。二要讲科学，重实效，在保证质量的前提下求速度，真正栽一棵活一棵。三要继续搞好造林绿化的宣传鼓动工作。四要切实加强对造林绿化工作的领导。

1990 年 4 月 24 日，河南省绿化委员会在鄢陵县举行隆重的表彰大会，弘扬袁婉婉同学及其家长热爱国家，热爱集体，热爱祖国绿化事业的无私奉献精神。在 20 世纪 90 年代第一个植树造林季节，袁婉婉同学及其家长关心祖国的绿化事业，给省领导写信，将 2 000 多棵价值 3 万余元的珍贵树苗无私地捐献给了许昌烈士陵园，以自己的实际行动谱写了一曲学习雷锋的赞歌，为推动全民义务植树运动、加快祖国的绿化步伐作出了重要贡献。河南省委书记侯宗宾、省长程维高联名给袁婉婉同学及家长复信，高度赞扬她们无私奉献的优秀品德，并要求以省政府的名义向袁婉婉及其家长和培育她的学校赠送锦旗，委托省政府办公厅、省绿化委员会、团省委、省教委的有关领导亲赴鄢陵县，举行隆重的赠旗仪式。在给袁婉婉同学的锦旗上绣着：学雷锋学赖宁精神，做革命事业接班人。河南省绿化委员会副主任、省林业厅厅长马新高在表彰大会上，代表省绿化委员会、省林业厅发表了讲话。

【在河南召开的全国绿化委员会会议】　1983 年 10 月 19 日，全国绿化委员会第四次全体会议在郑州市召开，国务院副总理、中央绿化委员会主任万里主持会议并发表讲话。中央绿化委员会全体委员、中央书记处农村政策研究室主任杜润生，河南省委第一书记刘杰，国家有关部委的负责人及河南省党政军主要负责人参加了会议。万里副总理在讲话中指出，这几年植树造林成绩很大，但不能估计过高。生态环境在局部地区有很大改善，但从全国来看还没有根本的改观。一定要持之以恒，世世代代地奋斗下去。他特别强调，植树种草，绿化祖国，一定要扎扎实实，讲究实效，要改掉大轰大嗡、一哄而起、做表面文章和形式主义作风，要实事求是。中央绿化委员会副主任、林业部部长杨忠在会上总结了全国绿化工作的情况，安排了下一步全国的造林绿化任务。中国人民解放军副总参谋长、全军绿化委员会副主任何正文，城乡建设环境保护部顾问曹洪涛，共青团中央书记处候补书记、中央绿化委员会委员张宝顺，煤炭工业部副部长、中央绿化委员会委员胡富国以及中国民航局的代表，分别在会上汇报了部门和系统绿化工作的情况及今后的工作打算。会议讨论并通过了《关于各部门绿化任务分工负责的建议》和《关于植纪念树造纪念林的倡议》。会议期间，与会代表参观了商丘地区的平原绿化。河南省省长何竹康、中共商丘地委书记刘玉洁分别介绍了河南省和商丘地区造林绿化的经验。1996 年 3 月 2 日至 4 日，全国绿化委员会第十五次全体（扩大）会议第二阶段会议在河南召开，与会代表先后参观了淇县的荒山造林绿化现场和商丘县、周口地区的平原绿化现场，推广了河南太行山区“全党动员，全民动手，城镇支援农村，干部支援农民，平原支援山区，整体推进荒山造林”的经验；推广了商丘县巩固平原绿化成果、不断提高绿化水平的经验和周口地区整体推进高标准农田林网化建设的经验。

【全国绿化委员会奖励】　1985 年至 2000 年，全国绿化委员会等单位先后授予河南省的新县、济源市、平顶山锦纶帘子布厂等 16 个单位“全国造林绿化先进单位”称号，向马新高等人颁发了“全国绿化奖章”。全国妇联等单位向河南省靳月英等人颁发了全国“三八绿色奖章”，新县苏河乡刘长寨“三八”林获得“三八绿色优质工程”奖。全国绿化委员会、共青团中央、林业部还对河南省部门绿化等进行了表彰奖励。

〖全国造林绿化先进单位和个人〗　1985 年 1 月 9 日，全国绿化委员会、共青团中央决定授予共青团桐柏县委员会、共青团灵宝县委员会、共青团禹县委员会等 14 个单位青少年绿化祖国突击队称号，授予王社妮、程天喜、张志起等 22 人为全国青少年绿化祖国突击手称号，并向获奖单位和个人颁发了奖状、证书和奖品。1991 年 3 月 12 日，全国绿化委员会、林业部、人事部决定：授予河南省的新县、济源市、登封县、嵩县、南召县、卢氏县、平舆县、商水县、滑县、原阳县、尉氏县、商丘县、南阳市、洛阳第一拖拉机制造厂、河南省平原制药厂、平顶山锦纶帘子布厂等 16 个单位全国造林绿化先进单位称号。1994 年 1 月 6 日，全国绿化委员会授予解放军 80304 部队和武警河南总队许昌市支队全国部门造林绿化 300 佳单位荣誉称号。1995 年 3 月 16 日，在全国绿化委员会表彰的 112 个全国造林绿化百佳县（市）中，河南省的新县、商丘县和尉氏县荣获“全国造林绿化百佳县”称号。1996 年，在全国绿化委员会第十五次全体（扩大）会议上，河南省郑州煤炭集团公司等单位荣获全国部门造林“400 佳单位”称号，濮阳市荣获全国造林绿化十佳城市称号；商城县等荣获百佳县称号，新县苏河乡荣获全国造林绿化百佳乡称号；商丘县西刘村荣获全国造林绿化千佳村称号。1998 年，全国绿化委员会第十七次全体（扩大）会议通过了《关于表彰全国造林绿化“四佳”单位和全国部门造林绿化“400 佳”单位的决定》。河南省南阳市获十佳城市称号，林州等 3 市县获百佳县称号，桐柏县大河乡等 2 个乡获百佳乡称号，光山县凉亭村获千佳村称号，洛阳石油化工总厂聚丙烯厂等 10 个单位获全国造林绿化“400 佳”单位称号。2000 年 3 月 8 日，国家林业局公布全国义务植树示范基地名单,河南省平顶山市城郊基地名列其中,被全国绿化委员会办公室命名为全国义务植树示范基地。

〖全国绿化奖章〗 1992 年 9 月,全国绿化委员会印发《关于颁发 1992 年度“全国绿化奖章”的决定》,河南省的霍景文、阎志谦、陈开满、郭有法、王顺荣、于文庆、杜文清、李文训、谢晋盘、禹殿记、王槐堂、宋根全、朱岫峰、佟超然、蒋建平、张新华、王长立、赵庚军、关耀信等 19 人获得“全国绿化奖章”并受到表彰。1994 年 1 月 6 日,全国绿化委员会作出颁发 1993 年度“全国绿化奖章”的决定,河南省孟继福、朱铁法、郑书庭、贾克定、牛济国、周景贤、李龙启、陈永亮、张国建、任云和、艾纪方、余仕银、高留振、段成钧、魏绍美、施振权、刘征远、王庭训等 18 人成为“全国绿化奖章”获得者。1995 年 3 月 1 日,全国绿化委员会第十四次全体(扩大)会议决定:向在 1994 年植树造林、绿化祖国的伟大事业中作出突出贡献的 552 名同志颁发“全国绿化奖章”。河南省的董雷、景献琢、王梅亭、付玉林、林须然、张德欣、张武曾、李久兰、全振武、刘敬军、李志海、李长金、楚爱凤、李法、李海英、李兴林、李国超、张梦麒、冯肖楠等 19 人为“全国绿化奖章“获得者。1997 年 2 月 27 日,全国绿化委员会第十六次全体会议决定:向在 1996 年植树造林、绿化祖国的伟大事业中作出突出贡献的 539 人颁发“全国绿化奖章”。河南省的马新高、郭国明、王延明、段运劳、李占安、梁永钊、连子恒、李根生、杨成武、王全乐、常法武、谢振生、徐泽民、石扶生、马玉生、周宗良、傅文灿、卢留杰、桑智卿等 19 人获得“全国绿化奖章”。1998 年 ,全国绿化委员会第十七次全体(扩大)会议通过了《关于表彰全国造林绿化“四佳”单位和全国部门造林绿化“400 佳”单位的决定》。河南省的张松涛等 20 人获“全国绿化奖章”。

〖全国三八绿色奖章和三八绿色优质工程〗 1993 年 3 月 6 日,全国妇联、林业部作出关于表彰全国“三八绿色奖章”和“三八绿色优质工程”的决定,河南省洛宁县退休干部李当竹、新乡市林业局王桂芳、禹州市神垕镇的赵秋凤、登封县大金店乡的王彩虹、确山县三里河乡的丁秀云获得全国“三八绿色奖章”,河南省新县苏河乡刘长寨“三八”林获得“三八绿色优质工程”奖。1996 年 3 月 7 日,全国妇联、林业部作出表彰全国“三八绿色奖章”获得者、“三八绿色工程活动先进单位”和“三八绿色优质工程”的决定,授予河南省刘桂婷、靳月英等人全国“三八绿色奖章”,授予信阳地区林业局等 4 个单位全国“三八绿色工程活动先进单位”称号,授予博爱县吴窑村、禹州市磨街乡南金山“三八”绿色工程全国“三八绿色优质工程”称号。1999 年 10 月 15 日,全国妇联、国家林业局授予孟津县“妇字号”孟津梨基地等 3 个工程全国“三八绿色优质工程”称号,向左孝慈等5人颁发了全国“三八绿色奖章”。

第二节　部门造林绿化

【部门造林绿化简介】　1979年2月24日,河南省林业局、煤炭局、河务局、基本建设委员会、水利局、交通局、郑州铁路局联合转发国家三部一委一局《关于大力开展植树造林绿化祖国的联合通知》。通知要求:铁路两侧属于铁路局征用的土地,由铁路部门栽树,为该部门所有,集体和个人不得侵犯;公路、地方窄轨铁路、河渠两侧的绿化,仍采用国队合作造林,国家出树苗,社、队出劳力栽种和管护,收入按比例分成;水库周围由水利部门负责绿化,林权归水利部门,水库上游库区绿化由林业、水利部门组织群众绿化,谁种谁有,争取1985年前实现全部绿化;城市绿化由城建部门负责,其他地区绿化由地(市)、县组织有关部门统一规划,分工负责;煤矿系统今后仍实行国营和国、队合作两种造林形式。1979年冬至1980年春,全省共栽植公路行道树76万株。

1980年4月22日,河南省人民政府豫政[1980]70号文对郑州铁路局和各地(市)、县政府,省直有关单位作出批复,要求加速铁路绿化工作:今后铁路两侧均改为国营造林。对以往路造队护和焦枝线上的国队合作林,采取以下办法:京广、陇海及其支线两侧栽种的树木,今后仍归铁路部门所有。1976年以来,铁路部门拿树苗、社队投工栽的树木,由铁路部门付给栽植工本费,树木归铁路部门所有。焦枝线营造的国队合作林按有关文件规定执行。今后凡是铁路部门征用的土地,要保证铁路部门建设和造林。铁路沿线地(市)、县要配合铁路部门搞好造林、护林。路林采伐时的副材,归护林员所属生产队和参与采伐的社队。过去下达的文件,凡与《森林法》、国务院护林布告和此文精神有抵触者,一律以此件为准。

1981年以后,河南省各行各业各部门造林绿化工作蓬勃发展,尤其是各级工、青、妇组织,以及部队、铁路、河务、水利、交通等部门、单位,都加强了对造林绿化工作的领导,积极完成本部门、本单位的造林绿化任务。郑州铁路局每年都超额完成铁道部下达的造林绿化任务,造林平均成活率达到86.4%。驻豫部队每年出动兵力都在2万人次以上,每年植树12万多株。

据1986年6月统计,全省35 423公里宜林公路,已绿化31 923公里,占全省宜林公路的90.12%,路林植树共3 398万株。其中“六五”期间完成公路绿化12 450公里,栽植1 087万株。

1994年10月11日,河南省直机关绿化委员会办公室会同有关市(地)绿化委员会办公室的负责人，对河南境内的铁路沿线、公路和新建、扩建路段的造林绿化以及全省煤炭系统的坑木林基地建设、矿区厂区的绿化美化等工作进行了检查。1994 年，郑州铁路局计划植树 123 万株，绿化铁路 170 公里，实际完成植树 214 万余株，占计划的 174%；绿化铁路 167.6 公里，占计划的 92.3%。其中郑州分局和武汉分局漯河工务段都超额完成了任务，郑州分局植树 108 万株，占计划的 146%；漯河工路段植树 23.4 万株，占计划的 146%；洛阳分局植树 82.6 万株，占计划的 250%。省交通厅 1994 年公路造林 391 公里，占计划的 271.2%，其中南阳市完成公路造林 168 公里，信阳市完成 56 公里，许昌市完成 33 公里，不仅造林质量高，而且管护好。

1997 年，河南省的城郊大环境绿化工程启动，濮阳、漯河、平顶山、郑州、洛阳、安阳、三门峡、南阳等市先后编制了城郊大环境绿化规划或可行性研究报告，部门和城市造林绿化向基地化、规范化和城乡一体化迈进。濮阳市对 3 县(区)11 个乡(镇)总土地面积 1.65 万公顷的外围大环境进行了绿化。郑州、开封、三门峡、洛阳等市积极营造城市生态防护林，为城市构筑绿色屏障。1998 年至 2000 年，河南省黄河河务局连续三年共投资 2 000 多万元建设黄河防浪林。1999 年，中日联合在荥阳、灵宝两市营造“友好世纪林”。从 1999 年起，洛阳市社会各界每年捐资 400 多万元，用于城市森林公园建设；共青团河南省委每年都组织 2 000 多名团员、青年、学生，到黄河大堤开展“保卫母亲河”义务植树活动；郑州机场公安处的青年干警用奖金购树苗，建义务植树基地。据统计，全省各地营造“三八林”、“青年林”、“园丁林”、“希望林”、“党员林”、“老干部林”、“新婚林”等各种纪念林活动已蔚然成风。到 2000 年，全省共建立“三八绿色工程”1 000 多个、“青年林”450 处。河南省因部门造林绿化成绩显著，被全国绿化委员会授予“全国部门造林绿化先进省”称号。

〖党政领导办造林绿化点〗　1989 年，河南省委办公厅、河南省政府办公厅转发了省绿化委员会《关于各级党委政府领导干部都要办造林绿化点的意见》，要求各级党政领导率先垂范，带头办造林绿化点，以实际行动带领群众植树造林，绿化国土。

1990 年 3 月 10 日，河南省委组织部部长刘广祥、团省委书记吉炳轩带领组织部和团省委的 120 多人，自带干粮专程到造林绿化点——武陟县东营村和群众一起参加义务植树劳动。此次活动共栽树 2 000 余株。在他们的带动下，东营村当年春季共营造 8 条防风林带，全长 1.28 万米，面积 140 公顷；共植树 18 500 株，补植杨树速生丰产林 30 公顷。

1990 年 11 月 9 日，河南省委组织部、河南省绿化委员会联合检查组对 17

个市(地)及34个县的159位党政主要领导干部的绿化点进行了检查,并就检查结果发出通报。通报指出:领导干部带头办造林绿化点工作开展一年来,在全省各地引起了强烈的反响,受到了广大干部群众的称赞,取得了显著成绩。全省省、市(地)、县、乡四级共有6 059位领导干部承办了造林绿化点,共完成成片造林6.72万公顷,完成林网间作49.89万公顷,完成"四旁"植树451万株,保存率平均在85%以上。在103个山区绿化点中,人均完成造林66.67公顷以上的有省委、省政府和驻马店、信阳、南阳、平顶山等4个市(地),33.33~66.67公顷的有许昌、焦作、洛阳、三门峡、新乡、郑州、鹤壁等7个市(地),26.67公顷以下的有安阳市。在平原地区,濮阳、商丘、周口、开封、漯河等市(地)都把领导干部的绿化点和平原绿化达标及升档晋级结合起来,为完善平原绿化标准,提高质量树立了榜样。

1991年12月13日,省长李长春到他的造林绿化点——登封县城关镇耿庄查看幼树生长情况,并和群众一起植树。李长春省长对县委书记王振江说:"山区要把发展经济林当成重点富民工程来抓。办绿色企业,不怕市场疲软,没有污染,既有生态效益,又有经济效益,不用油不用电,家家户户都能干。"李长春省长来到他的第二个绿化点、距登封县城西南20多公里的送表乡贯宝山和群众一起栽树。劳动中,他得知这个乡已人均半亩果树,十分高兴地说:"好,芝麻开花节节高!"他对省林业厅厅长马新高说:"咱们全省山区'八五'期间要能实现一人半亩果树,奔小康就有指望了。"他一再强调:思想再解放一些,作风再扎实一些,效果再显著一些,要把这项工程纳入"红旗渠精神杯"竞赛内容。

1992年3月12日上午9时,河南省和郑州市党政军领导侯宗宾、杨析综、吴光贤、宋国臣、范濂、郭培鋆、胡廷积、赵正夫、朱超等来到郑州市金水河下游燕庄桥至107国道段,与数千名军民一起参加义务植树劳动,两个小时共栽下雪松、柏树、红叶李、碧桃、红绿梅和黄杨等10多个品种的树木3 000多棵。侯宗宾一边挖坑、垫土,一边对身旁的人员说:"植树造林,重在质量,要力争栽一棵,活一棵。"上午10时,省长李长春同郑州市市长张世英等领导,带领百余名省、市政府机关干部驱车到登封造林绿化点植树。李长春省长勉励群众:少生孩子多栽树,大家共奔致富路。李长春省长强调:要下大力气发展经济林,逐步把郑州以西到三门峡地区建成一个大的"果树走廊"。他要求省、市、县三级要大搞苗圃建设,抓好育苗工作。

1992年9月15日至30日,河南省绿化委员会组织联合检查组,对1992年各市(地)领导干部承办造林绿化点工作进行了检查。据统计:1992年,全省有省、市（地）、县、乡四级领导干部承办造林绿化点 5 498 个，完成造林面积 8 万公顷；营造农田林网 60 万公顷。其中抽查了 17 个市（地）、40 个县的 171 个点，占市（地）、县同类造林绿化点总数的 25%，完成成片造林 0.8 万公顷，完成农田林网 7.33 万公顷。11 月 20 日，省绿化委员会决定：对被检查的 171 位领导承办造林绿化点情况进行评定和通报。

1993 年 12 月 25 日，河南省绿化委员会对领导干部绿化点和全民义务植树工作检查情况进行通报。1993 年，全省省、市（地）、县、乡四级领导干部绿化点 5 905 个，完成造林面积 11.73 万公顷，营造完善农田林网 49.19 万公顷。其中抽查了 17 个市（地）、51 县的 105 个绿化点，占市（地）、县同类绿化点总数的 17.7%；完成片林 1.13 万公顷，农田林网 0.76 万公顷；全省共建义务植树基地 530 处，造林面积 2.24 万公顷；以资代劳 85 万人次，征收绿化费 350 万元。

1994 年 3 月中旬，河南省副省长李成玉在省林业厅厅长马新高、省农林经济工作委员会副主任卫斌的陪同下，深入桐柏、大别山区检查山区造林绿化工作，并到他的造林绿化点——信阳县邢集乡参加植树造林劳动。

【煤炭系统造林绿化】　据统计，至 1978 年底煤矿系统国营林场总面积达 11 394公顷，其中鹤壁矿务局林场 4 209 公顷，观音堂林场 5 196 公顷，平顶山矿务局林场 1 989 公顷；有林地 5 980 公顷；宜林地 3 500 公顷；立木蓄积量 28 万立方米。合作造林方面，新密矿务局 1 962 公顷，宜洛 1 600 公顷，义马 1 000公顷，观音堂 200 公顷，焦作 733 公顷，梨园 1 533 公顷，鹤壁 1 333 公顷；以上合计 9 361 公顷，成活保存 6 036 公顷，占造林面积的 82.9%。1982 年 12 月 14 ~ 17 日，河南省煤炭管理局、林业厅在郑州联合召开全省重点煤矿坑木林会议，贯彻全国重点煤矿营造坑木林会议精神。要求：煤矿的育林基金按实际原煤产量提取，专户储存，做到专款专用；加强领导，建立健全煤矿系统林业专业机构；做好林业发展规划；落实党和国家的各项林业政策；对煤矿现有林场进行整顿，以提高经济效益。1984 年，河南省煤炭系统有坑木林场（包括合作林场）4 处，经营面积 10 800 公顷。其中，有林地 5 533 公顷，宜林地 3 267 公顷，立木蓄积量 19.4 万立方米。1984 年 12 月平顶山矿务局和鲁山县政府签订营造坑木林协议书，商定该局在鲁山县襄河乡、熊背乡老虎岭一带，承包连片荒山 3 300 多公顷营造坑木林，承包期 70 年，土地权属不变，林权归矿务局，收益按鲁山县：矿务局 3：7 分成。矿务局从 1985 年 1 月 1 日起按预算拨款，用于基地规划、建场、育苗、整地、造林、抚育和经营管理。当年造林 480 公顷，育苗 6.7 公顷，造林成活率在 85% 以上。截至 1985 年底，河南省煤炭系统与地方合作造林 8 841 公顷。1994 年，河南省煤炭厅完成坑木林基地建设 158.27 公顷。

第三节　绿色通道工程建设

【绿色通道工程建设简介】　绿色通道工程是 20 世纪 90 年代末开始建设的的一项国土绿化工程，是以公路、铁路、江河沿线为主线，国道、省道、县道、乡道统一规划，路基(堤面)绿化与两侧造林绿化统一布局，沿线城镇、乡村绿化统一推进，乔、灌、花、草统一配置，生态效益、社会效益、经济效益相结合的一项综合绿化工程，是国土绿化的重要组成部分。

1998 年初，全国绿化委员会、林业部、交通部、铁道部联合下发了《关于在全国范围内大力开展绿色通道工程建设的通知》，拉开了绿色通道工程建设的序幕。同年，河南省绿化委员会、林业厅、交通厅和郑州铁路局共同转发了国家四部门的文件，对全省的通道绿化工作作出了部署。1999 年 2 月，河南省绿化委员会又发出了《关于加快绿色通道工程和城乡绿化一体化建设的通知》，对通道绿化工程建设的范围、标准以及工程的组织实施都提出了较为具体的要求。3 月 9 日至 10 日，河南省绿色通道工程建设会议在商丘市召开。河南省政府副省长王明义出席会议并讲话，省绿化委员会副主任、林业厅厅长张敬增作了工作报告。有关市地主管绿化工作的副书记或副市长(专员)，18 个市(地)的林业局局长，公路、铁路、城建、水利等有关部门的负责人出席会议。会议组织参观了商丘市绿色通道工程建设现场。王明义副省长在讲话中着重强调：一要充分认识通道绿化和城乡绿化一体化建设的重要作用。二要明确事权、各负其责，加快工程建设进度。三要因地制宜，讲究实效，认真编制工程建设规划。四要整体推进，重点突破，多出精品工程。五要完善监督检查机制，一级抓一级，层层狠抓落实。六要及早动手，抓紧做好绿化执法检查准备工作。与此同时，河南省绿化委员会与交通厅、林业厅共同将京珠高速公路安阳至许昌段列为省级通道绿化示范工程，投资数百万元用于工程建设，旨在树立榜样，发挥示范作用，推动全省绿色通道工程建设的深入开展。濮阳市率先行动，制定了扶持通道绿化工程建设的优惠政策，建立了市领导包路段的通道绿化工程建设目标责任制，为全省树立了样板。

2000 年初，全省林业工作会议在濮阳市召开，与会人员参观了濮阳市通道绿化工程建设现场，学习并推广了濮阳市通道绿化的经验，从而推动了全省通道绿化工作的全面发展。310 国道信阳市平桥段、郑(州)许(昌)高速公路郑州段、106国道濮阳段被全国绿化委员会命名为全国通道绿化示范段。3月10日,河南省绿化委员会召开全省造林绿化工作电视电话会议,省绿化委员会成员,各市(地)绿化委员会成员及各级新闻单位记者参加了会议。省政府副省长、省绿化委员会主任王明义出席会议并讲话。会议由省政府副秘书长、省绿化委员会副主任李庆贵主持,省绿化委员会副主任、林业厅厅长张敬增传达了全国绿化委员会《关于贯彻国务院温家宝副总理批示精神,进一步推进绿色通道建设的通知》,省交通厅、郑州市、焦作市、开封县作了典型发言。

截至2000年底,全省共绿化各类通道3 000多公里,造林面积近6 000公顷,累计植树700多万株,通道绿化成为全省造林绿化工作的又一道亮丽的风景线。

〖京九绿色长廊(河南段)工程〗 京九绿色长廊工程是由全国绿化委员会统一部署,京九铁路沿线各省、市分别组织实施的一项早期开展的通道绿化工程。1997年12月21日至30日,河南省绿化委员会在淮滨县召开了全省"京九绿色长廊"工程建设现场会。京九绿色长廊工程河南段涉及濮阳、商丘、信阳3个市的8个县(市、区)90多个乡(镇、办事处)和部分国有林场,全长219.43公里。该工程从1997年开始规划、施工,到2000年底全部结束,累计造林4.32万公顷,其中完成铁路两侧绿化3 066.67公顷,公路绿化580公顷,江河绿化933.33公顷,城镇绿化2 200多公顷,村庄绿化3 866.67公顷,平原和山区绿化3.26万公顷。经全国绿化委员会和铁道部验收,合格率达98%。京九绿色长廊工程建设坚持铁道沿线与站点绿化、村庄绿化合理布局、统筹兼顾,经济树种、用材树种与观赏树种因地制宜、相互搭配,使京九铁路沿线形成了一条多功能、多效益的绿色长廊,为促进京九铁路沿线经济发展、带动农民致富发挥了巨大作用。

第六章　森林资源管理与林业执法

【森林资源管理与林业执法概述】　森林资源管理工作重点涉及资源林政管理、森林公安、森林防火和森林病虫害防治等工作。1981 年，中共河南省委、河南省人民政府下发《关于贯彻中共中央、国务院〈关于保护森林资源发展林业若干问题的决定〉的具体规定》，要求稳定山权林权，建立健全林业生产责任制，坚决保护好现有森林，实行合理采伐，加强木材统一管理，全省资源林政管理工作得到逐步加强，在全省开展了林业“三定”工作，并针对林业“三定”中出现的乱砍滥伐林木现象开展了打击毁林犯罪活动。森林植物检疫工作随着 20 世纪 70 年代末林业的快速发展开始在全省逐步展开并得到加强，至 1985 年，河南省林业厅批准专职森林植物检疫员 196 人。1986 年，在全省开展了森林植物检疫对象普查工作，确定了河南省补充检疫对象名单。1987 年 6 月，河南省政府批准发布了《河南省森林植物检疫实施办法》，标志着河南森林植物检疫工作进入了规范化发展阶段。1987 年大兴安岭特大森林火灾发生之后，河南省高度重视森林防火工作，7 月，成立了河南省人民政府护林防火指挥部，副省长刘玉洁任指挥长。其后，河南省政府分管林业的副省长先后担任护林防火指挥长，省军区、林业、公安、农业、畜牧、铁路、司法、交通、邮电、民航、物资、气象、卫生、商业、民政、城建等部门负责人为成员。指挥部下设办公室，作为河南省政府护林防火指挥部的常设机构，负责护林防火指挥部的日常工作。1987 年，针对当时不断发生的乱砍滥伐、盗伐、哄抢国有林等情况，中共河南省委、河南省人民政府下发《关于加强森林资源管理，坚决制止乱砍滥伐，切实做好护林防火工作的通知》，要求严格执行森林采伐限额制度，巩固和完善林业生产责任制，坚决依法保护国有山林权属不受侵犯，整顿木材流通渠道，加强木材经营管理。同时提出，实行领导干部保护、发展森林资源任期目标责任制。1988 年、1992 年、1993 年、1997 年、1998 年，河南省政府先后下发通知，要求切实加强资源林政管理。1988 年，河南省林业厅发布了《河南省森林植物检疫对象和应施检疫森林植物补充名单》。12 月，河南省政府颁布《河南省〈森林防火条例〉实施办法》，河南省政府护林防火指挥部相继出台了《河南省护林防火指挥部成员单位职责范围和工作制度》、《森林火灾报告制度》等。1990 年,河南省开始组建省级森林公安。全省县级以上单位编制了《森林防火十年规划和"八五"计划》,加强了森林火灾的预测预报、监测瞭望、阻火隔离、通信联络及扑火机具等基础设施建设。1992 年后,在全省连续组织开展了争创无森林火灾单位活动和县级以上护林防火办公室规范化建设达标活动。针对森林病虫害在一些地方快速蔓延、特别是大袋蛾严重发生的实际情况,自 1992 年开始,全省实行森林病虫害防治目标管理责任制,强化各级政府对森林病虫害防治工作的领导责任,提出了"一降三提高"①的总体要求,并在全省全面开展了森林植物产地检疫工作,将种苗产地检疫率纳入森林病虫害防治目标管理,同时开始建设无检疫对象苗圃,加强了出省调运检疫工作。1993 年,河南省林业厅颁发《河南省木材销售管理细则》,在全省实行了经营、加工木材许可证制度。同年,对豫南马尾松分布区开展了松材线虫病普查工作。1994 年,河南省林业厅、公安厅、高级法院、检察院联合开展严厉打击破坏森林资源违法犯罪专项活动。自 1995 年开始,以国有林场和林业企业为依托,全省先后建立专业森林消防队 63 支,并在重点乡(镇)组建以基干民兵为主体的救灾应急分队和军民联防队。25 个重点林区县为发挥林区驻军在扑火救灾中的作用,建立了森林防火联防组织。1995 年,河南省林业厅颁布《河南省森林采伐限额管理暂行办法》,对森林采伐限额的制定和管理、凭证采伐管理、有关检查监督以及违反该办法的处理等,作出了较为详细的规定。1996 年后,逐步建立健全了全省森林病虫害防治检疫机构。1998 年以来,河南省政府每年都与各市(地)政府(行署)签订森林防火责任书,在森林火灾发生率、受害率、控制率、火案查处率及基础设施建设等方面规定了具体的责任目标。同时,从省直单位抓起,明确了河南省政府护林防火指挥部各有关单位的具体责任,划分了森林防火责任区。1999 年,河南省护林防火指挥部下发了《关于进一步落实森林防火行政领导负责制的决定》,从森林防火宣传教育、工作检查、基础设施建设、扑火指挥等方面,规定了各级政府和有关部门主要领导的责任。

中共十一届三中全会后,河南省相继出台了一系列林业法规和规章,在义务植树、林木采伐和木材销售与运输管理、植物检疫、森林防火、野生动物保护和自然保护区管理、林地保护管理、森林病虫害防治等方面都作出了明确的规定,制定了具体的实施办法。与此同时,河南省切实加强了林业执法队伍建设,严格执行森林资源采伐限额管理和凭证采伐制度、木材凭证运输制度、征

① 森林病虫害发生率逐年下降,防治率、监测覆盖率、种苗产地检疫率逐年提高。

占用林地审核制度，严厉打击各种破坏森林资源的犯罪活动，巩固了造林成果，维护了林区稳定和森林资源安全。据统计，1990 年至 2000 年，全省森林公安机关共查处各类破坏森林和野生动植物资源案件 351 497 起，打击处理违法犯罪人员 75 630 人次，收缴木材 10 万余立方米，查获野生动物 127 万余只（头）。

至 2000 年，全省已批准专职森林植物检疫员 636 人，委托 67 个市、县开展出省森林植物检疫工作；全省有专职森林病虫害测报员 382 人，兼职测报员 1 891 人，建立测报站点 1 400 个，初步形成了省、市、县、乡四级森林病虫害监测体系；全省共建立林业公安机构 185 个，有林业公安民警 985 名，共配备业务用车近 400 台，森林刑事勘查器材 165 个（件），各类枪支、警械 2 600 余支（件）。

第一节　林政管理

【林政管理简述】　1981 年 8 月，中共河南省委、河南省人民政府下发《关于贯彻中共中央、国务院〈关于保护森林资源发展林业若干问题的决定〉的具体规定》，对资源林政管理工作作出了具体规定，要求全省各地稳定山权林权，建立健全林业生产责任制，坚决保护好现有森林，实行合理采伐，加强木材统一管理，确保森林资源安全。

1987 年 10 月，中共河南省委、河南省人民政府下发了《关于加强森林资源管理，坚决制止乱砍滥伐，切实做好护林防火工作的通知》，针对当时不断发生的乱砍滥伐、盗伐、哄抢国有林等情况，就资源林政管理工作提出进一步要求：严格执行森林采伐限额制度，进一步巩固和完善林业生产责任制，坚决依法保护国有山林权属不受侵犯，整顿木材流通渠道，加强木材经营管理。同时提出，实行领导干部保护、发展森林资源任期目标责任制。1988 年 5 月，河南省林业厅下发通知，要求各地加强林政管理工作，抓紧建立健全林政管理机构，配备足够的专职人员，完善配套的管理制度和措施，尽快把林政管理工作纳入科学化、法制化、规范化的轨道。同年，河南省政府以传真电报的形式下发了《关于坚决制止乱砍滥伐哄抢盗伐森林的通知》，河南省林业厅随后也下发紧急通知，要求各地要坚决查处各种毁林案件，加强林政管理。1992 年 7 月，为了落实国务院下达的河南省“八五”期间的年森林采伐限额，切实加强森林资源管理，河南省政府下发了《关于切实加强森林资源管理的通知》。

1993 年 4 月，河南省政府下发《关于切实加强林政管理，坚决制止乱砍滥伐林木、乱占滥用林地和乱捕滥猎野生动物的通知》。1994 年 10 月，河南省林业厅、公安厅、高级法院、检察院联合开展严厉打击破坏森林资源违法犯罪专项活动，通过“刹风办案、重点治乱”，严厉打击了各种破坏森林资源的违法犯罪活动，控制和减少了各类毁林案件的发生。1993 年 11 月，河南省林业厅颁发《河南省木材销售管理细则》，规定了经营、加工木材实行许可证制度，加强了全省的木材销售管理，对保护和合理利用森林资源，维护国家、集体、林农以及消费者的合法权益，起到了积极作用。

1995 年，河南省林业厅发布《河南省森林采伐限额管理暂行办法》，对森林采伐限额的制定和管理、凭证采伐管理、有关检查监督以及违反该办法的处理等，作出了较为详细的规定。1997 年，河南省政府下发《关于进一步加强森林资源保护管理工作的通知》，强调要高度重视林业的重要作用，切实加强对森林资源保护管理工作的领导。

1998 年，中国长江流域、松花江流域发生特大洪涝灾害，社会各界对因森林植被破坏从而导致生态环境恶化而造成特大洪涝灾害的严重后果有了深刻认识。河南省政府高度重视生态保护和建设工作，于当年 9 月下发了《关于加强森林资源保护管理工作的通知》，随后，全省林业部门迅速行动，在全省开展了大规模的清理清查毁林开垦和乱占林地工作。1999 年 12 月，河南省政府印发《河南省林业生态工程建设规划》，在全省开展了大规模的林业生态工程建设。

【林权管理】　1981 年 3 月，中共中央、国务院发布《关于保护森林发展林业若干问题的决定》，在全国开展了稳定山权、林权，划定自留山和确定林业生产责任制的林业“三定”工作。5 月，河南省林业厅转发林业部《关于组织调查研究山权林权和林业生产责任制问题的通知》，要求各地、县林业局根据林业部的通知精神，立即组织力量进行此项调查工作。7 月，河南省林业厅在郑州召开发放林权证、建立健全林业生产责任制座谈会，推广光山县经验。8 月，河南省委、省政府结合河南省情，制定下发了贯彻《关于保护森林发展林业若干问题的决定》的具体规定，对全省保护森林和林业发展工作作出了明确规定。8 月下旬，河南省政府在郑州召开全省林业工作会议。会议传达了党中央、国务院领导关于林业工作的一系列指示，重点安排了林业“三定”工作。林业部副部长马玉槐到会讲话，副省长崔光华作了会议总结。会议提出：一要重新认识林业的重要性，从大农业的角度来认识林业，跳出单抓粮食的老框框；二要做好定权发证工作，要求经过试点，分批发放，至迟明年麦收前结束；三是山区、平原并举，根据不同特点发展林业。9 月，河南省林业厅请示省人民政府,建议成立河南省林业定权发证领导小组,由副省长崔光华担任组长,省农经委副主任冯明高、林业厅厅长赵风岐任副组长,成员由民政厅、水利厅、交通厅、省地方铁路局、河务局,郑州铁路局和林业厅代表各一人组成。河南省林业厅按照河南省委、河南省政府关于加强森林保护和大力发展林业的具体规定,抽调大量人力,在全省范围内组织开展了大规模的林业“三定”工作。到10月下旬,全省有85个县、176个公社、500个大队开展了林业“三定”试点,发林权证30万户,全省已划分自留山(荒坡、荒沙、荒滩)7.78万公顷,4个地区83个县建立了林业定权发证领导小组,投入定权发证工作人员达2 520人。11月,河南省委召开全省林业工作会议,省委书记李庆伟在会上讲话,要求抓好林业定权发证工作,建立健全生产责任制,切实加强对林业的领导。11月下旬,河南省委第一书记刘杰在全省农村工作会议结束时发表讲话,要求重新认识林业的重要性,把发展林业生产放在大农业的战略位置上来抓。到12月31日,据不完全统计:全省开展林业“三定”工作的县(市)已达122个,113个县(市)建立了林业定权发证领导小组,其中102个县(市)试点工作基本结束,有46个县(市)已全面铺开;已发林权证5.67万公顷,划分自留山9.33万公顷、责任山20万公顷,有21万个生产队完善了林业生产责任制。全省参加林业“三定”的工作队员达1.7万多人。在定权发证过程中,处理林权纠纷17 841起。

1982年10月下旬,全省林业“三定”和“绿化中州”青年突击手(队)表彰大会召开,河南省委第一书记刘杰、省委书记张书德、副省长崔光华出席会议。刘杰发表重要讲话,团省委书记刘春伟、省林业厅厅长赵风岐分别在大会上作了报告。刘杰在讲话中对林业“三定”工作给予了肯定,并提出了要求。10月23日至31日,河南省政府在郑州召开了全省林业“三定”工作会议。各市(地)、县的农委主任、县长、林业局局长以及省直有关单位和新闻单位的代表共350人参加了会议。会议通报了全国林业“三定”情况,总结了河南“三定”工作开展经验,要求提高对“三定”重要性的认识;认真贯彻执行林业“三定”政策;切实加强领导,保证“三定”工作质量。会议还制定了搞好林业“三定”工作的五条标准。1983年2月上旬,河南省林业厅、档案局向各市(地)、县林业局、档案局发出《关于建立林业“三定”档案的联合通知》。通知规定了县、公社、大队三级政府的归档范围,指出林业“三定”档案归档工作有重要的现实意义和历史意义,要求各市(地)、县指定专人经过培训后开展这项工作,务必做到数字准确、材料齐全、用黑墨汁缮写清楚、装订整齐,以便查阅参考。8月中旬,河南省政府在卢氏县召开全省林业生产责任制会议,有关山区县

(市)主管林业的县(市)长、林业局局长、农委主任、重点公社的负责人共220余人出席会议。副省长胡廷积出席会议并讲话,要求以改革的精神建立和完善各种林业生产责任制,划好自留山、责任山和义务植树山,加强现有林的经营管理,大力发展林业专业户和重点户,切实搞好国营林场的责任制,巩固社队林场,完善各种承包合同,解决好林权的转让问题。落实林业生产责任制一定要和林业"三定"同时进行。8月下旬,河南省林业厅制定了《关于建立和完善林业生产责任制的意见》,指出建立和完善林业生产责任制,既要认真吸取农业生产责任制的基本经验,又要从林业生产的实际出发,确定适合林业特点的经营管理形式;荒山绿化(包括沙滩、沟荒)是开发性的生产活动,投资大,费工多,收益慢,必须采取多种途径,加快造林步伐;要因地制宜地建立多种形式的林业生产责任制;要正确处理统与分的关系;要大力发展林业专业户、重点户;要切实注意签订好林业承包合同;要做好林木转让处理,防止乱砍滥伐;林业生产责任制,是林业"三定"工作内容之一,要同时进行。10月中旬,河南省政府办公厅转发了省林业厅《关于建立和完善林业生产责任制的意见》,认为建立和完善林业生产责任制是开创林业建设新局面的一项战略措施,关系到千家万户,意义重大,影响深远;要求做好试点,取得经验,及时总结。各级领导要像抓农业生产责任制那样,尽快把林业生产责任制建立起来,并注意调查研究,总结经验,积极引导,在实践中不断完善和发展。11月,河南省政府下发《关于调处山林权纠纷的通知》,成立了以河南省副省长胡廷积任组长的调处山林纠纷领导小组,领导小组办公室设在河南省林业厅。1984年1月中旬,河南省林业厅在洛阳市召开全省林业"三定"工作交流会,洛阳行署以及嵩县、栾川、临汝、泌阳等县在会上作了林业"三定"工作经验介绍。5月下旬,河南省调处山林权纠纷领导小组在郑州召开了各市(地)调处山林权纠纷领导小组负责人座谈会。会议认真总结了近几年河南省调处山林权纠纷工作所取得的成绩和经验,进一步明确了调处山林权纠纷的有关政策,研究部署了下半年工作。据统计:全省林业"三定"工作开展期间,共划定自留山74.5万公顷、责任山131.1万公顷;共为集体林地、林木和个人林木颁发林权证143.33万公顷;共发生林权争议2.3万余起,调处2.1万余起。

针对国有林定权发证相对缓慢的情况,1988年6月,河南省林业厅转发了林业部《关于加强国有林林地权属管理几个问题的通知》。1989年9月,河南省政府批转了河南省林业厅《关于限期完成国有林定权发证工作的意见》。河南省林业厅在全省开展了国有林木林地定权发证工作,共计为国有林发证面积36万余公顷,占应发证面积的95%。1999年,针对以往林地、林木确权发证工作中存在的林权证制式不一、填写不规范等问题，河南省林业厅下发了《关于进一步稳定林木林地权属限期完成林权证换发工作的通知》，在全省开展了对已发的林权证进行换发，对未发证的林地、林木及时进行核发的工作。1999年，河南省开展了天然林保护和退耕还林试点工作，退耕还林林权证发放随即成为林地确权发证工作的重点。

【木材管理】 1977年9月，河南省革命委员会制定了《关于发展林业生产、加强木材管理的几项规定》，取缔县城及县城以上城镇木材自由市场。县城以下农村集镇，由市场管理部门设木材交易所，供村民买卖自己生产的木材。国营和国社合作造林生产的木材，除生产自用外，一律由木材公司按规定价格收购，由省统一分配，严禁私分和自由买卖。社员个人生产的木材，除自用外，多余部分可持大队证明，在本公社集镇木材交易所议价出售，允许到附近煤矿换生活用煤。外贸部门收购、换购桐木出口，应纳入国家计划，由省计划委员会统一下达。小头直径6厘米以下木杆和长不足1米的木截头，由供销社经营。除外贸部门按批准计划出口桐木外，省内木材不准外运。个别特殊需要，应经省计划委员会批准办理准运手续。否则，铁路、公路、航运部门不得承运。1980年12月，中共河南省委、河南省人民政府发出《关于贯彻国务院〈关于坚决制止乱砍滥伐森林的紧急通知〉的通知》，强调：严格实行木材统购统销，木材由林业部门统一经营，其他任何单位和个人不准到林区和社队采伐、收购、加工木材；关闭林区和主要产区木材自由市场，由林业和工商管理部门共同建立木材交易所，社队和个人出售木材，凭社队证明到交易所出售；社队木材加工厂，要根据资源情况，由林业、社队企业、工商管理部门认真加以整顿；加强木材运输管理，严禁倒卖贩运，县林业行政部门建立木、竹检查站（当时全省已有200多个），运输木、竹及其制品、半制品出县、出省的，分别由县、省林业行政部门发给运输证明。上述各项规定，只有运输管理一项规定在全省得到贯彻执行，木材自由交易、自由加工现象仍时有发生。木材由林业部门统一经营的规定，则因种种原因未能落实。

1981年2月，郑州铁路局发出《关于转发河南省人民政府木材、木制品和半成品运输限制的通知》，明确规定：各种木竹原料、制品，省内运输凭县以上林业局证明，省外运输和出口桐木凭省林业厅证明。3月，河南省林业厅发出《关于加强木竹运输管理的通知》，通知规定：省内运输木材由县林业局发证明，省外运输木材由省林业厅发证明；从3月份起，任何经销单位与外省签订木竹制品、半制品合同，必须经县林业局审查；各县对合同要认真审查，确实无害于森林，不影响当地人民生活和无倒卖贩运等情况，方可签署意见，然后由运输单位或个人携带合同和征收育林基金证明来省办理运输证明；凡介绍来省开证明者需按“木竹运输许可证”格式填清有关事项。6 月，河南省林业厅下发《河南省木竹运输管理暂行规定》，要求各级林业部门建立健全木竹检查站，加强木竹运输管理，并规定了木材凭证运输和办理运输证明的程序及对无证运输行为的处理办法。7 月，河南省林业厅、物资局、物价局联合发出《关于调整山区木材价格的通知》。通知规定：山区国营林场木材出厂价格，按全省 24 个山区采伐林场出厂价格平均计算，每立方米由 78.6 元调整为 109.7 元；山区地方木材市场收购价格暂不规定，基层点收购价由省统一规定，原则上与出厂价（扣除税金、育林基金）保持相同水平；平原地区木材价格调整由省另文通知。8 月，中共河南省委、河南省人民政府发出《关于贯彻中共中央、国务院“关于保护森林发展林业若干问题的决定”的具体规定》，规定木材采伐和收购计划，由县计划委员会和林业局共同上报，省计划委员会协同林业厅综合平衡，统一下达执行；木材由林业和物资部门分工管理，森林资源多的卢氏、栾川、嵩县、洛宁、灵宝、西峡、南召、鲁山、内乡、桐柏、新县、商城、济源、尉氏、鄢陵、扶沟、西华、民权、睢县、兰考、中牟等 21 县的木材由林业部门统管，其所属物资系统的木材公司均移交林业部门。该项规定有些县没有执行，有的县木材公司虽移交林业部门，但因河南省委、河南省人民政府关于“国家统配计划不变”的决定未落实，得不到物资系统控制的统配材，只好再交回物资部门（到 1985 年年底统计，全省实际交林业部门管理的木材公司只有新县、商城、西峡、南召、临汝、灵宝、嵩县、兰考等 8 个县，1987 年减少到 6 个县）。1985 年，河南省开放木材市场，规定允许林农、集体和国营林场生产的木材自由上市，议价购销。1986 年，把木材出省由河南省林业厅发放运输证明，改由县林业行政部门代办，各地出现的违犯木材管理案件，依靠林业公、检、法部门解决。1986 年，河南省林业厅、公安厅共同组织力量，对各地已建的 354 个木、竹检查站进行整顿，扭转了木竹运输的混乱局面。1987 年 1 月，河南省林业厅、省物价局、省物资局联合印发《关于放开集体林区木材价格的通知》，对集体林区地产木材的价格作出规定：河南省集体林区进入木材市场的当地木材及其半成品的价格全部放开；严格执行凭证采伐、凭证销售、凭证运输的规定，严禁无销售证照的木材上市，严禁任何单位和个人收购无证采伐的木材。1988 年 8 月，河南省政府发布《河南省林木采伐和木材销售运输管理办法》，对全省境内采伐林木（包括竹子），销售、运输木材的有关行为作出了规定。1993 年 11 月，为了加强木材销售管理，保护和合理利用森林资源，维护国家、集体、林农和消费者的利益，根据《中华人民共和国森林法》、《河南省林木采伐和木材销售、运输管理办法》及其他有关规定，河南省林业厅印发《河南省木材销售管理细则》，规定凡在河南省境内从事经营、加工木材（含竹材）及其半成品和以木材为原料进行生产、销售活动的必须按《河南省木材销售管理细则》办。1996 年，河南省政府下发《关于在全省设置木材检查站的通知》，在全省设置了 100 个木材检查站。1999 年，河南省林业厅进一步明确了木材凭证运输的范围，规范了木材运输签证和检查的程序。2000 年，河南省林业厅再次调整公布全省木材凭证运输的范围，重新规范了木材运输签证和监督检查工作。

【森林资源调查管理】 河南省森林资源调查管理大体分为三类，即森林资源连续清查、森林资源规划设计调查、施工（或作业）设计调查和专业调查。

1978 年以后，河南省根据国家要求和全省林业建设及林业区划的需要，重点开展了 4 个方面的森林资源调查：1979～1980 年、1988 年、1993 年、1998 年，按照国家有关要求，由河南省林业厅协调，河南省林业勘察设计院具体组织实施了全省森林资源四次连续清查。1982～1984 年，配合全省农业综合区划，由河南省林业厅组织、河南省林业勘察设计院协调，各地（市）、县（市、区）组织实施了全省林业区划调查。这次调查以县（市、区）为单位，采用小班调查方法，将森林资源数据落到了山头地块，为全省林业区划、规划提供了依据。1997 年为实现“造林灭荒”，全省山区县开展了以小班调查为主要内容的荒山造林地“灭荒调查”。1999～2000 年，为编制“十五”森林采伐限额，对 37 个山区重点县和 88 个国有林场进行了二类森林资源调查。施工（或作业）设计调查和专业调查以小班内林地调查为基本内容，为年度施工（或作业）设计或专业项目的调查提供依据，主要由施工（或作业）设计单位进行。

〖森林资源连续清查〗 森林资源连续清查以抽样单元调查为基本内容，时间短，有精度保证，属宏观调查、动态调查。森林资源连续清查简称一类调查，河南省每 5 年对全省森林资源调查一次。自中华人民共和国成立至 1977 年，河南省森林资源连续清查共进行过两次。1953～1963 年为第一次，1975～1977年为第二次（即“四五”清查）。1978 年以后，河南省森林资源连续清查进入制度化、规范化、科学化发展阶段。1979 年 3 月 27 日，河南省粮食局、林业局发出《关于参加森林资源连续清查野外勘察人员粮食补助的联合通知》，指出：资源清查外业勘察是一项艰苦的工作，属重体力劳动。参照 1976 年 5 月 15 日省计划委员会、财政局、粮食局、农林局、商业局的联合通知精神，从各市（地）、县抽调参加由省林业局统一组织的森林资源连续清查的野外勘察人员（固定职工），在外业期间，本人原口粮标准每天不足一斤半者，差额部分，须持原单位口粮标准证明，由外业勘察时所在县（市）林业部门提出名单、时间，由当地县（市）粮食部门给予补助。3 月 31 日，河南省林业局发出《关于建立森林资源连续清查体系的通知》，指出：河南省建立森林资源连续清查体系的主要任务是在山区 58 个县（市、区），采取以数理统计为基础的抽样方法，以省为总体，设置固定样地 7 806 个，进行实地测量、调查，埋设水泥标桩一万余根；对全省“四旁”树和平原县（市、区）的各类森林，作一次临时性清查，并建立省级森林资源档案。通知还对森林资源连续清查工作进程作了明确：1979 年 5 月份做好试点与技术培训工作，6 月份开展外业工作，1980 年底完成全省森林资源连续清查任务。通知要求：大力开展宣传工作，使各级领导和群众了解这项工作的重要性，统一思想认识，领导和支持这一工作的顺利进行；以省林野勘察设计队为主，从洛阳林业学校应届毕业班抽调 120 人组成专业队伍；对固定样地和样地标志必须严加保护；抽调人员的劳保用品、野外津贴、口粮标准问题，按照国务院和河南省有关规定执行；经费和临时工工资，统由省林野勘察队支付。1988 年 1 月 29 日，河南省农村经济工作委员会、省军区后勤部、省城乡建设环境保护厅、省交通厅、省农牧厅、省统计局、省粮食局、省林业厅联合印发《关于成立河南省森林资源连续清查复查工作领导小组的通知》。通知指出：根据林业部厅林资字［1987］156 号文件要求，河南省于 1988 年底前完成森林资源连续清查的复查工作。森林资源清查复查工作，时间要求紧迫，任务量大，涉及面广，野外工作条件艰苦，劳动量大。为了按时完成这项任务，按照林业部要求，并请示省政府领导同意，成立河南省森林资源连续清查复查工作领导小组，负责组织领导全省森林资源连续清查复查工作。由省农村经济工作委员会副主任郑怀俭担任组长，由省林业厅副厅长王庭训担任副组长。省军区后勤部副部长尹继书、省城乡建设环境保护厅副处长魏伟、省交通厅副厅长张圣城、省农牧厅副厅长肖兴贵、省统计局处长陈柱坚、省粮食局经理谷玉森为成员。1993 年 3 月 8 日，河南省绿化委员会印发《关于成立河南省森林资源清查领导小组的通知》。通知指出：1993 年是全国第三次森林资源清查的最后一年，根据林业部和省政府的要求，森林资源清查工作必须如期完成，不影响 1994 年的全国汇总。经请示省政府领导同意，省绿化委员会决定成立以省绿化委员会副主任马新高任组长，省林业厅副厅长吴烈继、王庭训，省军区后勤部副部长张德成，省城乡环境保护建设厅副厅长刘征远、省水利厅副厅长冯长海任副组长的河南省森林资源清查领导小组，负责全省森林资源清查的领导与协调工作。具体工作由省林业厅负责。自 1979 年利用抽样技术建立森林资源连续清查体系以后，至 1998 年，全省共进行了4次森林资源连续清查。

〖森林资源规划设计调查〗 森林资源规划设计调查简称森林资源二类调查,是经营性调查,调查周期一般为10年。它以小班调查为基本内容,将森林资源数据落实到山头地块,为总体设计、编制森林经营方案提供依据,但投入的人力、物力、财力较多,调查成本较高。河南省的森林资源二类调查始于1957年,其产生、发展的历史可分为三个阶段。一是起步阶段(1957~1980年)。这一阶段主要是一些森林资源专业性调查,提出了一些森林经营意见,没有编制全面的森林经营方案。二是规范阶段(1981~1990年)。从1982年开始,河南省林业勘察设计院开展了全面系统的国营林场森林资源二类调查工作。1982~1988年,先后完成了上戈、故县、东湾等42个国营林场的森林资源二类调查和资源建档工作,总面积24.29万公顷,其中已编制经营方案的国营林场有24个,总面积16.39万公顷。1990年,全面开展了国营林场森林经营方案的编制工作,完成中牟等45个国营林场的森林资源二类调查和63个国营林场的经营方案编制,调查面积12.89万公顷,编制森林经营方案面积20.79万公顷。至此,全省87个国营林场全部开展了森林资源二类调查与编制森林经营方案工作。全省87个国营林场总面积为37.18万公顷,其中有林地面积23.12万公顷,活立木蓄积957.69万立方米,森林覆盖率66%。1990年,河南省林业厅组织有关专家、学者对全省国营林场森林资源二类调查与编制森林经营方案工作进行了审查、论证。三是发展阶段(1991~2000年)。1994年,河南省林业勘察设计院完成了郑州市集体林森林资源二类调查工作,调查面积71.02万公顷,并分县(市、区)编制了森林经营方案;1997年,完成了全省14个地(市)72个县(市、区)331.49万公顷的十年造林规划实施情况普查工作;1999年,完成了全省31个林业重点县(市、区)的森林资源二类调查工作,同时完成了全省87个国有林场的森林资源二类调查工作,调查面积43.10万公顷(其中有林地面积35.75万公顷),活立木蓄积量1 463.84万立方米(其中森林蓄积量1 443.28万立方米);2000年,完成了除上述31个林业重点县(市、区)以外的118个县(市、区)的县级森林资源二类调查工作,调查面积1 451.73万公顷,其中有林地面积293.42万公顷,活立木蓄积量12 702.20万立方米,森林覆被率20.5%。2000年,卫星照片判读技术首次应用于森林资源规划设计调查工作中。

〖沙漠化土地调查〗 河南省沙区主要分布在黄淮海冲积平原,地跨安阳、濮阳、鹤壁、新乡、焦作、郑州、开封、商丘、周口、许昌市等10个地(市)的43个县(市、区),总土地面积413.54万公顷。河南省开展的沙化土地调查有

2 次，即 1995 年开展的沙漠化土地普查和 1999 年开展的沙漠化土地监测。

全省沙漠化土地普查从 1995 年 3 月开始，到当年 6 月结束。河南省林业勘察设计院组织完成了全省沙漠化土地普查的外业调查和内业汇总工作。经林业部西北林业调查规划设计院专家抽查，内业和外业合格率分别为 95.2% 和 98.3%，普查质量评定为优等。这次普查第一次摸清了河南省沙漠化土地的家底，详细掌握了全省沙漠化土地的分布、面积、类型、利用现状等情况，为今后沙区治理和综合开发利用，建立沙产业，提供了科学的依据。这次普查共涉及 9 个地（市）42 个县（市、区）的 377 个乡（镇），沙漠化土地总面积 66.83 万公顷。按沙漠化土地类型分，流动沙丘（地）1.73 公顷，半固定沙丘（地）2.36 万公顷，固定沙丘（地）11.83 万公顷，闯田 2.68 万公顷，沙改田 47.67 万公顷，重盐碱地 0.56 万公顷。按沙漠化土地利用现状分，沙漠化耕地 50.35 万公顷（包括闯田、沙改田），林地 12.42 万公顷（包括固定、半固定沙丘和沙地上的林地），草地 1.77 万公顷（包括固定、半固定沙丘和沙地上的草地），其他土地 2.29 万公顷（包括流动沙丘、沙地和重盐碱地）。

河南省进行的第二次沙漠化土地调查工作（即对第一次沙漠化土地普查的监测）从 1988 年开始筹备，1999 年正式开始。1998 年 8 月 18 日，为加强对全省荒漠化监测工作的领导，根据《国家林业局关于开展全国荒漠化监测工作的通知》（林造通字［1998］40 号）要求，河南省林业厅成立了由副厅长余学友任组长的河南省荒漠化监测领导小组。这次普查增加了许昌市的鄢陵县，使全省沙漠化土地调查范围增加到 10 个地（市）43 个县（市、区）。监测结果显示：全省有沙化土地 65.05 万公顷，占监测县总面积的 15.7%，占全省总面积的 3.9%。其中，按沙化土地类型分：流动沙丘（地）0.48 万公顷，半固定沙丘（地）4.72 万公顷，固定沙丘（地）6.12 万公顷，沙改田 53.73 万公顷。按沙漠化土地利用现状分：沙漠化耕地 53.73 万公顷，林地 6.62 万公顷，未利用地 4.70 万公顷。

对比两次全省沙漠化土地普查的结果，全省沙漠化土地动态变化呈现出（不含鄢陵县）以下特点：沙化土地面积缓慢减少，沙漠化程度正在逐步减轻并向良性发展，沙区有林地面积明显减少，农田林网和农林间作面积呈上升趋势。

〖当年人工造林和更新实绩等五项核查〗　河南省林业五项核查工作的主要内容包括：当年人工造林和更新实绩核查、县级平原绿化巩固和完善情况复查、年度封山育林的实施及保存情况核查、年度森林采伐限额执行情况核查、年度征用占用林地情况核查等。这五项核查工作均由河南省林业厅在各市(地)上报完成情况的基础上,采取随机抽样的办法,委托河南省林业勘察设计院组织专业技术人员完成核查任务。

当年人工造林和更新实绩核查:1989 年,河南省林业厅下发了《关于开展人工造林、更新实绩核查的通知》,在全省开展人工造林、更新实绩核查,以核查结果来评价当年人工造林、更新实绩,并作为考核各市(地)造林成效的依据。1999 年,河南省林业勘察设计院根据《全国人工造林、更新实绩核查技术规定》(试行)的要求,对《河南省当年人工造林核查实施办法》进行了补充完善,使全省的人工造林、更新实绩核查工作制度化、规范化。1990 ~2000 年,河南省林业勘察设计院共派出 554 人次对河南省林业厅抽中的县(市、区)进行年度核查,共核查了 419 个县(市、区)次,核查面积 163 854 公顷(不含 1995 年),占 1990 ~2000 年全省上报造林总面积的 7.54%,占抽查县上报造林总面积的 13.6%;核实面积 150 846 公顷(不含 1995 年),核实率 92.1%;合格面积 121 420 万公顷(不含 1995 年),核实合格率 80.5%。1990 ~2000 年河南省人工造林、更新实绩核查情况统计见表 6 -1。

表 6 -1　1990 ~2000 年河南省人工造林、更新实绩核查情况统计表

(单位:人、公顷、%)

年度	全省上报面积	抽查县次数	抽查县上报面积	抽查面积	抽查比例	核实面积	合格面积	核实率	核实合格率	参加人数
合计	2 172 668	419	1 202 300	163 854	13.6	150 846	121 420	92.1	80.5	554
1990	154 393	20	58 807	4 780	8.1	3 867	2 260	80.9	58.4	16
1991	135 267	59	135 267	8 800	6.5	8 033	5 333	91.3	66.4	36
1992	179 047	55	112 640	10 600	9.4	11 660	9 893	110	84.8	35
1993	205 667	59	132 500	10 600	8.0	10 407	9 347	98.2	89.8	38
1994	208 733	61	219 080	14 700	6.7	12 820	11 087	87.2	86.5	38
1995	166 120	35	未统计					90	85.9	50
1996	306 167	51	306 153	27 587	9.0	25 013	24 227	90.7	96.9	104
1997	199 653	16	66 073	19 967	30.2	17 633	9 940	88.3	56.4	60
1998	143 667	20	63 180	13 707	21.7	13 040	11 780	95.1	90.3	63
1999	259 707	17	67 300	11 813	17.6	9 620	6 953	81.4	72.3	68
2000	214 247	26	41 300	41 300	100.0	38 753	30 600	93.8	79	46

县级平原绿化巩固与完善情况核查：1986 年，河南省林业勘察设计院制定了《河南省平原绿化县检查验收办法》，并组织专业技术人员对全省呈报达到全国平原绿化标准的县进行了检查验收。通过验收，民权县、夏邑县、虞城县、商丘县、宁陵县、永城县、柘城县、睢县、商丘市、西华县、扶沟县、鹿邑县、淮阳县、太康县、商水县、郸城县、沈丘县、项城县、周口市、汝南县、新野县、新郑县、兰考县、杞县、通许县、尉氏县、开封县、鄢陵县、长葛县、许昌市郊区、舞阳县、内黄县、原阳县、封丘县、获嘉县、孟县、武陟县、博爱县、禹县、修武县等 40 个县(市、区)达到全国平原县绿化标准。其后的 1988 ~ 1991 年，河南省林业勘察设计院每年都组织专业技术人员对上报达到全国平原绿化标准的县(市、区)进行检查验收。到 1991 年年底，全省 94 个平原、半平原和部分平原县(市、区)全部达到林业部颁发的全国平原绿化标准，实现了全省初级平原绿化达标。1991 年以后，河南省林业厅每年抽取一定数量的县(市、区)，由河南省林业勘察设计院依据《河南省县级平原绿化巩固和完善情况检查办法》，对已达到全国平原绿化标准的县(市、区)进行核查。1994 ~ 2000 年，河南省林业勘察设计院共抽取 54 个县(市、区)进行了核查，其中各项指标均达到部颁平原绿化标准的有 29 个县(市、区)，占 53.7%；未达到部颁平原绿化标准的有 25 个县(市、区)，占 46.3%。1999 年 3 月，河南省林业勘察设计院按照《河南省县级平原绿化高级达标检查办法》，对周口地区平原绿化高级达标情况进行了核查验收。经核查，周口地区 10 个县(市、区)的平原绿化均达到了《河南省县级平原绿化高级标准》的要求。1991 ~ 2000 年河南省县级平原绿化复查情况统计见表 6 – 2。

表 6 – 2　1991 ~ 2000 年河南省县级平原绿化复查情况统计

(单位：个、%、人)

年度	抽查县个数	复查样地个数	林网间作控制率	达标县个数	未达标县个数	参加检查人数
合计	54	1 663		29	25	192
1994	4	128	59.9	1	3	34
1995	8	230	48.7	1	7	34
1996	7	230	67.5	3	4	24
1997	2	60	89.6	2	0	10
1998	9	280	69.9	6	3	34
1999	5	160	77.7	3	2	20
2000	19	575	86.6	13	6	36

年度封山育林实施情况核查：1999 年，河南省林业勘察设计院会同有关市（地）林业局共同组成检查组，依据《河南省当年封山育林核查实施办法》，对抽中的林州市、淇县、辉县、确山县、卢氏县、济源市、修武县、汝州市、洛宁县、巩义市、内乡县等 11 个县（市）当年的封山育林完成情况进行了核查。这是河南省对当年封山育林完成情况进行的第一次核查。据核查，11 个县（市）共上报封山育林面积 26 300 公顷，抽查 6 840 公顷，占上报面积的 26. 0%；核实面积 5 353 公顷，核实率 78. 3%；合格面积 4 493 公顷，核实合格率 83. 9%。从核查结果来看，封山育林核实率偏低，县与县之间发展不平衡，在抽查的 11 个县（市）中，有 8 个县（市）核实率在 95% 以上，巩义市、内乡县的核实率不到 40%。2000 年，河南省林业勘察设计院对抽取的嵩县、渑池县、桐柏县、济源市、卫辉市、泌阳县、安阳县、鹤壁市郊区、沁阳县、舞钢市、新县等 11 个县（市、区）的 45 920 公顷封山育林面积进行了核查。核实面积 34 993 公顷，核实率 76. 2%；合格面积 30 107 公顷，核实合格率 86. 0%。与 1999 年度相比，2000 年度核实率有小幅度下降，从上年度的 78. 3% 降至 76. 2%；核实合格率有一定的提高，从上年度的 83. 9% 提高到 86. 0%。两个年度核查结果相比，封山育林成效基本持平。

年度森林采伐限额执行情况核查：1998 年，河南省林业勘察设计院对全省上一年度森林采伐限额执行情况进行了第一次核查。这次核查共抽取了西峡县、嵩县、辉县、汝州市、固始县、温县、尉氏县、遂平县、郸城县、舞阳市、滑县、虞城县等 12 个县（市）。从 1999 年开始，森林采伐限额执行情况只核查本年度的执行情况。1999 年 11 月中旬至 12 月中旬，河南省林业勘察设计院完成了清丰县、兰考县、夏邑县、舞阳县、扶沟县、林州市、淇县、辉县、修武县、济源市、巩义市、卢氏县、洛宁县、汝州市、禹州市、确山县、内乡县和罗山县等 18 个县（市）的森林采伐限额执行情况核查。2000 年 12 月河南省林业勘察设计院对嵩县、范县、渑池县、桐柏县、济源市、卫辉市、郸城县、郾城县、泌阳县、安阳县、鹤壁市郊区、沁阳市、新密市、许昌县、舞钢市、尉氏县、商丘市睢阳区、新县等 18 个县（市、区）的森林采伐限额进行了核查，这次核查不再对消耗量进行调查。从核查结果看，森林采伐限额的执行情况比较好，林木采伐总量不超限额。但无证采伐量相对较大，盗伐现象比较严重，林木采伐发证率、发证合格率和伐区凭证采伐率较低。各县（市）之间"三率"差别比较大，有些县的"三率"皆为 100%，而有的县的"三率"则均为零。2000 年，森林采伐限额的执行情况有了进一步的好转，"三率"有了一定提高，特别是伐区凭证采伐率由 1999 年的 86. 9% 提高到 2000 年的 98. 15%，但滥伐、盗伐现象依然严重，无证采伐量依然占到林木采伐总量的 11.51%。1998～2000 年河南省森林采伐限额核查统计情况和森林采伐限额核查“三率”统计情况分别见表 6－3、表 6－4。

表 6－3　1998～2000 年河南省森林采伐限额核查统计表　（单位：m^3）

年度	采伐限额	有证采伐			无证采伐			林木采伐量	零星采伐量	总采伐量
		合计	凭证	超证	合计	滥伐	盗伐			
1998	706 600	122 802			108 376			231 178	244 919	476 097
1999	564 850	170 248	147 987	22 261	16 294	2 470	13 824	186 542	243 511	430 053
2000	561 450	102 444.5	100 545.2	1 899.3	13 325.1	1 591.1	11 734	115 769.6	172 363.1	288 132.7

表 6－4　1998～2000 年河南省森林采伐限额核查“三率”统计

（单位：m^3、%）

年度	发证率			发证合格率			伐区凭证采伐率		
	发证采伐量	实际采伐量	发证率	合格发证采伐量	发证采伐量	发证合格率	伐区凭证采伐量	伐区采伐量	伐区凭证采伐率
1998	104 331	231 178	45.13	61 302	104 331	58.76	92 065	122 802	74.97
1999	146 930	184 460	79.65	113 197	161 209	70.2	146 515	168 642	86.87
2000	100 545.2	114 859	87.54	74 260.2	100 545.2	73.86	100 545.2	102 444.5	98.15

年度征占用林地情况核查：1999 年，河南省林业勘察设计院制定了《河南省征占用林地核查办法》，对济源市、修武县、卢氏县、洛宁县、汝州市、内乡县、罗山县、林州市、淇县、辉县、禹州市、巩义市、清丰县、兰考县、夏邑县、舞阳县、扶沟县、确山县等 18 个县（市）的征用占用林地情况进行了核查，并对这 18 个县（市）1998 年度乱占林地情况进行了清查。全省共清查出乱占林地事件 1 500 起，面积 1 609.97 公顷。2000 年，核查了桐柏县、新县、嵩县、济源市下冶乡、渑池县、沁阳市、泌阳县、卫辉市、郸城县、郾城县、安阳县、新密市、商丘市睢阳区、尉氏县、鹤壁市郊区、范县、舞钢市、许昌县等 18 个县（市、区）的征、占用林地情况。18 个县（市、区）发生征、占用林地事件 3 起，批准征、占用林地面积 3.02 公顷，实际占用林地面积 3.21 公顷，多占 0.19 公顷。18 个核查单位在征、占用林地冻结期发生无任何手续非法占用林地事件 2 起，占用林地面积 3.11 公顷。《河南省林地保护条例》颁布后，新县发生无任何手续占

用林地事件4起，占用林地面积达28.73公顷。核查组查出后对此进行了立案查处。

〖河南省重点保护野生植物资源调查〗　1997年，林业部下发了《关于部署全国重点保护野生植物资源调查工作的通知》，要求有关省（市、自治区）林业行政主管部门根据《全国重点保护野生植物资源调查大纲》和《全国重点保护野生植物资源调查技术规程》的要求，并结合本省实际情况，尽快制定重点保护野生植物资源调查工作方案和技术实施细则。根据《全国重点保护野生植物资源调查大纲》和《全国重点保护野生植物资源调查技术规程》的规定，河南省编写了《河南省重点保护野生植物资源调查工作方案及技术细则》。1999年1月，河南省林业厅成立了重点保护野生植物资源调查领导小组、技术组及专家顾问组，调查领导小组由省林业厅副厅长李德臣担任组长，全面负责本次调查工作。领导小组下设办公室，负责本次调查的具体工作。调查技术组负责制定技术文件、进行技术指导和监督。同时聘请河南农业大学卢炯林、叶永忠、苏金乐教授及省林业勘察设计院总工程师、高级工程师赵体顺组成专家顾问组，为全省野生植物资源调查提供技术咨询，审核各种技术文件并对重大技术问题进行指导和监督。为了提高调查队员的业务素质，1999年4月，省林业勘察设计院在信阳鸡公山自然保护区举办了由河南省林业勘察设计院及有关单位技术负责人参加的河南省重点保护野生植物资源调查技术培训班，全面铺开了河南省重点保护野生植物资源调查的外业工作。到1999年10月，外业调查基本结束，并于2000年春、秋进行了补充调查。调查内业工作从1999年11月开始，2000年8月基本结束。

这次调查的主要任务是查清15个目的物种的资源现状，建立资源数据库；对资源进行评价，提出系统、准确的重点保护野生植物资源调查报告和图表资料。本次共调查21个物种（调查重复的物种计算一次），栽培调查有金钱松、厚朴、凹叶厚朴、杜仲、黄檗、毛红椿、人参7个物种；贸易调查有青檀、杜仲、水曲柳、厚朴4个物种；重点保护野生植物调查有15个物种，涉及13个群系（组），采用的调查方法有样方法、核实法和访问估计法，其中采用样方法调查的物种有刺五加、杜仲、核桃楸、连香树、水曲柳、香果树、楠木；采用核实法调查的物种有大果青扦、红豆杉、金钱松、秦岭冷杉、水青树、大别山五针松；采用访问估计法调查的物种有秤锤树、红豆树。调查期间，经国家林业局和省林业厅组织的质量检查组对调查内业和外业工作的检查，调查质量符合有关技术标准。

〖河南省陆生野生动物资源调查〗　1996年12月，河南省林业厅成立河南省野生动物资源调查领导小组，开始筹备全省野生动物资源调查工作。1997年3月，成立河南省陆生野生动物资源调查办公室和调查专家顾问组。1997年6月，全省野生动物资源调查外业调查工作陆续开展。按照《河南省陆生野生动物资源调查与监测实施方案及工作细则》的要求，调查采用常规调查和专项调查两种方法进行。专项调查主要是对朱鹮、白冠长尾雉、水鸟、金钱豹、猕猴、麝、大鲵等7种野生动物资源的调查。2000年5月完成内业资料整理、数据汇总和调查报告撰写工作。经国家林业局和河南省林业厅检查验收，全省野生动物资源调查质量符合有关规定标准。

通过调查，全省发现野生动物354种，其中两栖动物16种，爬行动物27种，鸟类268种，兽类43种，基本上查清了全省陆栖脊椎动物的种类和大部分调查目的物种的数量、分布及生境状况。调查还发现了河南省两栖类新种1种、鸟类分布新记录2种。经这次调查和史料考证汇总，全省陆生野生动物种类共有522种，比《河南省志·动物志》中记录的种类多94种。同时，依据这次调查的调查数据对全省野生动物资源进行了科学评估，建立了野生动物资源数据库和野生动物资源监测网络，为今后保护和合理利用野生动物资源奠定了基础。

〖河南省湿地资源调查〗　1994年10月，河南省开始全省湿地资源调查工作，1999年8月调查工作结束。据调查资料统计，河南省湿地总面积1 108 707公顷，占全省国土面积的6.6%，其中水稻田面积443 510公顷，其他湿地面积665 197公顷。查明河南湿地维管植物79科、276属、626种。其中蕨类植物14科、15属、23种；裸子植物1属、1种；被子植物64科、260属、602种及变种。查明河南湿地动物10门、21纲、77目、940种，其中无脊椎动物9门、16纲、49目、686种，脊索动物门有5纲、28目、52科、254种；有国家级保护动物11种，省级保护动物11种。

【林业区划简述】　1979年8月，河南省开始进行林业区划，初步把河南省一级区划分为8个区。1980年，全国林业区划把河南划入下属2个地区的4个林区。1980年9月初，河南省林业厅林野勘察设计队印发《河南省县级林业资源调查和区划工作技术规程（暂行办法）》。1981年10月15日，全省林业区划工作会议在郑州召开，参加会议的有10个地区、7个市、13个重点县的42名有关人员。河南农学院张企曾副教授就林业资源调查和林业区划作了学术报告。经过评议，与会人员向即将召开的河南省农业区划经验交流会推荐了禹县、郑州郊区、淮阳、濮阳等4个县（市）的林业区划成果。会上还讨论修改了《河南省县级林业资源调查和林业区划技术规定暂行办法》。1982年

8月15日,河南省农业区划委员会发出《关于成立河南省农业区划委员会自然保护区专业组的通知》,成立河南省农业区划委员会自然保护区专业组,以保护和合理利用自然环境和自然资源。专业组由河南省林业厅副厅长石振邦任组长,李陶庭、张铭哲、李永泉、史作宪任副组长,丁宝璋等9人为专业组成员,办公地点设在河南省林业厅森工处。1983年底,河南省完成省、县两级区划,全省划为7个分区12个亚区。1984年1月13～16日,河南省政府在郑州召开河南省科技界表彰先进暨奖励成果大会。《河南省林业区划》获得省农业资源调查和农业区划重大成果二等奖,禹县获得林业区划成果应用一等奖,《西峡林业区划》获得省农业资源调查和林业区划重大成果二等奖。栾川、洛宁、博爱、潢川、太康、获嘉、睢县等7个县分别获得三等奖。1986年5月6～11日,林业部在西峡县召开考察、总结和研究推广西峡县设置规划员实施林业区划、规划经验的现场会。来自全国28个省(市、自治区)的林业厅(局)长,总工程师,林业区划办公室负责人,林业规划、勘察设计院院长和林业调查队队长,共196人参加了会议。林业部副部长董智勇、河南省副省长刘玉洁、省农经委副主任石文生,省农业区划办公室副主任徐涌澜,南阳地委书记宋国臣、南阳行署专员张洪华、副专员訾新国等负责人参加了会议。河南省林业厅厅长张企曾,西峡县县长赵国志和西峡县林业局局长王明方分别向会议介绍了河南省与西峡县的林业区划工作、西峡县设置规划员的情况。

〖1979年林业区划成果〗　1979年8月中、下旬,河南省林业区划领导小组在郑州召开了全省林业区划工作会议,河南省林业局、河南农学院、省农业科学院林业科学研究所、省农业局、中国农业科学院郑州果树研究所等协作单位的负责人参加了会议。会议研究,初步把河南省一级区划分为:淮南山地垄岗用材经济林区(AⅠ);伏牛山南坡水源、用材、经济林区(AⅡ);南阳盆地农田防护、薪炭林区(AⅢ);淮北易涝洼地砂姜黑土防护林区(BⅣ);豫东北平原防护林区(BⅤ);豫西伏牛山北坡用材林、经济林区(BⅥ);豫西黄土丘陵水土保持、用材林区(BⅦ);太行山地水源、经济林区(BⅧ)等8个区,同时进行了15个二级区的划分。会议拟定了河南省《开展林业区划工作的意见(草稿)》,决定全面开展河南省林业区划工作,并要求在省一级、二级区划的基础上,继续摸清各区的自然情况和社会经济情况,进一步补充区划的科学依据。

〖1980年林业区划成果〗　1980年,全国林业区划把河南划入下属2个地区的4个林区。一是华北防护用材林地区,包含燕山太行山水源用材林区和华北平原农田防护林区;二是南方用材经济林地区,包含秦巴山地水源用材林区和大别、桐柏山地水源经济林区。

〖1983年林业区划成果〗 1983年底，河南省完成省、县两级区划，全省划为7个分区12个亚区，既是全国林业分区体系的组成部分，又是河南综合农业区划的有机组成部分。一是豫北太行山防护经济林区，包含太行山中山水源林亚区、太行山低山丘陵经济林亚区；二是豫西黄土丘陵防护林区；三是豫东黄淮海平原防护林区，包含黄淮海冲积平原农田防护固沙林亚区、淮北低洼易涝农田防护林亚区；四是豫西伏牛山北坡防护用材林区，包含伏北中山水源林亚区、伏北低山用材经济林亚区；五是豫西伏牛山南坡用材防护林区，包含伏南中山用材水源林亚区、伏南西部低山丘陵水源经济林亚区、伏南东部低山水保经济林亚区；六是南阳盆地防护薪炭林区；七是豫南大别山、桐柏山山地用材经济林区，包含桐柏山低山丘陵水源经济林亚区、山前垄岗薪炭用材林亚区、大别山低山用材林亚区。

第二节　森林公安

【森林公安简述】 河南省森林公安（含检察和司法）机构始建于1961年，文化大革命期间遭到严重破坏，工作难以正常开展。1981年7月起，森林公安机构相继恢复和建立，森林公安工作开始走上正规。1990年，河南省级森林公安机关组建以后，全省森林公安工作得到快速发展。自此之后，各级森林公安机关充分发挥职能作用，积极开展严打斗争和专项治理，严厉打击各种破坏森林资源和野生动植物的违法犯罪活动，有效地遏制了各种破坏森林资源的违法犯罪行为。河南省委、省政府对森林公安工作高度重视，1996年7月10日，河南省省长马忠臣为全省林业公安机关题词：加强林业公安队伍建设，依法保护森林资源安全。1996年9月16日，河南省委书记李长春为省林业公安机关题词：加强林业公安建设，巩固造林绿化成果。到2000年底，河南省共有各级森林公安机构185个，森林公安民警985名，全部纳入地方公安序列，初步建立起了森林公安执法体系。各级森林公安机关共配备业务用车近400台，电脑、传真机338台，有线、无线电话700余部，森林刑事勘查器材165个（件），各类枪支、警械2 600余支（件）。据统计，1990～2000年，全省森林公安机关共查处各类破坏森林和野生动植物资源案件3.5万余起，打击处理违法犯罪人员75 630人次，收缴木材10万余立方米，查获野生动物127万余只（头），为国家和人民群众挽回大量经济损失。

【森林公安（含检察和司法）机构】 1979年9月7日，河南省林业局向林业部行文，请求《设置森林检察机构》。根据河南省现有情况，拟在22个国营林场内设置森林检察机构，其中地区派出级6个，县级派出级16个，共99人。1981年7月24日，河南省林业厅、司法厅、人民检察院联合通知，在4个地区和22个林业重点县的检察院内设林业检察科，在22个林业重点县人民法院内设林业法庭受理林业案件。通知规定：凡未建立上述机构的地、县，其林业案件由当地检察院和法院受理。有关地、县增设林业检察科和林业法庭所需的人员，均列入林业编制（4个地区是南阳、洛阳、信阳、许昌；22个县是嵩县、栾川、卢氏、灵宝、洛宁、内乡、西峡、南召、桐柏、新县、商城、信阳、鲁山、济源、兰考、睢县、民权、中牟、尉氏、西华、扶沟、鄢陵）。1985年8月17日，河南省高级人民法院批复同意建立林县林业法庭。林业法庭的人员编制、经费由林县林业局负责。林县人民法院负责业务领导。正、副庭长，审判员，由县人民法院与县林业局充分协商后，依照法律程序，由县人民法院院长提请县人大常委任免；助理审判员、书记员由县人民法院院长任免。1988年6月17日，河南省公安厅、省林业厅印发《关于在山区林业重点县建立林业公安机构的通知》。通知指出：经省政府同意，先在济源县、鲁山县、卢氏县、栾川县、嵩县、南召县、西峡县、桐柏县、新县、商城县、登封县、林县、辉县、灵宝县、陕县、渑池县、汝阳县、宜阳县、洛宁县、确山县、泌阳县、内乡县、淅川县、信阳县、罗山县等25个山区林业重点县设立林业公安机构。林业保卫股受县公安局、林业局的双重领导，它既是林业局的职能机构，又要列入县公安局的序列，业务工作以县公安局领导为主，行政和党团工作由县林业局领导。1990年3月，河南省编制委员会作出《关于省林业厅设立林业公安处的批复》，同意在省林业厅设立林业公安处，列入省公安厅业务处序列，为河南省公安厅十处，实行双重领导。1995年12月，经河南省编制委员会同意，河南省林业厅、公安厅批准在17个市（地）成立林业公安科（处），全省林业公安机构进一步健全。12月21日，河南省公安厅、林业厅印发《关于理顺林业公安管理体制的通知》。明确林业公安机关的性质、职责权限：林业公安机关是公安机关的组成部分，是公安机关派驻林业部门保卫森林资源安全、维护林区社会治安的武装性质的治安行政和刑事执法力量，原则上行使地方同级公安机关的职责和权限。林业公安机关的管理体制：林业公安机关实行“双重领导、以地方为主”的管理体制。各级公安机关既是本级林业主管部门的职能机构，又列入同级公安机关的序列，受本级林业主管部门和公安机关的双重领导。业务上以同级公安机关和上级林业公安机关领导为主，行政上以林业主管部门领导为主。各级林业公安机关纳入同级公安机关编制序列。林业公安机关录用人民警察，主要从公安警察院校毕业生中录取，不足部分从国家统一分配的大中专毕业生、转业军官中按照人民警察的条件通过严格审核，择优录用。各级林业主管部门和公安机关，都要明确一位领导分管林业公安工作。2000 年 8 月，河南省人民政府《关于印发河南省林业厅职能配置、内设机构和人员编制规定的通知》，批准成立河南省林业厅森林公安局。同年 9 月，河南省公安厅发出通知，将原河南省公安厅十处更名为河南省公安厅森林公安局，并对森林公安局的内设机构、主要职责、装备配置等重新予以明确。

【森林公安队伍建设】 1990 年 3 月，河南省林业厅林业公安处成立以后，全省森林公安机关坚持“一手抓队伍，一手抓工作，抓好队伍促工作”和“从严治警、依法治警”的工作方针，内强素质，外树形象，切实加强森林公安队伍建设，全省森林公安队伍的实力得到不断增强。1990 年以来，河南省林业厅林业公安处在全省林业公安系统连续开展立功创模活动，及时发现和树立先进典型，并予以表彰，先后树立了“二级英模”佟立华，全国优秀人民警察、二等功臣黄长英等一批先进人物，充分发挥其模范带头作用。1993 年 6 月 17 日，全省林业系统人民警察首批授衔仪式在郑州举行。河南省林业厅厅长马新高、副厅长关耀信，省公安厅副厅长雷庆同、政治部副主任张承锋为 279 名林业公安干警授予警衔。1993 年 6 月 29 日，河南省人事厅、河南省公安厅、河南省司法厅、河南省林业厅、河南省人民检察院、河南省高级人民法院联合印发《关于按照吸收录用干部程序录用人民警察的实施意见》，河南省林业厅建立了林业系统招收录用人民警察办公室，组织林业系统 447 名以工代警人员参加招警考试，首批录用 120 名。1998 年 2 月 10 日，河南省林业厅林业公安处发出《关于开展“民警素质年”活动的通知》，在全省森林公安机关开展了“民警素质年”活动，组织森林公安民警学政治、学业务、学法律、大练基本功，取得了显著成效。1998 年 12 月 6 日至 20 日，河南省林业厅林业公安处分两批组织全省森林公安民警在洛阳林校进行了基本素质考试，及格率达到 98.5%。1999 年 7 月 6 日，为进一步加强林业公安队伍建设和林业公安工作，强化林业公安内部监督制约机制，河南省林业厅决定成立河南省林业公安督察委员会。督察委员会成员由公安部统一制发证件，按照《公安机关督察条例》的规定，负责对全省林业公安机关及其人民警察依法履行职责、行驶职权和遵守纪律的情况进行监督。1990 ~ 2000 年，全省新增森林公安机构 115 个，增加警力 673 人，全省森林公安系统共有 21 名民警和 25 个集体分别被公安部、林业部评为全国优秀人民警察和先进集体，131 个(次)集体和 203 人次受到河南省综合治理委员会和林业厅、公安厅的表彰，182 个(次)单位荣立一、二、三等功，287 人次荣立个人二、三等功，一名民警被授予二级英模光荣称号。

【森林公安业务工作】　河南省省级森林公安机关组建以后,紧密结合全省森林资源保护中出现的新形势,不间断地开展了一系列专项斗争和区域会战,取得了显著成果。1994 年 10 月至 12 月,河南省林业厅、公安厅、高级法院、检察院联合开展了打击破坏森林资源违法犯罪活动的专项斗争,共查处各种森林案件 1 695 起,打击处理违法犯罪分子 2 256 人,追缴木材 1 743 立方米,查获野生动物 3 164 只(头),挽回经济损失 96 万元。1998 年 11 月至 1999 年 1 月,河南省公、检、法、监察、林业五部门组成 6 个检查组对全省 18 个市(地)林业严打工作进行重点检查,督促重大疑难案件的处理,共查处各类森林案件 3 587 起,其中刑事案件 168 起,治安案件 236 起,林业行政案件 3 183 起,打击处理违法犯罪分子 4 763 人,追缴木材 8 216 立方米,查获野生动物 24 762 只(头),收回国有林地 70 公顷,挽回经济损失 384 万元。2000 年 1 月 21 日,许昌县森林公安派出所查破一起非法运输国家二级保护野生动物猕猴案,当场抓获犯罪嫌疑人 3 名,查扣猕猴 99 只。经河南省森林公安机关进一步查证,此案涉及全国 13 个省(市、区)22 个县(市),涉案 30 余人,倒卖猕猴 2 168 只,5 名主要犯罪分子分别被判处有期徒刑并处罚金。2000 年 3 月 3 日零点,河南省森林公安机关发起代号为“中原绿剑 1 号行动”的春季严打专项斗争,共查处破坏野生动物资源案件和毁林案件 235 起,打击处理违法犯罪分子 2 240人,查获各类野生动物 14 961 只(头),其中国家一级保护动物 268 只,国家二级保护动物 185 只。依法取缔非法驯养场 17 个,收缴猎捕工具 743 件;收缴木材 2 892 立方米,挽回经济损失 377. 1 万元。2000 年 6 月,河南省森林公安局直接指挥,处置了开封市国有西寨林场马房分场林地被毁的恶性案件,使犯罪分子受到了惩处。2000 年 12 月,全省森林公安机关开展了旨在打击天然林保护区涉林违法犯罪行为的“天保行动”,共查处各类案件 498 起,处理违法犯罪人员 710 人次,收缴木材 1 764 立方米,罚款 123. 5 万元,清理整顿非法木材市场及加工厂点 82 个,摧毁非法炭窑 47 处;查获各类野生动物 10 532 只(头),挽回经济损失 643 万元。1990 ~ 2000 年,全省森林公安机关共查处各类林业案件 3. 5 万余起,打击处理违法犯罪分子 75 630 人,追缴木材 10 万余立方米,查获野生动物 127 万余头(只),为国家挽回直接经济损失 5 370 余万元。

【森林公安装备建设】　从 1996 年起,河南省森林公安系统组织实施了《全省林业公安机关 1996 ~ 2000 年装备建设规划》,按照国家森林公安局规定标准配置刑侦、通信器材设备和交通工具,开通有线、无线通信,建成省与市(地)、市(地)与县、县与林场(林区)的有线、无线通信组网,形成点、线、面相配套的指挥通信网络。同时,按照上级颁布的有关装备设施标准完成相应的建筑施工项目,配置办公设备,改善办公条件。1996 年 2 月,河南省林业厅、公安厅在桐柏县召开全省林业公安装备会议及正规化建设现场会,推广南阳市林业公安机关装备达标及标准化建设的先进经验。同年 11 月,河南省林业厅、公安厅联合在焦作市召开全省林业公安工作会议,林业部公安局、河南省委政法委、公安厅、林业厅的领导到会指导,地(市)、县(市、区)公安处(局)长、林业部门主抓林业公安工作的局长、林业公安科科长、林业派出所所长等共 300 余人参加了会议。会议全面总结了全省近几年来的林业公安工作,并对搞好基层装备设施建设作了部署。全省林业公安机关通过建章立制、完善设施、落实制度,截至 2000 年底,共配备业务用车近 400 台;电脑、传真机共 338 台,有线、无线电话 700 余部;森林刑事勘查器材 165 个(件);各类枪支、警械 2 600 余支(件)。经检查,全省 185 个森林公安机构有 157 个达到部颁标准,占机构总数的 85%。

第三节　森林防火

【森林防火简述】　1981 年 2 月 19 日,《河南日报》发表消息,报道济源、嵩县、鲁山、桐柏、方城、镇平、信阳 、叶县、渑池、新安、南召、泌阳、确山等县一些林区发生山林火灾情况。据统计,从 1980 年 11 月下旬至 1981 年 1 月底,这些林区先后发生山林火灾 20 多起,成灾面积 800 多公顷,烧毁树木 78 万多株,给国家和集体造成很大损失。为了保护国家和人民财产安全,使森林资源免遭破坏,省人民政府发出通报,要求各地特别是林区,认真做好护林防火工作,迅速建立健全护林防火组织,严格执行防火法规,划分责任,订立公约,处理积案。1983 年 3 月 2 日,河南省林业厅发出《关于加强护林防火的紧急通知》,要求各地把护林防火工作真正摆上议事日程,加强领导,抓紧处理各种火灾事故。1985 年 2 月 14 日,河南省绿化委员会发出《关于及时上报山林火灾的通知》,要求对发生的山林火灾要及时查明原因、损失和处理情况,如实逐项填写《山林火灾情况报告表》,并作出详细的书面报告;再发生山林火灾,哪一级不如实上报,就追究哪一级责任。1987 年 10 月 10 日,河南省政府副省长、省人民政府护林防火指挥部指挥长刘玉洁主持召开了省护林防火指挥部首次全体会议。18 位指挥部成员和防火办公室的工作人员及新闻单位记者共 26 人参加。会议原则通过了《河南省人民政府关于加强森林防火工作的布告》,确定每年11月1日至翌年4月30日为河南省的森林防火期。1988年12月，河南省人民政府颁布了《河南省〈森林防火条例〉实施办法》，发布了护林防火布告，并相继出台了《河南省护林防火指挥部成员单位职责范围和工作制度》和《森林火灾报告制度》等。各地也明确了森林防火的有关制度和管理办法，严格了林区的火源管理。1990年初，河南省政府批准实施《1989～1992年森林防火基础设施建设规划》，每年拨出专项资金用于森林防火基础设施建设。从1990年开始，河南省护林防火指挥部办公室在组织全省县级以上单位编制《森林防火十年规划和"八五"计划》的基础上，加强了林火预测预报、监测瞭望、阻火隔离、通信联络及扑火机具等基础设施建设。1991年4月12日，在国家森林防火总指挥部办公室公布的第一批重点森林火险县级单位名单中，河南省的嵩县、内乡县、新县、西峡县、南召县、栾川县、洛宁县、灵宝县、鲁山县、卢氏县被列入第一批重点森林火险县级单位。6月17日，河南省人民政府护林防火指挥部、河南省军区司令部、河南省林业厅联合转发国家森林防火总指挥部、总参谋部、林业部《关于组织林区民兵参加森林防火工作的通知》（国森防[1991]1号文），要求切实做好并组织林区民兵参加森林防火工作。1992年3月下旬，河南省政府护林防火指挥部、省教委、省林业厅联合发出通知，要求在全省广大林区学校开展森林防火教育。通知指出：林区中小学校要在每年的森林防火期，安排一定时间对学生进行森林防火教育，由有一定森林防火知识的人员授课；要有计划地组织学生开展森林防火有关知识宣传，提高人们的防火意识；发现森林火灾，广大中小学生要及时向当地行政领导部门或森林防火部门报告。并规定，未满16岁的学生不得直接参与扑火。1992年后，河南省护林防火指挥部办公室连续在全省组织开展了争创无森林火灾单位活动和县级以上护林防火办公室规范化建设达标活动。1995年开始，全省各级陆续编制和实施了生物防火林带工程建设规划和专业消防队伍建设规划。1998年以后，突出抓好森林防火火源管理，重点开展了五个方面的工作：一是强化以森林防火行政领导负责制为核心的各项责任制的落实，先后在全省推广了驻马店市行政领导和有关部门领导检查森林防火工作记录卡制度、禹州市各级行政领导交纳森林防火抵押金制度、焦作市森林防火目标管理百分考核制度和栾川县党委、政府一把手森林防火负总责制度等；河南省政府每年都与各市（地）政府（行署）签订森林防火责任书，在森林火灾发生率、受害率、控制率、火案查处率及基础设施建设等方面规定了具体的责任目标，从省直单位抓起，明确了省政府护林防火指挥部各有关单位的具体责任，划分了森林防火责任区。二是以国有林场和林业企业为依托，建立了63支专业森林消防队；同时，进一步加大了以基干民兵为主体的森林防火救灾应急分队建设和军民联防工作，在重点乡镇组建了 96 支、3 100 多人的森林防火民兵应急分队。为发挥林区驻军在扑火救灾中的作用，25 个重点林区县建立了森林防火联防组织。三是狠抓了县级以上森林防火指挥部办公室的规范化建设，重新修订了县级以上森林防火指挥部办公室业务建设标准，从组织、制度、设施设备、内务管理等方面作了进一步的规范和完善。不少市、县（市、区）重新绘制了森林火险区划图，修订了森林火灾扑救预案，制作了森林火灾扑救作战图或指挥沙盘，提高了“三室一库”①的建设标准。四是逐步推进了以生物防火林带为主体的阻火隔离工程建设。五是加强了重点火险区的综合治理。1998 年 12 月 7 日，《河南省人民政府护林防火指挥部成员单位森林防火职责》经全省森林资源保护协调会讨论通过，正式印发，要求各有关部门要在党委、政府的统一领导下，各司其职，各负其责，同心协力，共同做好森林防火工作。1999 年，在总结以往经验的基础上，经过反复酝酿讨论，并经河南省政府护林防火指挥部第十二次全体会议通过，河南省政府护林防火指挥部下发了《关于进一步落实森林防火行政领导负责制的决定》，从森林防火宣传教育、工作检查、基础设施建设、扑火指挥等方面，规定了各级政府和有关部门主要领导的责任。同年，河南省政府印发的《河南省林业生态工程建设规划》，对森林防火提出了明确要求，规划到 2010 年，全省林火预测预报准确率达到 90%，火情监测瞭望覆盖率达到 90%，通信联络覆盖率达到 85%，阻火隔离网络覆盖率达到 80%，建成省、市、县三级森林资源监测网络，全省森林防火工作进入了全面、规范发展的轨道。1996～2000 年，全省年均发生森林火灾 59 次，受害森林面积下降到 237 公顷，森林受害率 0.1‰，分别比 1987 年前减少了 70.5%、94.7% 和 98.8%；森林火灾控制率由每次 50.5 公顷提高到每次 4.0 公顷，平均每年减少森林损失 9 800 多公顷。

【组织指挥体系建设】 1976 年 2 月至 1984 年 3 月，河南省的森林防火工作由河南省护林防火和森林资源清查领导小组领导，中共河南省委书记李庆伟任组长，省军区副司令员肖剑波、省农委副主任刘应祥、省林业厅副厅长张士修任副组长。1984 年 3 月，河南省政府决定，护林防火工作由河南省绿化委员会领导。河南省绿化委员会内设护林防火办公室（办公地址在河南省林业厅），由河南省绿化委员会委员、省林业厅副厅长关耀信兼任护林防火办公室主任。各地（市）、县（市、区）均在绿化委员会内设立相应的护林防火办事机

① 指挥室、办公室、值班室、储备库。

构。1987年大兴安岭特大森林火灾发生后,河南省政府进一步加强了对森林防火工作的领导,于7月29日成立了河南省护林防火指挥部,副省长刘玉洁任指挥长。其后,宋照肃、李成玉、张以祥、王明义等省政府领导先后担任省护林防火指挥部指挥长,省军区、林业、公安、农牧、铁路、司法、交通、邮电、民航、物资、气象、卫生、商业、民政、城建等部门的负责人为成员。指挥部下设办公室,作为省政府护林防火的常设机构,核定编制8人,挂靠在河南省林业厅,负责全省森林防火的组织、协调、监督、检查等日常管理工作。1988年后,全省82个县级以上行政单位、604个乡级行政单位相继建立了由政府主要领导任指挥长的护林防火指挥部,并设立了护林防火办公室。1988~1990年,全省森林防火任务较大的12个市(地)和68个山区、半山区县(市、区),604个乡(镇)和国营林场也相继成立或恢复了由政府(单位)主要领导任指挥长的护林防火指挥部。至2000年,全省县级以上护林防火指挥部机构达到84个、成员1 492人,各级护林防火办公室工作人员316人。

【专业森林消防队建设】　1995年全国专业森林消防队建设现场会议之后,河南省制定了《河南省专业消防队建设标准》,在队员的基本条件、队伍建制、装备、生产基地建设及组织管理等方面提出了明确要求。按照"以场建队、队建基地、以劳养武、劳武结合"的原则,通过制定标准、抓好试点、召开会议、督促检查、严格验收等一系列措施,推动了全省专业森林消防队伍建设。至1996年底,全省以国有林场和林业企业为依托,建立专业森林消防队63支,队员达到1 449人。专业森林消防队多数以种植、养殖、加工等经济实体为生产基地,集中生产,集中食宿,统一训练,每年集中训练时间不少于2个月。为提高专业森林消防队的整体素质,河南省护林防火指挥部办公室先后举办了3期专业森林消防队队长培训班,使全省专业森林消防队的186名正副队长全部轮训一遍,并做到持证上岗。1997年9月1日,为进一步提高河南省专业森林消防队伍的综合素质和整体水平,增强防火、扑火的综合控制能力,河南省林业厅印发了《专业森林消防队伍建设标准》。该标准将专业森林消防队伍分为一、二、三级,实行百分制考核。对通过省护林防火指挥部护林防火办公室验收认定的,发给证书,并采用以投代奖的方式进行奖励。对升为一级队的奖励2万元,依次递增2万元。要求奖金只能用在森林防火基础设施建设上。同时,又多方筹措资金扶持森林消防队的生产基地建设,使多数队伍得到了巩固,提高了全省森林火灾的控制能力。1998年,经国家林业局组织检查验收,河南省专业森林消防队建设被评为一等奖。至2000年,全省63支专业森林消防队队员发展到1 732人;建立义务扑火队5 126个,义务扑火队员达到14

万人。

【生物防火林带建设】 从1995年开始,河南省护林防火指挥部在组织全省县级以上单位编制生物防火林带工程建设规划的基础上,着力推进生物防火林带工程建设。7月18日,河南省林业厅成立河南省生物防火林带工程建设规划领导小组,负责组织全省生物防火林带工程建设规划的编制工作。规划领导小组办公室设在省护林防火办公室,工作人员由省林业勘察设计院和省护林防火办公室抽调人员组成,负责规划工作的具体事宜。河南省护林防火指挥部办公室与河南农业大学等单位协作攻关,完成了《河南省防火树种选择及防火林带系统研究》省级科研项目,筛选出60多个河南适宜的防火树种。按照国家护林防火指挥部办公室的统一部署,建立防火苗木繁育基地2个,培育各类防火苗木13.33公顷,生产苗木280多万株;在栾川、桐柏、林州、确山等县(市)实施了23个生物防火林带建设试点工程,营建各类防火试验林带630多公里。截至2000年底,全省共营建各类生物防火林带7 610多公里,开辟防火道3 500多公里,砌筑防火石墙300多公里。

【基础设施建设】 1987年大兴安岭特大森林火灾发生之后,国家加大了对森林防火基础设施建设投资的力度。1989年以后,国家平均每年向河南省下拨森林防火基建经费60万元,省级配套200万元,市(地)及以下各级自筹100万~200万元,这些资金80%用于森林防火基础设施建设和专业森林消防队伍建设,20%用于森林防火宣传教育、职工培训和防火机构的内业建设。1990年2月9日,河南省政府原则同意《河南省1989~1992年森林防火基础设施建设规划》,并同意配套资金落实意见。规划明确了全省森林防火瞭望网、防火隔离带、防护林带、无线通信网、对讲机、传真机、森林防火车辆和风力灭火机等基础设施设备建设的内容及投资,4年完成投资3 600万元,请求国家每年补助100万元,按国家:省:市(地)、县1:2:4的比例配套,每年省投资200万元,市(地)、县投资600万元。截至2000年底,全省共建立防火瞭望台240座、入山检查站1 128座、林区气象站17座,营建防火隔离带8 900公里,累计购置无线电台600台、对讲机2 100部、风力灭火机1 300台、扑火工具6.9万把(套)、森林消防车344辆等,建立扑火物资储备库118座以及卫星林火监测信息网络终端等,增强了预防和控制森林火灾的综合能力。

【重点火险区综合治理】 河南省伏牛山区是黄河和长江中上游一、二级支流的重要发源地,也是河南省森林资源分布的重点地区,这一地区集中了全省60%的森林资源,而且多为珍贵的天然林和经济价值较高的针叶林。历史上河南全省70%以上的森林火灾、90%的重大森林火灾均发生在本区域。鉴于河南省伏牛山区森林资源保护工作的特殊地位,1997 年下半年,河南省护林防火指挥部办公室开始着手该区森林防火现状调查及综合治理规划的编制工作。1998 年初,首先完成了河南省伏牛山区 10 个国家级重点火险县的森林扑火综合保障体系建设规划,明确了火情监测、信息传递、扑火指挥、兵力调配、后勤保障、火场看守、火灾调查等各个环节的建设标准和保障措施,并结合火险区划,组织有关县制订了 2～3 套扑火预案。1999 年,投资 60 多万元,实施了河南省伏牛山区重点火险区的火场通信联网工程。2000 年,建立了 20 处森林防火无线通信中继站,相继组织实施了林火卫星监测传输网络工程和扑火物资储备工程,提高了该区森林火灾的预防扑救能力。

【鲁山森林大火】　1987 年 12 月 25 日,鲁山县发生山林大火。火灾持续燃烧 5 天 4 夜,过火总面积 360 多公顷(其中:鲁山县 266.67 公顷,南召县 48.67 公顷,内乡县 45.33 公顷)。这起森林火灾是上山群众生火做饭未彻底熄灭火源引起的。火灾发生后,中共河南省委、河南省人民政府高度重视,多次召开会议,部署森林火灾扑救和救援工作。河南省委副书记胡笑云,省政府副省长刘玉洁,省军区司令员战景武、副司令员王英洲及省林业厅、公安厅等领导亲临火场,坐镇指挥。中共中央、国务院始终关注着火情动态,中央领导乔石、田纪云、陈俊生等多次打电话询问火情及扑救情况,及时作出指示。中国人民解放军总参谋部、林业部和济南军区的有关领导也亲赴火场指挥扑救森林火灾。沈阳军区、海军航空兵司令部派出飞机运送救灾物资,吉林、陕西等省(区)送来了灭火机具,驻豫部队提供了 200 多辆汽车和通信设备。在整个森林火灾扑救过程中,参与军民人数达 5 500 多人次,动用飞机 3 架、各类车辆 449 辆,运送各类救火物资数百吨。

第四节　森林病虫害防治检疫

【森林病虫害防治检疫简述】　1978～1987 年,全省森林病虫害发生面积呈逐渐上升趋势,由每年的 17.33 万公顷逐步上升至 29.8 万公顷。这一时期,森林病虫害防治工作主要由林业部门组织,防治措施主要是开展飞机防治,同时对马尾松毛虫、榆兰叶甲、枣飞象等森林病虫害开展了综合治理工作。由于森林病虫害发生面积逐年增多,造成的危害逐年加大,因此森林病虫害防治工作逐步引起了各级政府和广大干部群众的重视。各地林业部门认真贯彻《中华人民共和国森林病虫害防治条例》,切实加大森林病虫害防治工作的宣传,精心组织防治工作,防治投入逐年增加,森林病虫害发生蔓延的趋势得到了及时控制。从 1992 年开始,全省实行森林病虫害防治目标管理责任制,强化了各级政府对防治工作的领导责任,提出了“一降三提高”①的总体要求,全省森林病虫害发生面积持续下降。1999 年,河南省政府印发的《河南省林业生态工程建设规划》,要求各地高度重视并切实加强大面积常发性森林病虫害的综合治理、重大检疫性森林病虫害的预防和除治,全省森林病虫害防治检疫工作开始向预防为主、综合防治迈进。森林病虫害综合治理措施的应用,提高了林木自身抗御病虫害的能力,保护了生物多样性,开创了河南省可持续控制森林病虫害的新局面。据统计,1992 ~ 2000 年,全省结合森林病虫害防治开展封山育林 21.33 万公顷,营造混交林 58 万公顷,营造防虫隔离带 1 300 公里,开展生物防治 37.33 万公顷。

河南省森林植物检疫工作,从 20 世纪 70 年代末开始在全省展开。1979 年 12 月,河南省林业厅在鄢陵县举办了 110 人参加的全省森林植物检疫师资训练班,并召开了全省森林植物检疫经验交流会。1984 年 1 月,河南省林业厅在郑州市召开全省森林植物检疫工作会议,贯彻交通部等六部委关于加强森林植物检疫工作的联合通知和《植物检疫条例实施细则(林业部分)》。1985 年河南省林业厅批准专职森林植物检疫员 196 人。同年,河南省农业厅和林业厅联合在 27 个县(市、区)组织开展了美国白蛾普查工作。1986 年,在全省开展了森林植物检疫对象普查,发现国内检疫对象 9 种,确定了河南省补充检疫对象名单。1987 年 6 月,河南省政府批准发布了《河南省森林植物检疫实施办法》;同年 9 月,河南省林业厅批准南阳、信阳、驻马店、周口、商丘、洛阳、安阳等 7 个地(市)执行出省森林植物检疫任务。1988 年 6 月,河南省林业厅发布了《河南省森林植物检疫对象和应施检疫森林植物补充名单》。1989 年 6 月,林业部印发了《国内森林植物检疫技术规程》。进入 20 世纪 90 年代后,随着森林植物检疫法律法规的逐步健全,全省森林植物检疫工作不断加强。1992 年开始,河南省全面开展了产地检疫工作,将种苗产地检疫率纳入森林病虫害防治目标管理,强化了产地检疫合格证制度,对危险性病虫害实行源头管理,规定带疫苗木不能出圃、不能用于工程造林。同时开展了无检疫对象苗圃建设,加强了出省调运检疫工作。南阳、许昌、焦作及宝丰、西峡、孟津、卢氏、沁阳等市、县进驻车站、木材检查站、货场、果品市场等开展森林植物检疫工作。1993 年对豫南马尾松分布区开展了松材线虫病普查工作。至 2000 年,全省已批准专职森林植物检疫员 636 人,委托 67 个市、县开展出省

① 森林病虫害发生率逐年下降,防治率、监测覆盖率、种苗产地检疫率逐年提高。

森林植物检疫工作。

森林病虫害预测预报工作是森林病虫害防治工作的基础,是各级森林病虫害防治检疫机构的首要职责。1978～1995年,由于机构变更等历史原因,森林病虫害监测较为粗放,处于有明显灾害发生才进行调查监测的状况。1996年,河南省森林病虫害防治检疫站成立后,逐步建立健全了全省森林病虫害防治检疫机构,通过一手抓测报网络和硬件建设、一手抓测报人员素质和测报技术的提高等措施,使森林病虫害监测工作向规范化方向迈进,全省森林病虫害预测预报水平有了较大提高。至2000年,全省有专职测报员382人,兼职测报员1 891人,建立测报站点1 400个,初步形成了省、市、县、乡四级森林病虫害监测体系。

在搞好森林病虫害防治、检疫、预测预报的同时,河南省还加强了森林病虫害防治技术的研究和推广工作。1980～1983年,河南省林业厅等有关部门组织开展了全省森林病虫害普查工作,较为全面地掌握了全省森林病虫害的种类及分布情况。1987年后,各地林业部门着力加强了森林病虫害防治技术的研究。1989～1991年,河南省林业技术推广站、周口地区林业技术推广站、许昌市林业技术推广站等14个单位联合组成大袋蛾综合防治协作组,在周口地区的沈丘和许昌市的禹州等6县2市1区,对23.97万公顷泡桐林分内发生的大袋蛾开展了综合防治技术研究,取得了显著成绩。经专家评审,该项目研究成果居国内领先水平,获河南省科技进步二等奖。1996～1998年,河南省森林病虫害防治检疫站、商丘市森林病虫害防治检疫站、开封市森林病虫害防治检疫站等17个单位的专家组成项目协作组,在开封、商丘、周口3市(地)的兰考、民权、扶沟等12个县(区)对22.89万公顷泡桐林内发生的泡桐叶甲展开防治技术研究,取得重大成效。该成果获河南省林业厅科技进步一等奖、河南省科技进步二等奖、国家林业局科技进步三等奖。从1998年开始,河南省森林病虫害防治检疫站与许昌、焦作、南阳等地协作,相继组织实施了"利用NPV和BT制剂防治大袋蛾试验研究"、"桑天牛光肩星天牛综合控制新技术推广"、"河南昆虫鉴定与区系研究"3个科研项目,并已取得阶段性成果。

【森林病虫害防治体系建设】 1978年3月,河南省林业技术指导站改为河南省林业技术推广站,原河南省林业技术指导站森林保护组改为森林保护科,正科级建制,编制9人。1980年,全省10个地区、1个市和15个县建立了森林病虫害防治检疫站。1985年,河南省林业技术推广站内设河南省森林病虫害防治检疫站。1991年,林业部要求加强森林病虫害防治管理体系建设,河南各地认真贯彻林业部的通知要求，逐步加强了森林病虫害防治管理体系的建设。1995 年 12 月，河南省森林病虫害防治检疫站从河南省林业技术推广站中独立出来，为正处级事业单位，编制 15 人。至 1996 年，全省省、市、县三级森林病虫害防治检疫机构增加到 131 个，其中省级 1 个、市(地)级 17 个、县级 113 个；共有工作人员 668 人，其中高级职称 39 人、中级职称 206 人、初级职称 231 人；有专职检疫员 559 人。河南省森林病虫害防治检疫站成立后，进一步加强了全省森林病虫害防治体系的建设工作。1997 年 7 月，河南省林业厅印发市(地)、县森林病虫害防治检疫站建设标准，将森林病虫害防治检疫站标准化建设纳入森林病虫害防治目标管理。1999 年，国家林业局制定了国家级森林病虫害防治检疫站建设标准，并印发了《关于建立国家级森林病虫害防治检疫标准站的通知》。至 2000 年，河南全省 131 个森林病虫害防治检疫站中，建成省级标准站的有 42 个，其中达到国家级建设标准的 6 个；有从事森林病虫害防治检疫工作人员 716 人，其中高级职称 68 人、中级职称 231 人、初级职称 253 人；有专职检疫员 675 人；确立省级中心测报点 14 个，省、市联合组建机动防治专业队 20 个。

【森林病虫害防治】 1978 ~1983 年，河南省森林病虫害年均发生面积比较稳定，主要病虫害为马尾松毛虫、木橑尺蠖、榆兰叶甲、杨梢叶甲、刺槐尺蠖、大袋蛾等。从 1984 年起，全省森林病虫害年发生面积上升趋势明显，至 1987 年，全省森林病虫害发生面积达 29. 8 万公顷，与 1980 年相比，上升了 1 倍，其中主要是泡桐丛枝病、大袋蛾、泡桐叶甲发生面积的增加。1978 ~1987 年，各级政府和林业主管部门重点抓了马尾松毛虫、木橑尺蠖、榆兰叶甲、刺槐尺蠖、泡桐丛枝病及主要经济林病虫害的防治工作，每年防治面积约 13. 33 万公顷，其中，飞机防治面积平均每年 2. 67 万公顷，较好地控制了主要森林病虫灾害的发生。从 1988 年起，泡桐丛枝病、大袋蛾大面积暴发，其中大袋蛾单虫发生面积达到 66. 67 万公顷(平原泡桐农田林网和农林间作按 300 株折合 1 公顷)。进入 20 世纪 90 年代，全省杨树栽植面积逐年增加，杨树病虫害发生面积呈逐年上升趋势，至 1998 年，杨小舟蛾、杨扇舟蛾在全省暴发成灾，发生面积达 22 万公顷。同年，被称为“北方松材线虫病”的红脂大小蠹由山西传入河南省太行山区。1999 年，河南省林业厅启动了杨树食叶害虫工程治理项目，集中人力、物力、财力，对国道、省道等重点部位进行重点防治，基本控制了杨树食叶害虫的大发生势头。2000 年，红脂大小蠹工程治理项目被列为国家林业局六大森林病虫害工程治理项目之一，由财政部拨专款进行专项治理。至 2000 年，全省森林病虫害发生面积由 1991 年的 98. 4 万公顷下降至 62. 47

万公顷。

〖化学防治〗　1978年以后,河南省森林病虫害化学防治经历了两个发展阶段。20世纪80年代,主要采用高效、广谱性杀虫、杀菌剂,如:榆兰叶甲采用根施呋喃丹的方法进行防治,大袋蛾等食叶害虫采用叶面喷洒3911、甲胺磷、久效磷、氧化乐果等化学农药进行防治。据1988年统计,全省防治森林病虫害共使用有机磷类农药377吨、菊酯类农药85吨。20世纪90年代前期,河南省主要选用如马拉硫磷、杀螟松、敌百虫、DM烟剂等高效、低毒、环保型药剂防治森林病虫害,逐步减少了高毒、广普性药剂的使用,同时改进了使用办法,使用甲胺磷等高毒、广谱性药剂时,主要采用根际注药方式,以减少危害。

〖生物防治〗　1978~1988年,新县林场采用繁殖、释放赤眼蜂、罗山董寨林场采用悬挂鸟巢招引益鸟的方法防治马尾松毛虫,均收到了良好的防治效果。信阳地区林业技术指导站在全区推广喷施松毛虫CPV病毒与白僵菌混合制剂技术,采用以菌治虫的方法防治马尾松毛虫。1985年以来,河南省在豫南马尾松毛虫、豫东大袋蛾、泡桐叶甲及全省性杨树食叶害虫防治中,广泛推广应用灭幼脲Ⅲ号、苯氧威等仿生制剂防治森林病虫害。1987年以来,在大别、桐柏、伏牛、太行山区等地开展封山育林,对泡桐、杨树、马尾松等人工纯林进行改造,在平原地区营造生物隔离带等,通过采取天敌释放、喷施生物制剂和营林措施等方式,改善了林分结构,维护了生态平衡,提高了森林抗御病虫灾害的能力。

〖综合防治〗　1978年以来,河南省各地采取物理、化学、人工、生物、营林等措施,对主要森林病虫害积极开展综合治理工作,取得了较好的森林病虫害控灾效果。20世纪80年代初期,信阳、南阳、驻马店3地区采用封山育林措施,特别是桐柏县、信阳县及新县林场、罗山县董寨林场,长期坚持采用综合防治措施,使马尾松毛虫暴发周期由4~5年延长至10~20年。80年代中期,河南省林业厅在信阳、南阳、驻马店3地区开展了马尾松毛虫综合治理项目研究和灾害治理工作。桐柏县、信阳县、新县林场、罗山董寨林场等地近20年未出现马尾松毛虫暴发成灾的现象。

20世纪80年代中后期,随着全省泡桐栽植面积的迅速增加,泡桐叶甲、大袋蛾发生面积逐步增大。1983年后,泡桐叶甲在洛阳、三门峡、平顶山、南阳等地浅山丘陵区严重发生,1989年后,泡桐叶甲在豫东平原地区发生,1995年全省发生面积达9.33万公顷。至1989年,大袋蛾危害泡桐达2亿株,涉及80余县。灾情引起了国务院、河南省委和河南省政府领导的高度重视,河南省林业厅加大综合防治力度，于 1989 ~ 1991 年，在周口、许昌 2 市开展了综合防治工作，采用纯林改造，营造桐楝（泡桐与苦楝）、桐杨（泡桐与杨树）、桐槐（泡桐与刺槐）混交林和防虫隔离带，人工摘除虫袋，喷洒灭幼脲Ⅲ号、BT 和 NPV 制剂等措施，保护了天敌，取得了较好的控灾效果。至 1996 年，该虫害在全省得到基本控制。同年，河南省林业厅成立了“泡桐叶甲综合治理技术研究”协作组，在商丘、周口、开封 3 市对泡桐叶甲进行综合控制技术研究，采用纯林改造、营造混交林或防虫隔离带、人工捕捉、喷洒灭幼脲Ⅲ号等措施，对泡桐叶甲进行综合控制。至 1999 年，全省泡桐叶甲全面得到控制，年发生面积 0. 13 万公顷，处于有虫不成灾状态。

20 世纪 90 年代以来，全省杨树栽植面积日益增大，杨树食叶害虫发生越来越严重。至 1998 年，杨树食叶害虫全省性暴发成灾，发生面积超过 20 万公顷。灾情发生后，河南省委书记马忠臣、省长李克强、副省长王明义、国家林业局局长王志宝先后作出批示，要求采取得力措施，尽快控制其危害。1999 年，河南省林业厅启动了杨树食叶害虫综合控制技术组装配套研究项目，以杨小舟蛾、杨扇舟蛾为重点治理对象，在南阳、许昌、周口、开封、焦作 5 市进行协作攻关，至 2000 年，已取得阶段性成果，有效控制了杨树食叶害虫在 5 市的危害。

1998 年，红脂大小蠹由山西传入河南，主要分布于安阳市林州市、焦作市修武县、新乡市辉县市和济源市。2000 年，国家林业局启动大小蠹工程治理项目，在晋、冀、豫 3 省对大小蠹进行联合治理，经过项目实施，控制了发生范围，遏制了其传播蔓延的势头。

【森林植物检疫】　森林植物检疫主要包括检疫法规、检疫员队伍建设、检疫对象普查、调运检疫、产地检疫和复检等工作。1979 年 12 月，河南省林业厅颁布了《河南省森林植物检疫试行办法（草稿）》，拟定中华松针蚧、油松球蚜、杨树根瘤病、枣龟蜡蚧壳虫、白杨透翅蛾、紫穗槐豆象、泡桐根结线虫病、黄斑星天牛、青杨枝天牛、华山松疱锈病、杨树花叶病等 11 种森林病虫为河南省补充森林植物检疫对象。1987 年 6 月，河南省政府批准发布了《河南省森林植物检疫实施办法》，这是河南省第一部关于森林植物检疫的地方性行政规章。1988 年 6 月，根据《河南省森林植物检疫实施办法》的规定，河南省林业厅发布了河南省森林植物检疫对象和应施检疫森林植物补充名单，规定中华松针蚣、油松球蚜、杨树根瘤病、日本龟蜡阶、泡桐根结线虫病、黄斑星天牛等 6 森林病虫为河南省补充森林植物检疫对象。1994 年 7 月，林业部修订发布了《植物检疫条例实施细则（林业部分）》。根据该实施细则的有关规定，河南省政府办公厅下发了《关于加强森林植物检疫工作的通知》。通知规定，应施检疫的森林植物及其产品包括：林木种子、苗木和其他繁殖材料；乔木、灌木、竹类、花卉和其他森林植物；木材、竹材、药材、果品、盆景和其他林产品。1998～2000年，讨论、修改、论证了《河南省植物检疫条例》。

1985年，河南省林业厅、农业厅联合在27个市、县对美国白蛾进行了普查，未发现美国白蛾传入河南。1986年，河南省林业厅在全省范围内组织开展了国内森林植物检疫对象普查工作，共采集标本351号次，基本查清了国内森林植物检疫对象在河南省的种类、分布范围、发生面积、危害程度，绘制了河南省森林植物检疫对象分布图。发现国内9种森林植物检疫对象，分别为泡桐丛枝病、白杨透翅蛾、枣疯病、杨树花叶病、紫穗槐豆象、黄连本种子小蜂、松疱锈病、板栗疫病和国外松褐斑病；发现6种河南省补充森林植物检疫对象，分别为日本龟蜡蚧、中华松针蚧、油松球蚜、黄斑星天牛、泡桐根结线虫病和毛白杨根瘤病。1993年5月3日，河南省林业厅成立由生产、教学、科研等单位参加的河南省松材线虫病普查领导小组。组长由副厅长王庭训担任，副组长由省林业站负责人担任。根据林业部要求，河南省林业厅在豫南马尾松林区进行了松材线虫病专项调查，未发现松材线虫病传入河南。1998年9月至2000年10月，河南省林业厅在全省范围内开展了森林植物检疫对象普查，采集标本1 401号次，查明全省共分布有11种国内森林植物检疫对象和4种省内补充森林植物检疫对象，分别是：黄斑星天牛、锈色粒肩天牛、双条杉天牛、苹果绵蚜、梨圆蚧、枣大球蚧、冠瘿病、板栗疫病、松疱锈病、松针褐斑病、杨树花叶病毒病和中华松针蚧、日本龟蜡蚧、油松球蚜、泡桐根结线虫病。通过普查，基本查清了国内森林植物检疫对象在河南省的种类、分布、发生面积与危害程度、寄主植物，绘制了河南省森林植物检疫对象分布示意图和河南省补充森林植物检疫对象分布示意图。2000年秋季，根据国家林业局的要求，河南省林业厅在信阳、南阳、驻马店、平顶山、郑州、洛阳、三门峡、新乡、焦作、鹤壁、安阳、济源等12个有松林分布的市组织开展了松材线虫病专项普查，普查结果显示，松材线虫病仍未传入河南。

1984年，河南省建立森林植物调运检疫签证制度，由县级以上森林植物检疫机构负责执行其辖区内的省内森林植物调运检疫工作，河南省森林病虫害防治检疫站负责执行调运出省的森林植物检疫工作。1987年9月，根据《河南省森林植物检疫实施办法》的有关规定，河南省林业厅下文委托南阳、信阳、驻马店、周口、商丘、洛阳、安阳等7个地(市)森林病虫害防治检疫站执行出省的森林植物调运检疫工作。1991年2月，河南省林业厅下发《关于加强森林植物检疫工作的通知》。同年,南阳、焦作、许昌、三门峡、平顶山及宝丰等市、县森林病虫害防治检疫站与当地铁路部门联合,分别进驻火车站开展森林植物检疫工作。1993年8月,河南省林业厅委托焦作等9个市级森林植物检疫机构和灵宝等39个县级森林植物检疫机构执行调运出省的森林植物检疫工作。1996年,全省启用了新版植物检疫证书。同年,河南省森林病虫害防治检疫站与郑州铁路分局、郑州林产品市场联合,在郑州货运东站、木材市场开展森林植物检疫工作;商丘市、西峡县、南乐县、濮阳县、卢氏县、灵宝市、洛宁县、睢县等森林植物检疫机构与木材检查站联合开展检疫工作。1999年以后,河南省森林病虫害防治检疫站先后委托了68个市、县森林病虫害防治检疫站开展出省森林植物的检疫工作。

1989年6月,根据《国内森林植物检疫技术规程》的要求,河南省林业厅在周口、南阳、许昌、洛阳等市(地)开展建立无检疫对象苗圃试点工作。1992年以来,将林木种苗产地检疫率纳入目标管理,通过落实产地检疫记录、产地检疫合格证制度,使全省森林植物产地检疫率由1992的52%上升到2000年的71%,连年完成国家林业局下达给河南的目标任务。2000年,郑州市苗圃场、开封市苗圃场、南乐县苗圃场等3个苗圃获得“国家级无检疫对象苗圃”荣誉称号。

【森林病虫害监测】 20世纪80年代前,河南主要开展了马尾松毛虫、杨树等森林病虫灾害的调查工作。80年代中期至90年代中后期,河南各级森林病虫害防治检疫机构相继开展了大袋蛾、泡桐叶甲测报办法的研制,并被林业部采用,在全国范围内发布施行。90年代后期,杨树病虫害成为全省森林病虫害监测工作的重点,国家、省森林病虫害防治检疫机构制定和完善了各种管理规定与测报办法。推广应用了马尾松毛虫、红脂大小蠹性诱剂,黑光灯诱集,GPS调查等新技术,提高了测报的准确率和科技含量。

1977年、1981年、1985年、1986年,河南省林业厅先后组织4次全省森林病虫害预测预报训练班或座谈会,普及预测预报技术。据1977年统计,全省共建立各级森林病虫害测报站、点80余处,有固定或兼职测报员200余人。1986年,建立了15个由河南省森林病虫害防治检疫机构直接联系的测报站,1987年省联系测报站调整为10个。1995年完成了“枣飞象预测预报办法”的制定。从1998年开始,在全省逐步组织开展了“森林病虫害防治信息系统”、“森林植物检疫系统”两个软件的应用及电脑联网工作。1999年制定下发了“杨树食叶害虫调查测报方案”,颁布实施了“板栗剪枝象甲预测预报办法”。2000年省联系测报站重新调整为14个,并根据国家林业局要求,在全省建立了首批6个国家级森林病虫害中心测报点。至2000年底,全省共建立森林病虫害中心测报点90个(其中国家级中心测报点20个、省级中心测报点14个),一般测报点1 680个,有专职、兼职测报人员2 500名,初步形成了以国家级(省级)森林病虫害中心测报点为骨干、点面结合的森林病虫害预测预报网络,其中全省18个省辖市森林病虫害防治检疫机构和20个国家级中心测报点实现了电脑联网,森林病虫害测报信息实现了网络传递。

第五节　野生动植物资源保护

【野生动植物资源保护简述】　野生动植物资源是自然生态系统的主要组成部分,在维持自然生态平衡中发挥着极为重要的作用,也是国民经济和社会可持续发展不可缺少的战略资源。1980年,河南省政府批准建立了内乡宝天曼自然保护区,1982年批准建立了嵩县龙池曼、西峡老界岭、鲁山石人山、信阳鸡公山等13个省级自然保护区,使一批具有代表性、典型性的自然生态系统得以保存。1982年,河南省政府下发了《河南省人民政府关于保护野生珍贵稀有动物、植物的布告》。1990年,河南省政府公布了《河南省重点保护野生动物名录》。1992年,经河南省政府批准,河南省林业厅发布了《河南省森林和野生动物类型自然保护管理细则》。1995年,河南省人大常委会通过了《河南省实施〈中华人民共和国野生动物保护法〉办法》。1996年,河南省林业厅设立了野生动植物保护处,各省辖市也成立了相应的管理机构,河南省的野生动植物保护管理体系逐步建立和完善,野生动植物保护管理工作逐步走向规范化和法制化管理的轨道。

【野生植物保护】　河南省自然地理差异明显,生态环境多样,野生植物资源丰富。1978年以后,河南省逐步加大了野生植物的保护力度,通过完善法律法规、建立保护区、加强植物检疫等手段,切实保护好河南的野生植物资源。1982年5月10日,河南省人民政府发布《关于保护野生珍贵稀有动物、植物的布告》,将连香木、子母树、香果树、大果青扦、大别山五针松、南方红豆杉、金钱松、垂枝云杉列为河南一类珍贵稀有植物保护对象,将天桂、水曲柳、厚朴、桢楠、紫茎、猴不上、香榧、青钱柳、水青树、石栎、大叶冬青、刺椒树、太行花列为河南二类珍贵稀有植物保护对象,将野生杜仲、金钱槭、领春木、青檀、山白树、巴山冷杉、红豆杉、山楠、猥实列为河南三类珍贵稀有植物保护对象,严禁采伐三类以上野生植物,确需采伐的需按程序报批。1986年5月27日,河南省医药管理局、林业厅转发了国家医药管理局、林业部《关于加强保护杜仲、厚朴、黄柏等木本药材资源的通知》，规定杜仲、厚朴由国家下达收购计划，黄柏由省下达收购计划，林业部门负责发放林木采伐证，医药部门负责收购，禁止采伐12厘米以下的药用树木。1987年6月30日，河南省人民政府发布了《河南省森林植物检疫实施办法》。1988年5月9日，国务院公布第二批国家森林和野生动物类型自然保护名单，河南省信阳鸡公山和南阳宝天曼名列其中。1996年9月30日，国务院发布了《中华人民共和国野生植物保护条例》，对野生植物及其生长环境的保护、采集利用管理、经营利用管理、进出口管理、外国人对野生植物进行考察等方面作出了具体的规定。河南省自然分布的三尖杉、南方红豆杉、金钱松、厚朴、凹叶厚朴、杜仲、黄檗被列入野生植物保护名单中。1998年2月12日，河南省林业厅转发国家濒危物种管理办公室、海关总署《关于印发〈进出口野生动植物物种商品目录〉的通知》，进一步规范了野生动、植物的进、出口管理工作。

【野生动物保护】　1978年以后，河南省逐步建立和完善了野生动物保护的法律法规。各级政府和野生动物保护行政主管部门积极行使法律法规赋予的职责，大力开展保护野生动物的宣传教育，严格猎捕管理、驯养繁殖管理和经营利用管理，相继实行了特许猎捕证和狩猎证制度、国家重点保护野生动物驯养繁殖许可证和河南省重点保护野生动物驯养繁殖许可证制度、陆生野生动物或其产品出省运输证明制度、野生动物经营利用许可证制度以及野生动物及其产品进出口审批制度。各级林业部门以严厉打击乱捕滥猎和非法倒卖珍稀野生动物犯罪活动为重点，采取部门日常管理、突击行动和多部门行动相结合的方式，联合公安、工商等部门，集中开展了保护野生动物执法检查，对城乡宾馆、饭店、集贸市场等单位进行了清理整顿，查处了大批案件。

1990年1月2日，河南省人民政府下发了《关于公布〈河南省重点保护野生动物名录〉的通知》，确定省重点保护野生动物35种。6月23日，河南省人民政府印发了《关于加强对珍稀野生动物保护的通知》，要求切实搞好60多种国家和36种省重点保护野生动物的保护管理工作。

1992年6月1日，经河南省人民政府批准，河南省林业厅发布了《河南省森林和野生动物类型自然保护区管理细则》。11月12日，河南省林业厅转发《林业部关于妥善处理非正常来源陆生野生动物及其产品的通知》，对非正常来源的陆生野生动物及其产品，按其保护级别分别提出了处理规定。

1994年7月25日，河南省财政厅、物价局、林业厅联合下发《转发〈关于发布〈陆生野生动物资源保护管理费收费办法〉的通知〉的通知》，对经营利用非国家重点保护陆生野生动物或其产品的收费办法和标准作了具体的规定：

经批准猎捕、出售、收购、利用省重点保护陆生野生动物或其产品的，必须向市（地）林业行政主管部门或其授权的单位缴纳野生动物资源保护管理费；猎捕国家保护的有益的或者有重要经济、科学研究价值的陆生野生动物和非保护陆生野生动物，必须向县（市）林业行政主管部门缴纳野生动物资源保护管理费；对批准捕捉、猎捕的省重点保护陆生野生动物，按《捕捉、猎捕省重点保护陆生野生动物资源保护管理费收费标准》向申请捕捉、猎捕者收费；捕捉、猎捕一般保护陆生野生动物，按兽类每只 30 元、其他动物每只 10 元的标准向捕捉、猎捕者收费；猎捕非保护陆生野生动物，按每个狩猎证每年向林业主管部门缴纳 30 元的资源保护管理费。

1995 年 6 月 24 日，出台了《河南省实施〈中华人民共和国野生动物保护法〉办法》。经林业部和省编制委员会批准，成立了河南省野生动物救护中心，下设办公室、生产科、救护科、动物饲养繁育科 4 个科室，主要负责全省野生动物资源的调查，伤、病、残国家重点保护野生动物救治及非正常来源珍稀濒危野生动物的收容、救护与饲养工作。河南省野生动物救护中心按照“边建设、边救护”的原则，在抓好基础设施建设、强化内部管理、广泛引进人才的同时，积极主动开展野生动物救护工作。

为加强野生动物保护，根据全省野生动物资源分布的实际情况，1996 年 4 月 5 日，河南省林业厅首次确定栾川等 25 个县（市、区）的山区为狩猎区，其他地方均为禁猎区。狩猎区域内的黄河滩区、水库等湿地、城镇、市区及郊区、校园、部队营区、军事禁区、机场、国有林场、森林公园、风景游览区，禁止狩猎。按照林业部的安排，开展了全省野生动物资源调查工作。河南省林业厅成立了以主管副厅长李德臣为组长的河南省野生动物资源调查领导小组。领导小组共 28 人，由河南省林业厅各处室及市（地）林业（农林）局主要领导组成，负责组织并协调全省野生动物资源调查的有关重大事宜。此次资源调查共投入调查、检查人员 730 人，其中大专院校和林业部门的专家共 20 人。

1997 年，河南省林业厅下发文件，将《濒危野生动植物种国际贸易公约》附录三所列非原产中国的所有野生动物，核准为河南省重点保护野生动物；将《濒危野生动植物种国际贸易公约》附录所列和有碍人类生活、人体健康及危害农林牧副渔生产的害虫、害鼠以外的非原产中国的所有陆生野生动物（如北极狐、海狸鼠、麝鼠等），核准为河南省国家保护的有益的或者有重要经济价值、科学研究价值的陆生野生动物。按照国家的统一部署，河南省各级野生动物保护行政管理部门及林业公安执法人员开展了以保护野生动物为主的林业“严打”专项斗争，共查处破坏野生动物资源较大案件 68 起，查获非法捕杀、运输、收购、贩卖的青蛙2万余只、蛇近200公斤、黄缘闭壳龟1只、巨蜥1只、猫头鹰49只、小麂326只、狍子22只、青羊9只、果子狸44只、黑熊3只、猕猴6只、豹猫1只、东北虎3只、非洲狮3只、金钱豹1只、大熊猫皮1张，有力地打击了违法犯罪活动，震慑了犯罪分子。

2000年3月2日，河南省林业厅下发了《河南省林业厅关于确定禁猎区域及有关问题的通知》，确定太行山、伏牛山、大别山和桐柏山区的26个县（市、区）为禁猎区，同时还包括上述26个县（市、区）以外的自然保护区、森林公园、国有林场、黄河滩区、水库及湿地、城镇市区及城市郊区、部队营区及军事禁区、风景名胜游览区等。4月4日，河南省林业厅下发《河南省林业厅关于启用〈河南省陆生野生动物或其产品运输证明〉的通知》，从4月20日起，在全省正式启用《河南省陆生野生动物或其产品运输证明》。4月12日，河南省林业厅下发《河南省林业厅关于委托洛阳市等林业局签发〈陆生野生动物或其产品出省运输证明〉的通知》，将非国家重点保护的陆生野生动物或其产品的出省运输证明、国家重点保护野生动物或其产品出县证明的签发权委托给了洛阳、平顶山、安阳、濮阳、三门峡、商丘、周口、驻马店、南阳、信阳10个省辖市林业局，并明确签发出省运输证明的野生动物种类，只限驯养繁殖的野生动物或其产品，野外捕捉的受保护的野生动物或其产品，不经河南省林业厅批准，严禁签发运输证明。2000年5月，河南省野生动物资源外业调查和内业整理工作结束。共调查样带2 364条（冬夏两次）、样线9 456条；完成朱鹮、水鸟、猕猴、金钱豹、白冠长尾雉、大鲵、麝资源等7项专项调查。到2000年底，河南省野生动物救护中心共救治、收容野生动物3万多只（头、条），其中包括东北虎、金钱豹、黑鹳、丹顶鹤等国家一级保护动物近30只（头、条），猕猴、天鹅、秃鹫等国家二级保护野生动物400多只（头、条），省重点保护野生动物近3万只（头、条），救治成功的野生动物放回大自然。

〖爱鸟周与野生动物保护宣传月〗 1982年4月，省政府批转省林业厅等8个单位关于加强鸟类保护的联合报告，确定每年的4月21日至27日为河南省的“爱鸟周”。1995年6月24日，省人大常委会第十四次会议通过了《河南省实施〈中华人民共和国野生动物保护法〉办法》，确定“每年的4月21日至27日为河南省的‘爱鸟周’。每年的10月为河南省的‘野生动物保护宣传月’”。1995年以后，省林业厅、省野生动物保护协会每年精心组织全省的宣传活动，取得了明显的宣传效果。

〖野生动物保护工作表彰情况〗 1991年是河南省“爱鸟周”宣传活动10周年。为表彰在野生动物保护和管理工作中作出突出贡献的人员，省林业厅、省野生动物保护协会研究决定，授予鲍法秀等152名同志为河南省野生动物保护先进工作者称号。1999年，在《中华人民共和国野生动物保护法》实施10周年之际，为表彰在保护、拯救珍贵、濒危野生动物，合理利用野生动物资源，提高全民保护意识，维护生态平衡等方面作出重要贡献的单位和个人，省林业厅授予信阳市林业局等16个单位河南省野生动物保护管理先进单位称号；授予荥阳市林业局等30个单位河南省野生动物资源调查先进单位称号；授予蒋新建等65名同志河南省野生动物保护管理先进工作者称号；授予李明乾等117名同志河南省野生动物资源调查先进工作者称号。

〖三门峡毒杀白天鹅案〗　1999年1月1日，在三门峡库区湿地自然保护区发生毒杀白天鹅案。经三门峡市政府、市林业局和陕县各有关部门多方抢救，共打捞死伤白天鹅44只，其中救活16只，死亡18只，其他大群的白天鹅被暂时赶离有毒区域。经鉴定，42只白天鹅系食毒饵"呋喃丹"所致。案件侦破后，两名施撒毒饵的犯罪嫌疑人分别被判处13年和11年徒刑。2月21日，省林业厅就此事向全省通报。

〖济源猎杀金钱豹案〗　1999年2月3日下午，在济源市克井镇黄背坪北岭，发现1只金钱豹（国家一级重点保护动物）被偷设的钢丝套套住，生命危在旦夕。2月4日，省林业厅组织有关单位，在济源市政府和市林业局的协助下，将受伤的金钱豹抬离深山，连夜运送到郑州抢救。经近5个小时的手术和近30个小时的救治，该金钱豹终因伤势严重，抢救无效死亡。2月21日，省林业厅就此事向全省通报。犯罪嫌疑人姚景山被济源市法院判处有期徒刑2年零6个月，缓刑3年。

〖许昌西湖公园非法运输老虎案〗　1999年7月2日晚，许昌市西湖公园将在济源动物园展演的老虎运回许昌，老虎在运输中途逃脱。7月3日凌晨，省林业厅组织省野生动物救护中心、郑州市动物园的专业人员赶赴现场，把老虎运回省野生动物救护中心。经调查，西湖公园没有办理野生动物驯养许可证，从济源运至许昌时也没有办理野生动物运输许可证。为此，省林业厅没收了老虎，并责成许昌市林业局对西湖公园进行行政处罚。

〖许昌截获猕猴非法运输案〗　2000年1月21日下午，许昌县林业公安派出所查获一起非法贩运猕猴案，当场查获国家二级保护动物猕猴99只，其中2只已被冻死，剩余的97只被林业公安干警连夜送往省野生动物救护中心，3名犯罪嫌疑人被警方刑事拘留。

第六节　林业立法与执法

【林业立法与执法简述】　从20世纪80年代开始，河南省林业立法和执法工作逐步得到加强，林业法律制度不断完善，林政执法队伍不断得到充实。全省实行了森林资源采伐限额管理和凭证采伐制度；设置木材检查站，实行木材凭证运输制度；加强林地保护管理，实行征占用林地审核制度；加强行政案件管理，实行林业行政案件统计分析上报制度。同时，大力宣传林业法律法规，创造了良好的林业执法环境。1985年12月19日，为了进一步加强对普法教育工作的领导，河南省林业厅党组决定成立厅普法教育领导小组。由厅党组成员、副厅长蒋书铭担任组长。1990年7月11日，根据河南省政府[1990]22号文件精神和林业部[1990]137号文件要求，河南省林业厅决定成立由副厅长王庭训任主任的厅行政复议委员会，从省林业厅公安处、防火办公室、林政处、林场处、绿化办公室、计财处、林业技术推广站、资源管理站等8个单位抽出专人任委员，负责林业行政复议工作。1991年5月4日，河南省林业厅下发《关于废止部分规范文件的通知》。对省林业厅于1981年6月4日、1984年6月7日、1985年6月12日和1986年1月1日分别颁发的《河南省木竹运输管理暂行规定》、《关于征收育林基金和竹木经营等几个问题的通知》、《关于印发河南省调处山林权纠纷工作会议纪要的通知》和《关于统一使用林木采伐等新票证的通知》予以废止。

1992年2月24日，河南省林业厅印发实施了《河南省林业系统开展法制宣传教育第二个五年规划》（豫林政[1992]34号文），要求各级林业部门和单位要切实加强对这项工作的领导，广泛深入地发动和组织全体职工，特别是领导干部及林业行政执法人员，积极参加普法教育学习；进一步增强广大林业干部职工的法制观念和法律意识，提高依法行政、依法管理的能力，逐步把林业工作纳入法制管理的轨道，为深化林业改革，实行河南省十年造林绿化规划和“八五”计划的奋斗目标，创造良好的法制环境，促进林业事业的发展。5月13日，河南省林业厅发出关于废止部分林业行政罚款标准和制定新的罚款标准的通知，废止省林业厅豫林政字[1989]176号《关于野生动物保护法有关罚款标准的规定》，其罚款按照1991年2月12日国务院批准发布的《中华人民共和国陆生野生动物保护实施条例》规定的标准执行。对《中华人民共和国种子管理条例》（下称《条例》）规定的罚款（林业部分），其标准按以下规定执行。违反《条例》第16条规定，未按规定取得种子生产许可证生产种子的，除按《条例》第36条的规定给予其他处罚外，并可处以500元以上1 000元以下罚款；或者，有违法所得的，处以违法所得二至五倍的罚款。违反《条例》第18条规定，抢采掠青、损坏母树，在劣质林内采种的，除按《条例》第39条规定给予其他处罚外，并可处以100元以上1 000元以下罚款。违反《条例》第29条规定，在林木良种基地做病虫害接种试验，造成危害的，除按《条例》第40条规定责令赔偿损失外，并可处以300元以上500元以下罚款。

1993年3月1日，根据国务院《行政复议条例》和《植物检疫条例》的要求，河南省林业厅成立河南省森林病虫害防治检疫站行政复议委员会，主要职责是：负责全省森林植物检疫行政案件的复议、应诉工作；研究、解决办理检疫行政案件中存在的重大问题；搞好培训，提高检疫人员的执法水平。3月23日，河南省林业厅对原厅普法领导小组组成人员进行了调整。组长由副厅长关耀信担任。主要职责是：制定并组织实施全省林业系统法制宣传教育分年度计划，了解和督促检查各市（地）、各直属单位普法工作进展情况，培养典型，总结推广普法先进经验，研究解决存在的问题等。1995年12月19日，林业部授予河南省林业学校、新密市林业局和河南省林业厅林政处“全国林业系统‘二五’普法先进单位”称号。授予河南省刘树铮、齐满常、杨海军等7位同志“全国林业系统‘二五’普法先进个人”称号。1996年10月28日，为适应社会主义市场经济的需要，加强林业法律服务工作，河南省林业厅决定（豫林［1996］221号）：聘请虎文珍为省林业厅法律顾问，参与或代理省林业厅经济项目谈判、经济法律文书审查，参与重大林业案件的研究，代理参加诉讼、仲裁和其他法律性较强的专门事务工作。同日，为认真贯彻落实全省依法治省广播电视动员大会和全省治理公路“三乱”电话会议精神，加强林业行政执法监督管理，进一步完善执法监督机制，河南省林业厅决定（豫林［1996］222号）：在林业系统内部聘请林业行政执法监督员，对全省木材检查站和林政稽查队的执法活动进行监督。其职责是：监督、指导全省各木材检查站、林政稽查队的行政执法活动；纠正违法行政行为。对拒不接受监督指导的木材检查人和林政稽查人员，有权提请有关主管部门给予行政处理。1997年4月7日，为进一步搞好河南省林业系统依法治省工作，河南省林业厅研究决定成立以副厅长李德臣任组长的河南省林业系统依法治省领导小组。

【林业严打】 1989年9月5日，河南省政府召开全省制止乱砍滥伐查处毁林案件工作会议，会议听取了有关市（地）对12起重大林业案件处理情况的汇报，研究部署了进一步加强森林资源保护和制止毁林工作的措施。宋照肃副省长出席会议并讲话，强调：要把这次会议作为依法治林的一个新起点，把全省的林木保护工作提高到一个新的水平。要求各级政府和林业、公安等有关部门认真做好以下几个方面的工作：一是进一步提高对保护林木重要性的认识，坚持依法治林。二是加强政治思想工作，提高全民爱林意识。三是严于执法，严肃查处毁林案件。四是继续落实好林业政策，正确处理林地权纠纷，尽快组织力量搞好国有林的定权发证工作。五是加强林政建设，搞好资源管理。

1981年8月，中共河南省委、河南省人民政府下发《关于贯彻中共中央、国务院〈关于保护森林资源发展林业若干问题的决定〉的具体规定》，对资源林政管理工作提出了要求：稳定山权林权，建立健全林业生产责任制，坚决保护好现有森林，实行合理采伐，加强木材统一管理。1982年11月，中共河南省委、河南省人民政府下发《关于坚决贯彻执行中共中央、国务院制止乱砍滥伐森林紧急指示的通知》，全省的资源林政管理工作进一步得到加强。但由于河南资源林政管理工作起步晚，执法力量不足，特别是森林资源保护与开发利用的矛盾比较突出，资源林政管理存在许多问题和困难，林政管理在整个林业工作中仍然是一个薄弱的环节。

1987年10月13日，中共河南省委、河南省人民政府下发《关于加强森林资源管理，坚决制止乱砍滥伐，切实做好护林防火工作的通知》，针对当时不断发生的乱砍滥伐、盗伐、哄抢国有林等情况，就资源林政管理工作进一步提出要求：严格执行森林采伐限额制度，进一步巩固和完善林业生产责任制，坚决依法保护国有山林权属不受侵犯，整顿木材流通渠道，加强木材经营管理。同时提出：实行领导干部保护、发展森林资源任期目标责任制；把保护发展森林资源、制止乱砍滥伐，作为各级政府特别是县、乡两级政府的重要任务；把森林资源的消长、森林面积的增减，作为考核县、乡两级党政主要领导政绩的重要内容之一。河南省林业厅于1988年5月下发通知，要求各地加强林政管理工作，抓紧建立健全林政管理机构，配备足够的专职人员，完善配套的管理制度和措施，尽快把林政管理工作纳入科学化、法制化、规范化的轨道。

1988年8月，河南省政府以传真电报的形式下发了《关于坚决制止乱砍滥伐哄抢盗伐森林的通知》，河南省林业厅随后也下发了贯彻落实的紧急通知，要求各地要坚决查处各种毁林案件，加强林政管理。同月，河南省政府发布《河南省林木采伐和木材销售运输管理办法》，对全省境内采伐林木（包括竹子），销售、运输木材的有关行为进行规范，并提出了相应的奖励与处罚标准，从而使全省林木采伐、销售与运输工作实现了有章可循。1993年4月，河南省政府下发《关于切实加强林政管理，坚决制止乱砍滥伐林木、乱占滥用林地和乱捕滥猎野生动物的通知》。1994年10月，河南省林业厅、公安厅、高级法院、检察院联合开展严厉打击破坏森林资源违法犯罪专项活动，通过“刹风办案、重点治乱”，严厉打击了各种破坏森林资源的违法犯罪活动，控制和减少了各类毁林案件的发生。1997 年，河南省政府下发《关于进一步加强森林资源保护管理工作的通知》，强调要高度重视林业的重要作用，切实加强对森林资源保护管理工作的领导。1998 年 9 月，河南省政府下发《关于加强森林资源保护管理工作的通知》，全省林业部门迅速行动，一方面大力开展《中华人民共和国森林法》、国务院《关于保护森林资源制止毁林开垦和乱占林地的通知》的学习、宣传活动，一方面开展了大规模的清理清查毁林开垦和乱占林地工作。2000 年 6 月，河南省林业厅在全省范围内组织开展了“保护森林资源三号行动”。这次行动以打击破坏森林资源违法犯罪、保护生态环境为目的，以督办、查处典型案例和新闻曝光为手段，全省共查处各类林业行政案件 2 066 起，行政处罚 2 381 人次；查处各类林业刑事案件 163 起，逮捕刑拘 581 人，尤其是查处了一批大案要案和久拖未决的案件。

【林业立法】　从 1983 年到 1999 年，河南省人大、河南省政府先后批准发布了《河南省开展全民义务植树运动的实施细则》、《河南省森林植物检疫实施办法》、《河南省林木采伐和木材销售运输管理办法》、《河南省〈森林防火条例〉实施办法》、《河南省实施〈中华人民共和国野生动物保护法〉办法》、《河南省林地保护管理条例》等法规。经河南省政府批准，河南省林业厅于 1992 年 6 月 1 日和 1993 年 7 月 19 日先后发布了《河南省森林和野生动物类型自然保护区管理细则》、《河南省〈森林病虫害防治条例〉实施办法》等规章。

〖《河南省开展全民义务植树运动的实施细则》〗　1983 年 7 月 7 日，河南省六届人大常委会第二次会议批准发布《河南省开展全民义务植树运动的实施细则》（以下简称《细则》）。《细则》共分 8 章 36 条，主要规定了义务植树的组织领导、规划和任务、权属、育苗、科学植树与管理、奖励与惩罚等内容。《细则》自公布之日起施行。

〖《河南省森林植物检疫实施办法》〗　1987 年 6 月 30 日，河南省人民政府发布了《河南省森林植物检疫实施办法》，并自发布之日起施行。《河南省森林植物检疫实施办法》共分 7 章 30 条，主要规定了森林植物检疫主管部门、检疫机构及其职责，专职、兼职检疫员的条件及审批程序、检疫对象的划定、控制与扑灭、调运检疫、国外引种和产地检疫、奖励与惩罚等内容。该办法对河南省开展森林植物检疫工作发挥了积极作用，但未能解决好与农业植物检疫机构的职能交叉问题，行政处罚偏低，立法技术不到位。

〖《河南省林木采伐和木材销售运输管理办法》〗　1988 年 8 月 18 日，河南省人民政府发布了《河南省林木采伐和木材销售运输管理办法》，并自发布之日起施行。该办法共分6章36条，主要规定了林木采伐、木材销售与木材运输管理、奖励与惩罚等内容。《河南省林木采伐和木材销售运输管理办法》对1984年9月六届全国人大常委会第七次会议通过的《中华人民共和国森林法》中林木采伐和木材销售运输管理部分，作了进一步细化，具有较强的可操作性，特别是木材经营许可制度的建立，解决了长期困扰林木采伐和木材销售、运输管理的一大难题，对加强林业管理具有十分重要的作用。同时，《河南省林木采伐和木材销售运输管理办法》还规定了木材检查站的审批程序，对木材检查站的设置提供了法律依据。

〖《河南省〈森林防火条例〉实施办法》〗 1988年12月29日，省人民政府发布了《河南省〈森林防火条例〉实施办法》。该办法共分7章39条，主要内容为森林防火机构的设置及其职责、森林火灾的预防和扑救、森林火灾的调查与统计以及有关的奖励与惩罚措施等。

〖《河南省森林和野生动物类型自然保护区管理细则》〗 1992年6月1日，经河南省人民政府批准，河南省林业厅发布了《河南省森林和野生动物类型自然保护区管理细则》，并自发布之日起施行。该细则共分5章30条，主要规定了自然保护区的建立和保护管理、奖励与惩罚等内容，对推进全省森林和野生动物类型自然保护区建设与管理发挥了重要作用。

〖《河南省〈森林病虫害防治条例〉实施办法》〗 1993年7月19日，经河南省人民政府批准，河南省林业厅于1993年8月3日发布了《河南省〈森林病虫害防治条例〉实施办法》。该办法共分5章24条，主要规定了森林病虫害的预防和除治、奖励与惩罚等内容。《河南省〈森林病虫害防治条例〉实施办法》的发布，对推动河南省森林病虫害防治工作发挥了积极作用。

〖《河南省实施〈中华人民共和国野生动物保护法〉办法》〗 1995年6月24日，河南省八届人大常委会发布了《河南省实施〈中华人民共和国野生动物保护法〉办法》，自公布之日起施行。该办法共分5章44条，主要规定了野生动物保护和猎捕、驯养繁殖、经营利用、运输管理、法律责任等内容。1998年9月24日，省九届人大常委会第五次会议根据《中华人民共和国行政处罚法》的有关规定，对《河南省实施〈中华人民共和国野生动物保护法〉办法》法律责任部分作了修订。

〖《河南省林地保护管理条例》〗 1999年5月30日，河南省九届人大常委会发布了《河南省林地保护管理条例》，自1999年7月1日起施行。该条例共分6章41条，主要规定了林地权属管理、林地保护、林地占用和征用、法律责任等内容。《河南省林地保护管理条例》解决了河南林业长期未决的林地保护难题,确立了林业行政主管部门的执法主体地位,规定了较为强硬的保护性措施,特别是严厉的法律责任,为林地保护管理提供了有力的法律武器。

【林政执法队伍建设】　自20世纪80年代起,全省各级林业主管部门逐步加强了林政执法队伍建设,到90年代中期,各省辖市林业主管部门全部设立了资源林政管理机构,同时,还根据河南省政府关于在全省设置木材检查站的文件精神,成立林政稽查队20余个,设置木材检查站100个,林政执法人员达5 000余人。在充实林政执法人员的同时,各级林业主管部门狠抓了林业执法队伍的培训工作。1997年,按照林业部发布的《林业行政执法证管理办法》的要求,河南省林业厅在全省开展了林业行政执法资格考试,参加考试人员平均成绩85.3分,5 361名考试合格者获得了林业厅颁发了林业行政执法证。《中华人民共和国森林法》、《中华人民共和国森林法实施办法》和《河南省林地保护管理条例》颁布实施后,全省各级林政执法部门都组织开展了学习、培训。河南省林业厅除定期举办木材检查站站长轮训班外,还不定期组织各种林政执法业务知识培训,以不断提高全省林政执法队伍思想、业务素质和执法水平。

【采伐限额制度】　森林采伐限额制度是我国森林法规定的一项法律制度,是森林采伐管理的重要内容,其目的是通过对森林采伐数量的控制来增加森林面积和森林蓄积量。采伐限额制度的基本要求就是审核发放林木采伐许可证的部门,不得超过批准的年采伐限额发放林木采伐许可证。森林采伐限额是以现有森林资源为基础,按照用材林的消耗量低于生长量和其他林种符合合理经营的原则确定的立木蓄积采伐消耗量的最大限量。国家所有的森林和林木以国有林业企业事业单位、农场、厂矿为单位,集体所有的森林和林木以县为单位,制定年森林采伐限额,由省、自治区、直辖市人民政府林业主管部门汇总、平衡,经省、自治区、直辖市人民政府审核后,报国务院批准。国务院批准的年森林采伐限额,每5年核定一次。1985年,河南省各地(市)、县(市、区)组织林业工程技术人员,用1年左右的时间完成了制定和审核年森林采伐限额的工作,并按程序报国务院批准,河南省开始实行采伐限额制度。这次国务院核定河南省年森林采伐限额为172.2万立方米(立木蓄积量),采伐限额指标的执行期为1987～1990年。“八五”①期间,河南省的年森林采伐限额核定

① 指1991～1995年。

为 750 万立方米。“九五”①期间,河南省的年森林采伐限额核定为 800 万立方米。

1989 年 12 月 17 日,为加强部队的林木管理,促进部队造林绿化事业的发展,河南省林业厅决定授权河南省军区绿化主管部门,根据制定的年采伐限额和年度采伐计划,核发林权属于部队的林木采伐许可证。驻豫部队自产自用木材的内部调拨运输,由产材单位持林木采伐许可证,到驻地县以上林业主管部门办理运输证件。驻豫部队采伐林木,应按照总后勤部规定的标准,由省军区绿化主管部门收缴育林资金,并全部留给部队用于更新造林、抚育管理等支出,专款专用。1992 年 1 月 18 日,河南省人民政府下发《关于进一步搞活流通,加快市场建设若干问题的决定》(豫政[1992]8 号文),规定“省产木材由当地林业部门实行源泉管理,不再上路检查;取消运输许可证制度,全省木材市场长年开放”。1992 年 7 月 22 日,河南省政府发出《关于切实加强森林资源管理的通知》,同意重点林区县经当地人民政府批准,林业主管部门可在林区内设置森林资源管理站,负责林木采伐的检查、监督。9 月 23 日,李长春省长批示:“要坚持源泉管理、做到车行中原无红灯;可赋予资源管理站检查采伐证、运输证的职能。”1995 年,河南省林业厅发布了《河南省森林采伐限额管理暂行办法》,对森林采伐限额的制定和管理、凭证采伐管理、有关检查监督以及违反该办法的处理等,作出了较为详细的规定。

【木材运输制度】　1981 年 6 月,河南省林业厅下发《河南省木竹运输管理暂行规定》,要求各级林业部门建立健全木竹检查站,加强木竹运输管理,同时规定了凭证运输和办理运输证明的程序及对无证运输的处理办法。随后,河南省林业厅规定了全省木竹运输证明的统一格式。1982 年 11 月,中共河南省委、河南省人民政府下发《关于坚决贯彻执行中共中央、国务院制止乱砍滥伐森林紧急指示的通知》,要求木竹运输工作由林业部门统一管理。1993 年 8 月 3 日,河南省林业厅明确办理木材运输证的范围按 1988 年 8 月 18 日河南省政府发布的《河南省林木采伐和木材销售运输管理办法》的规定执行,运输木材及其半成品应办理木材运输证,运输纤维板、刨花板、细木工板、胶合板免办木材运输证件。1996 年,河南省政府下发《关于在全省设置木材检查站的通知》,本着既有利于森林资源保护管理,又有利于保障公路安全畅通和治理公路“三乱”,以及合理布局、科学设站的原则,在全省设置了 100 个木材检查站,以加强木材运输的检查监督。《关于在全省设置木材检查站的通知》中明

① 指 1996 ~ 2000 年。

确指出,木材检查站是林业基层行政执法单位,其主要职责是依法对木材、竹材及其半成品、大宗制品的运输实施检查。同时要求加强对木材检查站的执法管理,规范其执法行为。同年,河南省林业厅下发文件,明确了全省凭证运输的木、竹材及其制品的范围,并组织开展了木材检查站标准化建设活动。1997 年,河南省林业厅下发《关于木材运输签证和检查若干具体规定的通知》。同年,林业部授予鄢陵县柏梁、孟津县雷河两个木材检查站"全国文明执法示范单位"荣誉称号。

1998 年 1 月 6 日,河南省林业厅召开了由省林业厅林政处、省森林病虫害防治检疫站、郑州市林业局、郑州铁路分局林业管理所、管城区农委园林科等负责人参加的会议,明确了郑铁分局林业管理所林政稽查站、管城区农委的林政稽查职责范围,并形成纪要。铁路林政稽查站受省林业厅委托对铁路木材运输依法实施检查。铁路林政稽查站郑州东站点对通过铁路运输的木、竹材及其制品在站内查验铁路货运大票的同时,查验木材运输证、检疫证,对手续齐全的予以放行;对无运输证、无检疫证或货证不符的,铁路林政稽查站跟踪依法查处。对于合法放行或查处后放行的,其管理工作由管城区负责;经铁路二次运输木、竹材及其制品,需签发运输证、检疫证的,由管城区负责。纪要还要求管城区农委与铁路林政稽查站应严格履行职责,相互配合、相互支持,不得重复检查和处罚。

1998 年 9 月 23 日,根据《中华人民共和国行政处罚法》第 19 条规定,河南省林业厅委托郑州铁路分局林业管理所林政稽查站在郑州铁路分局所辖的郑州东站、西站和开封、新乡、许昌等车站依法实施木材运输检查监督。委托期限自 1998 年 9 月 1 日至 2001 年 8 月 31 日止。到 1998 年底,全省有 52 个木材检查站经林业部验收为合格站,其余为基本合格站。1999 年,河南省林业厅进一步明确了木材凭证运输的范围,规范了木材运输签证和检查的程序。2000 年 5 月 9 日,河南省林业厅再次调整并公布木材凭证运输范围,将木材类的原木、原条(各种规格原木、小径木、坑木、电杆、桩木、造纸材、次加工原木、杉木条等),锯材(各种规格板材、板条、板方、枕木等),商品薪材、条、条编、杆和制品(人造板、地板块、集成材、木片、木屑、卫生筷、半成品木制家具、木炭、龙骨、木线以及各种木制工具把柄)和竹材类的原材(楠竹、淡竹、毛竹、杂竹等)、制品(胶合板、地板、卫生筷、竹席和竹帘等的竹制家具)列入凭证运输范围,并进一步规范了木材运输签证和监督检查工作。

【木材经营加工管理制度】　1988 年 8 月,河南省政府发布《河南省林木采伐和木材销售运输管理办法》,对木材销售作出规定。要求经营木材及半成品的单位和个人，书面提出包括经济性质、经营范围和方式、自有资金等内容的申请，经县级以上林业主管部门审查批准后，发给木材经营许可证，凭证到工商行政管理部门办理登记手续，领取营业执照。因此，全省木材经营管理制度正式建立。1989年6月，河南省林业厅贯彻《河南省林木采伐和木材销售运输管理办法》，下发了《关于核发〈木材经营许可证〉有关问题的通知》，具体规定了核发木材经营许可证的条件和有关管理要求。1993年11月，河南省林业厅颁发《河南省木材销售管理细则》，进一步明确了经营、加工木材实行许可证制度，木材经营加工许可证每年由原发证机关审验一次。

【征占用林地审核制度】 1988年5月，河南省林业厅、土地管理局联合下发文件，对征、占用林地作出规定：今后凡占用国有和征用集体所有林地，必须征得林业主管部门的同意；没有林业主管部门同意占用林地的文件，土地主管部门不予办理征拨用地手续。首次在全省建立了经林业主管部门对征、占用林地先行审核的制度。

1992年9月，河南省政府办公厅下发《关于进一步加强林地保护管理工作的通知》，要求在全社会广泛宣传珍惜、保护林地的重要性和迫切性，切实增强保护林地的意识，真正像保护耕地那样保护好林地；进一步加强征用、占用林地管理，建立健全林地保护和管理制度。1992年12月，河南省林业厅印发《河南省林地保护管理暂行规定》，对全省林地的保护、管理和利用作出了明确规定，征、占用林地审核审批制度进一步健全。1993年5月26日，河南省高级人民法院、省政府法制局、省林业厅和省土地管理局印发《关于开展清查处理非法占用林地有关问题的通知》，明确了这次清理的范围：一是因勘察设计、修筑工程设施、开采矿藏、架设线路、铺设管道等国家建设使用的林地；二是非经国务院或省政府批准设立的各类开发区所使用的林地；三是乡（镇）村建设、乡镇企业、私营企业等使用的林地；四是其他非林业生产性建设所使用的林地。同时还规定，1988年6月1日以后征用集体所有的林地或占用国有林地，未经林业主管部门审核并签署同意意见的，视为非法占用林地。

1995年，河南省林业厅根据林业部在全国实行使用林地许可证制度的要求，下发了《关于加强非林业生产使用林地管理的通知》，要求一切非林业生产使用林地，都必须经林业行政主管部门审核同意，获得使用林地许可证后方可使用。各地依照审核权限对各类建设项目征、占用林地进行审核，经审核同意的，收缴森林植被恢复费并发放使用林地许可证。1999年，《河南省林地保护管理条例》颁布施行，对林地占用和征用作出具体规定，使征、占用林地审核工作进一步规范化、制度化，具有可操作性。2000年，《中华人民共和国森林法实施条例》颁布施行，明确了征、占用林地审核的程序，并将征、占用林地审核的权限确定为国家和省两级。经审核同意征、占用林地的，按照全国统一标准预收森林植被恢复费，并发放统一制式的使用林地审核同意书，用地单位凭审核同意书办理建设用地手续。

第七章　国有林场和森林公园与自然保护区

【国有林场和森林公园与自然保护区】　新中国成立之后，河南省在山区生态区位重要和平原风沙危害严重的地方划建了一批国营林场，通过封山育林和植树造林，有效地保护了山区的森林资源，恢复了平原地区的森林植被，为全省林业生态建设作出了重大贡献。河南省的森林公园和自然保护区多数是在国有林场的基础上建立和完善起来的。到2000年，全省88个国营林场有林地面积达到40.13万公顷；共建立森林公园35处，总面积113 589公顷；林业系统共建立森林类型、湿地类型和野生动物类型自然保护区13处，总面积19.03万公顷。

第一节　国有林场

【国有林场简述】　1998年7月1日以前，国有林场叫国营林场。1978年3月，河南省林业局成立时，内设森林工业处，负责国营林场的管理工作。1978年7月以前，国营林场之间固定资产实行无偿调拨。1978年8月之后，国营林场之间固定资产实行有偿调拨。河南省国营林场围绕整顿、改革的方针，不断强化内部管理，大力发展多种经营，逐步走上了以林为主、以副养林、以短养长的发展道路。

20世纪80年代初期，河南省国营林场的造林、中幼林抚育、木材生产计划都由河南省林业厅下达，后期则由指令性计划改为指导性计划。从1980年开始，全省国营林场的事业、基本建设投资逐步下放到市（地）、县管理。为保护生态系统和珍稀、濒危野生动植物物种资源，经河南省政府和国务院批准，开始在国营林场的基础上建立省级和国家级自然保护区。1982年2月，河南省林业厅下发了《关于国营林场进行全面整顿的通知》，部署全省国营林场全面整顿工作。整顿的主要内容包括：整顿和建设领导班子，加强对职工的思想政治教育；整顿和完善经济责任制，改进林场经营管理；整顿和加强劳动纪律，严格执行奖惩制度；整顿财经纪律，健全财务会计制度；整顿劳动组织，按定员定额组织生产；以科学态度搞好林业生产等6个方面。同时，河南省林业厅召开国营林场整顿会议，对河南省国营林场整顿工作的开展进行了安排部署，并确定民权、南湾、西华、舞阳、西寨、五马寺、邵源、滑县、板桥、烟镇等10个林场作为整顿试点。为进一步加强对国营林场的管理，1983年4月，河南省林业厅改森林工业处为国营林场管理处，履行国营林场管理职能。1983年8月，河南省林业厅召开了全省国营林场整顿会议，全面推开国营林场整顿工作。1984年1月，河南省林业厅下发《关于国营林场主、间、林分改造等作业规定的通知》，确定了《抚育间伐作业质量检查评比标准》和《皆伐、林分改造及更新作业质量检查评比标准》，规范了国营林场抚育间伐、皆伐、林分改造及更新作业。河南省林业厅下发了国营林场管理体制改革方案，要求做到大稳定、小调整，搞好分类指导，并划分了用材林、防护林、自然保护区以及名胜区等林场类型，明确了林场在计划、财务、经营、搞活商品流通等方面的自主权。1985年6月，河南省政府批转林业厅《关于林业体制改革若干问题的意见》，指出，国营林场改革的重点是扩大场圃自主权，变以生产型为主的单位为以林为主的生产经营型单位；实行场长负责制，打破分配上的"大锅饭"；抚育间伐期间，收入不上交，木材由林场自主销售。1986年开始，按照林业部的部署，从保护森林资源和满足社会旅游的需求出发，以国营林场为基础，逐步建立森林公园，发展森林旅游。1989年9月，按照国务院办公厅的统一部署，河南省政府下发了《关于批转省林业厅关于限期完成国营林场定权发证工作意见的通知》，开始了全省的国营林场定权发证工作。1989年9月27日至29日，全省国营林场建设40年表彰会在郑州召开。会上，总结了国营林场40年来的建设经验和教训，安排部署了今后国营林场建设任务，并为39个先进林场、474名林场先进工作者和18名林场工作管理先进工作者颁发了锦旗或证书。

进入90年代后期，随着我国改革的深化，国营林场的生产活动有了更大的自主权，河南省林业厅不再下达国营林场的生产计划，但国营林场的林木采伐仍由河南省林业厅审批。在1996年机构改革时，河南省林业厅国营林场管理处改为野生动植物保护处。1996年9月，河南省林业厅决定成立河南省林业厅国营林场和森林公园管理办公室，办公地点设在河南省林业厅野生动植物保护处，履行全省国营林场和森林公园管理职能。1997年初，河南省林业厅参照林业部贫困国营林场划分标准，划定33个国营林场为贫困林场，当年，中央和省财政设立扶持贫困国营林场脱贫项目专项资金，开展了国营林场扶贫工作。1998年，河南省人民政府下发了《关于加强国营林场管理和建设工作的通知》，河南省林业厅在龙峪湾林场召开了全省国营林场工作会议，会议全面总结了改革开放以来国营林场整顿改革的成绩，要求通过深化改革，建立起新型的国营林场管理和运行机制,把全省国营林场建设推向二次创业高潮。1998 年 7 月 1 日,第九届全国人民代表大会常务委员会第二次会议修订的《中华人民共和国森林法》实施后,原国营林场改为国有林场。9 月 16 日,河南省政府印发《关于加强国有林场管理和建设工作的通知》(豫政[1998]45 号)。通知要求:一要充分认识国有林场的重要作用,切实加强国有林场的管理工作;二要依法治林,维护国有林场的合法权益;三要增加投入,加大对国有林场的扶持力度;四要解放思想,加快国有林场的改革和发展;五要进一步加强国有林场干部职工队伍建设。9 月 17 日至 18 日,全省国有林场工作会议在栾川龙峪湾林场召开。会议的主要任务是:深入贯彻国家和省关于加快国有林场改革和发展、加强国有林地保护和管理的文件精神,交流经验,进一步解放思想,强化措施,深化改革,努力开创河南省国有林场建设的新局面。据 1998 年森林资源清查,全省国有林场林业用地面积 39 万公顷,其中有林地面积 27.58 万公顷、疏林地面积 1.59 万公顷、灌木林地面积 3.44 万公顷、未成林地面积 1.51 万公顷、苗圃面积 2 100 公顷、无林地面积 4.67 万公顷(其中宜林地面积 3.79 万公顷),活立木总蓄积量 1 451 万立方米。林场职工总数为 15 878 人,其中在岗职工 11 197 人、离退休职工 3 512 人、其他职工 1 169 人。2000 年 10 月,经河南省政府同意,将开封兰考造纸林场收归河南林业厅管理。同年 11 月,河南省林业厅在开封市召开了全省平原国有林场现场会议,对平原地区国有林场的林地资源保护、产业结构调整,脱贫等重点工作进行了安排部署。到 2000 年底,全省共有国有林场 88 个,经营总面积 40.13 万公顷。其中分布在山区、半山区的有 64 个,分布在平原地区的有 24 个;经营面积在 6 666.67 公顷以上的 21 个,3 333.33 ~ 6 666.67 公顷的 25 个,3 333.33公顷以下的 42 个。国家共为全省国有林场投入扶贫资金 966 万元,其中中央财政投资 655 万元,省财政配套投资 311 万元,安排扶持脱贫项目 40 项。

【国有林场生产】　1979 年 3 月 30 日,河南省林业局发出《关于国营林场木材生产及供应问题的通知》,指出:河南省 1979 年木材生产已全部纳入国家计划,各国营林场 1979 年的木材生产任务将由省统一下达。通知要求:国营林场生产木材必须以省计划委员会下达的生产指标为准,地、县不准层层加码。采伐必须严格执行国家计划和国有林采伐规程;国营林场生产的木材全部列入国家统一分配计划,任何部门和单位不得无计划动用林场木材;国营林场生产的木材全部交由物资部门按国家统配计划调拨供应,具体调拨供应办法待商定后另文下达,下达前各地区不要动用木材;1978 年地区调拨给各用材单位的木材，截至年终未供应的指标，一律作废，林场 1978 年年终剩余存材全部抵作 1979 年供应任务；加强木材运输管理，运出县境的地方木材，必须由县上林业部门发给运输证明，运出省境的木材由省林业部门发给证明。1979 年国营林场生产首次列入国家计划，下达抚育间伐面积 0.8 万公顷，规格材 2 万立方米，修路 60 公里，下拨专用设备解放牌汽车 14 部、汽吊一部、油罐车一部。全省国营林场共完成抚育间伐面积 4 465 公顷，占计划任务的 55.8%；生产规格材 22 591 立方米，超计划任务 13%；产非规格材 74 989 立方米；修路 121 公里，超计划任务一倍。

1980 年 5 月 3 日，河南省计划委员会、林业厅印发《关于下达 1980 年国营林场木材生产计划的通知》。为弥补木材供应缺口，1980 年安排国营林场木材生产计划 48 000 立方米，其中抚育间伐面积 1.11 万公顷，出材 31 000 立方米；采伐木材 27 000 立方米。通知要求，为了保证国营林场青山常在，维持生态平衡，除了大搞植树造林、绿化宜林荒山和及时对采伐迹地更新造林外，必须严格控制采伐量，不得层层加码，任何单位或个人不得以任何借口计划外采伐和调拨木材，防止过伐。到 6 月 23 日，全省国营林场共完成造林 0.69 万公顷，育苗 8 667 公顷，幼林抚育 1.07 万公顷，成林抚育间伐 2 667 公顷，生产木材 1.3 万立方米。同时加强了种子园和母树林建设。已建种子园 40 公顷（其中 1979 年冬和 1980 年春建 26.67 公顷）；已建母树林 401.5 公顷（其中 1979 年冬和 1980 年春建 236.7 公顷）。有计划地进行引种、育种、选育良种，不少国营林场已实现林木良种化。1979 年冬和 1980 年春共防治森林病虫害 2.15 万公顷，其中生物防治 0.52 万公顷，飞机防治 1.06 万公顷。7 月 7 日，河南省林业厅下发《关于下达 1980 年林业基本建设计划项目的通知》。根据通知：1980 年中央和省分别安排河南省幼壮林抚育间伐面积 0.71 万公顷，生产规格木材 3.8 万立方米，修筑林区公路 95 公里、林道 40 公里，总投资 360 万元。10 月 16 日，河南省财政厅、林业厅联合下发《关于分配国营林场多种经营周转金的通知》。通知指出：为了支持国营林场开展综合利用，增加经济收益，根据各林场生产条件，确定供给多种经营周转金 80 万元。这笔资金由省林业厅通过农业银行向各林场办理直接拨款。该项经费省林业厅列入预算支出报销，到期收回后列预算外暂存，各林场作暂收款记载，不得列入决算。12 月 22 日，河南省林业厅印发《关于 1980 年国营造林、抚育间伐工作总结》。1980 年全年完成国营造林 0.85 万公顷，占计划的 106.7%；迹地更新造林 0.16 万公顷，成活率在 85% 以上；幼林抚育 3.11 万公顷，占计划的 116.5%；育苗 491 公顷，其中新育 261 公顷，产苗量可达 16 511 万株。完成间伐 0.51

万公顷，生产规格材2万立方米。修林区公路106.6公里。国家拨专款投资260万元。自筹资金间伐0.17万公顷。全省完成木材生产2.6万立方米。12月22日至29日，河南省委、省政府委托省农委在郑州召开全省国营林场体制改革座谈会，25个国营林场所在6个地区、19个县的地、县委或行署、县政府的负责人，地、县林业局局长、场长等共87人参加会议。会议提出了当前林场存在的问题：一是已开发的林场过伐严重，上交木材无保证，历年累计采伐木材100多万立方米，上交省的不到2万立方米；二是平调林场物资钱款的现象严重；三是林场体制不合理，缺乏自主权。会议建议：今后林场的基建、事业费投资实行包干制，节约增收由林场支配，多种经营收入由林场安排，等外材可自行加工出售，有权拒绝任何单位或个人的摊派及强行安排人员；实行经济和劳动管理责任制；充分利用资源，变废为宝，物尽其用；实行民主管理；组织职工家属子女参加林场劳动。

1981年1月27日，河南省林业厅发出《关于国营林场控制增加人员加强经济核算的通知》，要求各国营林场紧缩开支，不经省林业厅批准，不得擅自增加职工；对不需要的人员，林场有权拒绝安置，违者经济负担自负。3月12日，河南省林业厅向林业部国营林场局报送《河南省国营林场工商综合经营工作总结》。总结称：在"以林为主、多种经营、综合利用，以短养长"的方针指导下，河南省各国营林场普遍开展了多种经营活动，其中综合利用、林工商综合经营较好的林场有60个。实行产销见面（除洛阳地区龙峪湾林场、地区投资合办纤维板厂外），收入一律不上交，留场用于扩大林业再生产和职工福利。十一届三中全会以来，各国营林场认真贯彻"调整、改革、整顿、提高"的方针，加强经济管理，建立健全生产责任制，多种经营综合利用总收入从1979年的750万元增加到1 000万元，增长33.3%，其中纯利润200万元，占总产值的20%。3月20日，河南省林业厅发出《关于国营林场开展成林抚育、次生林改造的通知》。通知指出：1981年全省无森工投资，不安排木材生产任务。但考虑到今后林场发展，应以营林为基础，加强成林抚育，特安排中令林抚育和次生林改造任务1 443公顷。要求各地严格按技术规程办事，所产抚育材不上交，可用于以林养林。8月20日至9月20日，河南省林业厅组织检查组对河南省87个国营林场的生产工作进行了全面检查验收。检查结果：1981年全省国营林场原计划造林6 667公顷，实际完成8 200公顷；育苗保存面积433公顷，产合格苗13 000万株；幼林抚育2.47万公顷，抚育间伐2 467公顷，生产规格木材8 000立方米；营造速生丰产林280公顷。11月下旬，河南省林业厅对27个国营林场流动资金使用情况进行了总结。根据总结结果，1980

年林业部拨给河南省的80万元流动资金,重点分配给27个林场,10个月共创产值61万元,获利润13.3万元。27个林场开展多种经营、综合利用的项目可归纳为:加工锯材,木、竹、条制品加工,种植、养殖及收集加工间伐后的椽杆、薪柴等。据统计,以木、竹条制品加工使用资金少,获利多,年利润可达7万元。

1979年至1990年,全省国营林场共完成更新造林6.73万公顷,抚育幼林30.47万公顷次,生产商品材81万立方米,森林覆盖率提高到70%。

【国有林场管理】 1980年3月30日,根据林业部种苗局要求,省林业厅决定将国营西华林场、信阳鸡公山林场作为河南省与林业部直接联系单位。1980年4月9日,河南省林业厅致函林业部造林局,在《关于推荐我省营造速生丰产林重点林场与部建立联系》的函中,确定河南省睢县国营榆厢林场、舞阳县国营石漫滩林场、光山县白雀公社大尖山林场、禹县褚河公社余王大队林场等4个林场为林业部营造速生丰产林重点联系林场。4月23日,河南省人民政府作出关于建立宝天曼、牧虎顶森林保护区的批复,同意把南阳地区内乡县国营万沟林场中的宝天曼、牧虎顶林区划出一部分,作为森林保护区。6月14日,河南省林业厅批复商丘地区林业局,同意将国营商丘、虞城、程庄、榆厢等林场收归商丘地区林业局直接管理。9月25日,河南省人民政府对信阳地区行署、省林业厅作出批复,同意33650部队征用天目山林场马尾松幼林地63.8公顷,具体征用和补偿办法按《中华人民共和国森林法(试行)》第十四条规定办理。10月22日,河南省林业厅批复开封地区林业局,同意中牟县砖瓦厂占用国营林场土地15.32公顷,林木损失按1979年4月25日双方拟定的意见办理。

1981年4月29日,河南省林业厅向各国营林场发出《关于国营林场接受外单位科研任务应注意事项的通知》。通知要求:林场应根据科研单位经费有无保证和林场的力量来安排科研项目;要重新建立的试验基地,应从现有宜林地中解决,不能毁林搞科研,必须主伐和间伐现有林时,应报省林业厅主管部门批准后方可施工;今后凡安排外单位科研项目,双方必须签订合同,安排单位保证提供经费,林场保证完成科研项目,报经主管部门批准后执行。12月12日,河南省林业厅发出紧急通知,嵩县五马寺林场的龙池漫、木扎岭林区,栾川县国营老君山林场,鲁山县国营鲁山林场石人山林区,商城县国营金刚台林场,桐柏县国营陈庄林场,信阳国营鸡公山林场,济源县国营莽河、黄楝树、愚公林场等省拟定为自然保护区。

1982年6月28日,林业部对河南省林业厅《关于百庙岗林场部分国有林划归集体的请示报告》作出批复:原则同意将产权原属社队的国社合作营造的7 332.27公顷紫穗槐条林及万隆西地166.67公顷条林交给有关社队经营的意见。对国营林场在该林地上营造的林木,社队要在经济上适当予以补偿。在移交时,须认真做好思想教育工作,要求社队切实加强保护管理,不能破坏或改作他用。同时,防止其他一些社队借机向国营林场争要山林。

1986年3月,河南省林业厅批复同意将国营舞阳林场舞钢林区改建为森林植物园,隶属关系不变。批复指出:该园属暖温带向北亚热带过渡的森林植物类型,树种资源比较丰富,是具有科学研究、科学普及和旅游价值的综合性森林植物园地。4月28日,河南省林业厅对信阳地区林业局《关于省科协在南湾林场建休养院的报告》作出批复。批复主要内容是:在不改变林场山地权属的情况下,同意省科学技术协会占用山林面积5.69公顷,修建省科技工作者休养院。双方应严格执行协议,互利互惠,促进林业事业的发展。

据2000年统计,全省88个国有林场中,属市级人民政府或林业行政主管部门直管的有郑州市林场、开封市林场、焦作市林场、商丘民权林场、三门峡河西林场、驻马店薄山林场、南阳黄石庵林场、信阳鸡公山林场和信阳南湾林场等9个国有林场,其他79个国有林场属县级人民政府或林业行政主管部门管理。按单位级别划分,副处级以上的国有林场有郑州市林场、开封西寨林场、兰考林场、商丘民权林场、三门峡河西林场、南阳黄石庵林场、内乡万沟林场、信阳鸡公山林场和信阳南湾林场等9个国有林场,科级国有林场52个,股级国有林场27个。

〖国有河西林场〗　国有河西林场是1963年4月由河西森林经营所和文峪森林经营所合并而建成的,总面积15 127公顷。河西森林经营所始建于1955年,管辖森林面积10 659公顷;文峪森林经营所始建于1953年。1982年,河南省政府批准建立省级自然保护区,保护区面积4 080公顷。1984年12月,洛阳地区行署将河西林场下放到灵宝县管理,为事业单位。1992年1月31日,三门峡市政府决定将河西林场由县属变为市属管理。

〖国有兰考林场〗　国有兰考林场位于兰考县境内。1963年建场,原为轻工部直属的四大造纸林场之一。2000年后改由林业系统管理,现隶属兰考县政府管理。总经营总面积2 984公顷,其中有林地面积2 507公顷,活立木蓄积量2.45万立方米。全场有在职职工286人,离退休职工118人。国有兰考场的林地分布于兰考县内的十几个乡(镇)以及黄河滩区,大多为沙地、低洼易涝地、盐碱地,立地条件较差。近年来,林场通过对外承包、兴办职工家庭林场等途径,大力发展速生风产林、工业原料林,加快造林绿化步伐,取得了良好的经济效益和生态效益。

〖范县黄河林场〗　范县黄河林场始建于1959年12月,总面积79.97公顷,林业用地面积73.27公顷。建场至1964年归山东省管辖,1964年后归河南省管辖。由于该林场面积较小,交通不便,管理难度大,1991年4月8日,经河南省林业厅同意,将国营范县黄河林场移交给范县陆集乡人民政府代管。1998年4月,发生了林场被周边村民以修建避水台为由强行从林地取土的案件。案发后,濮阳市林业局、范县林业局、范县公安局、陆集乡派出所联合调查,使该案得到及时处理。根据调查组意见,范县黄河林场收归县林业局管理,并与石大庙村委会签订了土地承包合同。

【国有林场重大事件】　河南省发生的国有林场重大事件可分为以下几种类型:林地纠纷案件,特别是跨行政区域纠纷案件,比较有影响的案件有国有滑县林场与浚县群众林地纠纷、开封市西寨林场与商丘市民权县土地纠纷、叶县林场与方城县独树镇林地权纠纷等;侵犯国有林场合法权益案,如登封林场、鸡公山林场、鲁山林场、陈庄林场、郑州市林场等合法权益被侵害的案件;滥伐、盗伐国有林场林木案件;林场重大安全事故等。

〖国有滑县林场与浚县群众林地纠纷〗　该纠纷始发于1965年,1978年以后,双方矛盾不断发生,一直没有得到很好解决。1988年,河南省林业厅经过调查,提出了明确的处理意见,并报经河南省政府同意,发出了《关于处理国营滑县林场与浚县土地纠纷的通知》,要求鹤壁、安阳两市政府“维护原安阳地委安发[1966]85号文件中关于地界的处理意见”。此后,河南省林业厅多次派人前往督促。1998年7月,河南省林业厅组织鹤壁市、安阳市及浚县、滑县林业局组成联合调查组再次调查处理。12月,河南省林业厅向浚县政府发出《河南省林业厅关于收回侵占划拨的国有林地的函》,请浚县政府认真查处。1999年6月,河南省政府副秘书长召集了由省林业厅、鹤壁市政府、浚县政府领导人参加的协调会。2000年9月26日,《省内动态清样》报道了林场周边群众侵占国有林地的情况,河南省省长李克强、河南省委副书记范钦臣、副省长王明义作了批示。同年《人民日报》“读者来信内参”第274期刊登了“国有滑县林场大片林地被农民抢占开垦”的报道,中共河南省委书记陈奎元、国家林业局局长周生贤分别作了批示,河南省林业厅在调查后分别向中共河南省委、河南省政府作了报告。

〖王莽寨林场修路塌方事故〗　1980年5月15日,国营王莽寨林场在杏子沟林区修路施工中,发生了塌方事故,造成4人死亡。河南省林业厅于26日向全省发出通报,要求各地吸取教训,加强对安全生产的领导,对职工进行一次安全教育，发动群众进行安全生产大检查，杜绝类似事故再次发生。

〖栾川大坪林场特大安全事故〗 1985年2月1日，栾川大坪林场汽车在运送民工下山途中翻车，造成19人死亡、32人重伤、2人轻伤，汽车报废。

〖开封市西寨林场与商丘市民权县土地纠纷〗 1989年，当开封市西寨林场对低产林进行更新改造时，民权县尹店乡的驼王寨等3村先是围绕部分林地承包经营问题多次与林场发生纠纷，随后提出土地权属要求，发生国有林地使用权与集体土地所有权的权属争议。同年5月12日，因土地争议酿成白庙村民与西寨林场职工械斗流血事件。事发后，河南省林业厅、省土地管理局多次联合调查、复核、鉴定双方证据，协调各方面的意见。1992年，河南省政府下文，明确西寨林场与民权县尹店乡白庙村争议的3.33公顷土地，与驼王寨村争议的2.9公顷土地，与魏老虎村争议的36公顷土地，属于国有林地，使用权归国营开封市西寨林场。1998年，民权县双塔乡王马房村党支部书记王××带头哄抢国有林地，并与杞县阳固乡黄二庄村群众因抢占林地发生群殴械斗。2000年，又发生了"7·20"械斗事件和"8·14"盗伐林木案件。民权县王马房村委主任王××等纠集带有黑社会性质的恶势力，手持左轮手枪、火药枪、大刀等凶器，公然盗伐西寨林场马房分场林木595株，立木蓄积量490.18立方米。案发后，河南省林业厅、公安厅、国土资源厅均派人到现场实地调查、督办。

〖舞钢区林场毁林事件〗 1980年12月2日，河南省林业厅发出《关于舞钢区林场毁林事件的通报》。通报指出：国营舞钢区林场四林区负责人和林场生产股长私自决定让群众进入林区乱砍木材，毁坏幼林26 154株。这次事件是个别负责人的失职行为所致，实属一起严重违法乱纪事件，后果严重，损失之大是建场以来少有的。对这一事件，舞钢区委十分重视，由该区公安局、检察院、林业局组成调查组认真调查处理。

〖内黄林场毁林事件〗 1981年7月31日，河南省、地、县处理内黄林场毁林问题工作组提出《内黄林场毁林问题调查报告》。从1969年林权纠纷在该地发生开始，到1976年达到高峰，直至1981年4月省、地、县工作组进驻后，仍一直在持续，夜夜有人偷树，护林人员不断被打。10多年来，国营林被毁786公顷（包括林场采伐后因群众破坏无法更新的）；被毁成材树38.8万棵，幼树92万棵，条子40多万公斤；被强占林地333公顷，划占林地1万多公顷；强占房子21间；护林人员被殴打142人，其中重伤38人。破坏内黄林场林木的人员主要涉及内黄县后河等8个公社。河南省委、省政府对这一事件高度重视，严肃处理与林场毁林事件相关的责任人，对原县委书记赵××、田

××分别给予撤销党内外一切职务和党内警告处分。省委和省政府并责成安阳地委和行署迅速派人协助内黄县委、县政府，对已发生的毁林案件进行彻底清查，区别情况，严肃处理。对林场内部发生的毁林案件，特别是对内外勾结破坏林木和监守自盗的职工，依法从严处理；要求对内黄林场进行整顿，加强经济管理，密切场群关系。省委和省政府还决定将内黄林场毁林事件作为典型案件通报全省，要求各地采取果断措施，坚决刹住破坏森林的歪风，推动全省林业的发展。

第二节　森林公园

【森林公园建设简述】　中共十一届三中全会以后，随着全国旅游业的蓬勃兴起，林区丰富的森林风景资源的旅游开发价值和市场前景不断为社会所认识，从保护森林资源和满足社会旅游需要出发，按照林业部的部署，河南省在20世纪80年代初以国有林场为基础开始建立森林公园，发展森林旅游。1986年，林业部与河南省联合在国营登封林场建立了河南省第一个森林公园——嵩山国家森林公园。1987年3月27日，河南省计划经济委员会、省林业厅印发关于成立河南嵩山国家森林公园筹建领导小组的通知。通知指出：为了加快嵩山国家森林公园的建设和协调各方面的工作，经林业部与河南省有关部门研究，同意成立河南嵩山国家森林公园筹建领导小组。领导小组下设办公室，办公地点设在国营登封林场。河南嵩山国家森林公园筹建领导小组组长由林业部造林经营司副司长李石刚担任，河南林业厅副厅长王庭训、蒋书铭，省计划经济委员会委员王全书，郑州市副市长彭甲戌，登封县副县长杨国峰担任副组长。1992年全国森林公园工作会议后，河南省以国营林场为重点的森林公园建设全面启动，景区开发建设取得较大突破，森林旅游的品牌、形象逐步确立，市场稳步拓展。1998年，河南省人民政府出台《关于加快发展旅游业的决定》后，森林旅游引起了各级党委、政府和各部门的普遍重视与大力支持，景区基础和服务设施不断改善，嵩山、白云山、龙峪湾、南湾等一批森林公园进入全省知名景区行列，森林旅游在全省旅游产业中的地位不断提高。2000年9月15日至16日，河南省林业厅在三门峡市召开了全省森林旅游工作座谈会，国家林业局场圃总站的领导到会讲话。会议全面总结了森林公园建设15年来的工作成绩与不足，按照河南省政府出台的《关于加快发展旅游业的决定》要求，提出了今后一个时期河南森林公园建设和森林旅游发展的总体思路，明确了重点任务与主要措施。截至2000年底，全省共建立森林公园 35 处，总面积 113 589 公顷，其中国家级森林公园 14 处、省级森林公园 21 处。2000 年全省森林公园接待游客 198 万人次，直接收入 1 380 万元。

【嵩山国家森林公园】 1986 年 10 月，经林业部批准，由河南省林业厅和林业部造林司联合以国营登封林场为基础建设嵩山国家森林公园。嵩山国家森林公园是全国首批建立的 10 个国家森林公园之一，规划面积 11 533 公顷。嵩山国家森林公园位于登封市西北部，嵩山山脉的南麓，这里山体挺拔、寺庙林立、风景秀丽。森林公园共分五大景区。其中：少林寺景区面积 2 132.3 公顷，主要景点有少林寺塔林、初祖庵、达摩洞、少林寺、少室夕照、少室晴雪等；三皇寨景区面积 2 614.4 公顷，主要景点有安阳宫、少室阙、清凉寺、三皇寨、清徽宫、玉皇庙、莲花寺等；会善寺景区面积 1 799.7 公顷，主要景点有会善寺、大塔寺（嵩岳寺塔）、法王寺、嵩阳书院、老母洞、启母阙、白鹤观、峻极峰等；中岳庙景区面积 2 492.4 公顷，主要景点有中岳庙、太室阙、黄盖峰、卢崖寺、卢崖瀑布、宋代铁人等；马鞍山景区面积 2 609.1 公顷，主要景点有菩提寺、行宫、蟠龙宫等。

【花果山国家森林公园】 1991 年 1 月，林业部批准在国营宜阳林场板桥林区建立花果山森林公园。1993 年 5 月，经林业部批准，花果山森林公园晋升为国家级森林公园。花果山国家森林公园位于宜阳县城西南，规划面积 4 213 公顷。主要自然景观有奇峰异石、泉溪瀑潭、天象景观、花山之春、果山秋色等；主要人文景观有花山庙、凌云阁、灵山寺、名人诗画等；主要旅游项目有花果山觅圣区、岳顶风光区、七峪飞瀑区、灵山名胜区及珍稀动植物保护区。

【南湾国家森林公园】 1991 年 6 月，经林业部批准，在国营南湾林场贤山林区、水上林区建立南湾森林公园，公园规划面积 2 810 公顷。1996 年 9 月，经林业部批准，南湾森林公园晋升为国家级森林公园。南湾国家森林公园距信阳市 5 公里，属岛屿与湖湾景观，已开发的景点有鸟岛、猴岛、李家庙岛等。

【白云山国家森林公园】 1992 年 9 月，经林业部批准，依托国营五马寺林场，建立了五马寺国家森林公园，公园规划面积 8 133.33 公顷。1993 年 5 月，经林业部批准，五马寺国家森林公园更名为白云山国家森林公园。白云山国家森林公园位于嵩县南部，与龙峪湾国家森林公园相连。景区内有瀑布 10 余处、潭池 20 余处。主要景观有：黑龙潭、黄龙井、盘龙潭、珍珠潭、白龙瀑布、九龙瀑布、白蛇洞、白云山、黑云山、仙人桥、天桥等。

【石漫滩国家森林公园】 1992 年 9 月，经林业部批准，在国有舞钢石漫滩林场的基础上建设了石漫滩国家级森林公园。石漫滩国家森林公园位于平顶山市舞钢市的南部，地处伏牛山东部余脉与黄淮平原交界地带，环绕石漫滩水库，规划总面积 5 333 公顷。森林公园的自然景观主要有九龙潭、仙人洞、原始海底、八万坡瀑布、仙人桥池、辛夷树林、天池绝壁十七瀑、秤锤石、对眼洞（送子洞）等；人文景观主要有石漫滩水库、十七瀑石刻等。

【薄山国家森林公园】　1992 年 9 月，经林业部批准，在国营薄山林场建立了薄山国家级森林公园，公园规划总面积 6 067 公顷。薄山国家森林公园位于确山县西南部的伏牛山东段余脉浅山丘陵区，紧邻薄山水库。主要自然景观有岛屿湖湾、奇峰异石；人文景观有汉代朗陵故城、冶铁遗址、大禹治水处、观星台、芦王寨、天池等。

【龙峪湾国家森林公园】　1993 年 10 月，经河南省林业厅批准，在国营龙峪湾林场的基础上建立了龙峪湾省级森林公园，公园面积 1 833 公顷。1994 年 11 月，经林业部批准，龙峪湾省级森林公园晋升为国家级森林公园。龙峪湾国家森林公园位于栾川县东南部的伏牛山北坡，属中高山类型。区内自然景观主要有千峰竞秀、狭谷怪石、深潭飞瀑、幽洞清泉；人文景观主要有洪洛河（旧名经洛河）、经洛寺、险峰石寨、龙峪湾、杨山等。

【寺山国家森林公园】　寺山国家森林公园位于河南省西部西峡县城西的灌河岸边，属伏牛山西段的南麓，为典型的山岳森林公园，1992 年 9 月经林业部批准建立，总规划面积 5 600 公顷。景区内有寺山、金灯石、金灯寺、神仙洞等景点。

【风穴寺国家森林公园】　风穴寺国家森林公园位于中原腹地、河南省汝州市北部，于 1992 年 9 月经林业部批准建立，总规划面积 676.67 公顷，因园内有千年古刹风穴寺而得名。风穴寺位于汝州市东北 9 公里的嵩山少室南麓风穴山，北靠玉皇，东倚龙山，西偎黄鹿，南眺汝水，在三山环抱之中，周围苍柏叠翠，峰峦回转，飞桥泻瀑，清泉侧流，宝塔高耸，殿阁巍峨，是一座风光如画、久享盛名的千年古刹。主要人文景观有风穴寺、刘希夷墓等。

【开封市国家森林公园】　开封市国家森林公园位于开封市郊，北距黄河 10 公里，南邻陇海铁路；于 1992 年 9 月经林业部批准建立，总规划面积 553 公顷。景区内主要景点有谷风松涛、秋林爱晚等。

【亚武山国家森林公园】　亚武山国家森林公园总规划面积 15 133 公顷，于 1992 年 11 月经林业部批准建立。亚武山位于豫西黄河南岸 19 公里的小秦岭山中，地处秦、晋、豫三省交界的灵宝市西部。亚武山国家森林公园景区内有东、西、南、北、中五座山峰耸立，自然景观具有“雄”、“险”、“奇”、“野”的特点；人文景观主要有南天门、玉皇殿、天一宫、云霄殿、进山门、玉锁关等。

【云台山国家森林公园】　1993 年 5 月，经林业部批准建立的云台山国家森林公园,总规划面积 359 公顷 ,森林覆盖率达 90% 。云台山国家森林公园内林区四季分明,气候宜人,森林景观优美,自然景观奇特,有茱萸峰、锯齿山、三秀石、西瀛观、天狗守门等 36 座山峰,有药王洞、阎王洞、厨灶洞、石青洞、通天洞、叠彩洞等 27 个溶洞,人文景观有云台寺、云梯、云桥、戒赌碑等。

【五龙洞国家森林公园】 1995 年 11 月,经林业部批准建立的五龙洞国家森林公园,位于林州市与卫辉、淇县的交界处,总规划面积 2 527 公顷,公园内自然景观有金鸡展翅、五龙洞、高祖泉、天生桥等 40 余处,人文景观有清风寺、皇姑庵、三教堂等。景观特色各具,情趣昂然。

【甘山国家森林公园】 甘山国家森林公园位于三门峡市陕县南部窑店林场境内,距三门峡市区 30 公里,2000 年 12 月经国家林业局批准建立,总规划面积 3 800 公顷。森林公园内的自然景观有玉翠峰、罗汉峰、聚仙峰、光武峰等,人文景观有铁瓦庙、祖师庙、钟楼、马武寨、崔氏洞等。

【郑州市森林公园】 郑州市森林公园位于郑州市东北部,距市中心 7 公里,属森林公园类自然风景旅游区。1992 年经国家林业部批准,在 1951 年成立的郑州市林场的基础上建立,总规划面积 313 公顷。郑州市森林公园是一个集山、林、水、岛、湾于一体的休闲游览区,每年春节都要举办大型中原民俗文化庙会。

【白云寺森林公园】 白云寺森林公园位于河南省辉县市城西 25 公里太行山南麓的关山峰下,北依太行,南眺黄河,总规划面积 2 593 公顷,于 1992 年 4 月经林业部批准建立。森林公园内森林覆盖率达 77% ,奇峰突兀,飞泉泻玉,古木参天,景色宜人。园内自然景观有残阳沟、水帘洞等,人文景观有白云寺、大佛殿、中湖寺等。

【乐山森林公园】 乐山国家级森林公园位于河南省确山县城西北 7 公里处,1992 年 11 月经林业部批准建立,总规划面积 6 800 公顷。景区内自然景观以乐山群峰为主,山上原始次生林生长茂密,山间飞瀑流泉千姿百态。人文景观有北泉寺、颜公碑、鲁山祠等。

【中牟森林公园】 1993 年 5 月,经河南省林业厅批准建立的中牟森林公园,位于河南省东部黄泛区、中牟县境内,总规划面积 5 458 公顷。公园内春可观花,夏可避暑,秋可尝果,冬可看雪,是平原田园风光式的森林公园,别具一格。

【黄河故道森林公园】 黄河故道森林公园位于河南省新乡市正东 20 公里处的黄河故道区,于 1993 年 1 月经河南省林业厅批准建立,总规划面积 4 198 公顷。黄河故道森林公园北临大(同)广(州)高速公路,南靠新(乡)菏(泽)铁路,西望京珠高速公路,省道新(乡)长(垣)北线、新(乡)滑(县)线贯穿其中,自然景观有万亩槐林、白天鹅自然保护区等,人文景点有吴起城、船城、棘津等。

【上寺森林公园】 上寺森林公园位于淅川县西南仓房乡境内,总规划面积420公顷。1993年11月经河南省林业厅批准建立。园内自然景观有羊山三穴洞,蛇山、龟山、磊山、上寺八景等;人文景观有香严寺,战国、汉代墓群等。

【菩提寺森林公园】 菩提寺森林公园位于河南省镇平县城东北部12公里处的老庄镇杏花山,属秦岭褶皱系伏牛山的延伸部分。1993年11月经河南省林业厅批准建立,总规划面积133公顷。公园内自然景观与人文景观互映成趣,风景名胜与神话传互为诠释。主要景点有菩提寺、彭公祠等。

【白云山森林公园】 白云山森林公园位于河南省驻马店市泌阳县城东北72公里处,1993年11月经河南省林业厅批准建立,总规划面积10 000公顷。森林公园所在地属伏牛山余脉,白云山北麓为沙河发源地,东流入淮河;南麓为泌阳河发源地,西流入汉水达长江,故有一山两水之说。白云山森林公园是山岳自然生态型森林公园,园内森林覆盖率达95%。通过近几年的开发,公园已形成“春有花、夏有荫、秋有果、冬有青”的生态环境。

【龙虎森林公园】 龙虎森林公园位于河南省安阳市滑县境内,1995年7月经河南省林业厅批准建立,总规划面积363公顷,以植物造景为特色,是华北地区唯一以平原森林为特色的森林公园。

【丹霞山森林公园】 丹霞山森林公园位于河南省南召县城东部,距县城18公里,总规划面积933公顷,1995年7月经河南省林业厅批准建立。丹霞山森林公园有着典型的北方丹霞地貌,这里的崖壁、山谷、岩石、土质均呈紫红色,每至旦暮,彩霞赫炽,起自山谷,色若渥丹,灿如明霞,因而有“八百里伏牛,五百里丹霞”之誉。园内以千年古刹丹霞寺为主,配以优美的山、水、林风光,融人文、自然景观为一体。

【焦作森林公园】 焦作森林公园位于河南省焦作市西郊,总规划面积937公顷,1996年1月经河南省林业厅批准建立。

【云梦山森林公园】 云梦山森林公园位于河南省鹤壁市淇县西部,为国家4A级景区,总规划面积3 000公顷,1996年3月经河南省林业厅批准建立。景区内奇山、秀泉、妙洞、幽谷相映成趣,浑然天成。自然景观有水帘洞、仙牛洞、云梦大草原等,人文景观有五里鬼谷、中华第一古军校等。

【嵩北森林公园】 嵩北森林公园位于河南省巩义市南部山区夹津口镇境内,距巩义市区20多公里,总规划面积493公顷,1996年5月经河南省林业厅批准建立,是生态旅游型森林公园。园内群峰耸立,松柏叠翠,沟峡谷深,瀑飞泉流，构成极富特色的旅游胜境。自然景观有井沟大峡谷、娘娘床、石楼等，人文景观有汉代冶铁遗址、罗汉寺遗址、抗日御敌的公川古寨等。

【禹州森林植物园】 禹州森林公园位于禹州市城区东北部，距市中心2.5公里，面积66.67公顷，国家4A级旅游景区，河南省药用植物园。1996年12月经河南省林业厅批准建立。园区森林覆盖率达89.9%，汇集国内外各类植物1 200多种，其中珍稀植物116种。全园共分彩叶林区、百果林区、百药苑区等9个景区，是以森林野趣为主体，集旅游观光、休闲度假为一体的综合性生态型森林植物园。

【濮阳黄埔森林公园】 濮阳黄埔森林公园1997年6月经河南省林业厅批准建立，总规划面积1 198公顷。园区内有鸵鸟观赏区、垂钓区，园区外有绿色庄园、千亩水塘毗邻，山水互应，桥湖相连，松柏苍翠，风景秀丽，是休闲娱乐、缓解压力的理想场所。

【青龙山森林公园】 1998年6月，经河南省林业厅批准建立的青龙山森林公园，位于巩义市境内，总规划面积2 317公顷。青龙山森林公园四季分明，春季遍山吐翠，百花烂漫；夏季云烟缭绕，气象万千；秋则满山红叶，层林尽染；冬则苍松翠柏，山舞银蛇。自然景观有天然大佛、金龟驮宝、青龙探水等，人文景观有慈云寺、吴窑等。

【全宝山森林公园】 全宝山森林公园位于洛宁县与栾川县交界处，总规划面积958公顷，1999年11月经河南省林业厅批准建立。公园内林海万顷，古树参天，景点有130多处，主要以山峻、峰奇、水秀、谷幽为特点。

【大寺森林公园】 2000年7月，经河南省林业厅批准建立的大寺森林公园，位于方城县桐柏山余脉的大乘山内，总规划面积433公顷。大寺森林公园山峰连绵，沟壑纵横，或孤峰独秀，或群峰相依，造型优美，形神兼备。自然景观有白龙山、金背月、三星潭等，人文景观有龙王庙、望家楼等。

【紫云山森林公园】 紫云山森林公园位于河南省襄城县西南部，属伏牛山系东麓，总规划面积1 588公顷，2000年7月经河南省林业厅批准建立，是一处集人文与自然景观为一体的旅游胜地。景区内自然景观有万亩槲林、仙翁湖、天女湖等，人文景观有紫云书院、商周姜子牙故里、龟井祥霖观等。

【金顶山森林公园】 金顶山森林公园位于河南省确山县蚁蜂镇南部，总规划面积2 400公顷，2000年12月经河南省林业厅批准建立。金顶山森林公园处于暖温带与亚热带过渡地带，园内谷深峰险，林茂湖幽，一派原始风貌。自然景观有金沙湖、黑龙潭、鲸鱼戏水等，人文景观有竹林寺、云空寺等。

【独山森林公园】 独山森林公园位于河南省南阳市境内，距南阳市中心城区

3 公里，总规划面积 400 公顷。2000 年 12 月经河南省林业厅批准建立。独山森林公园风景秀丽，青山依傍，白水缠绕，林木苍翠，湖水清碧。公园内的独山北连丰紫，西看塔磨，东傍白河，南俯宛城，不仅以盛产全国四大名玉之一的独山玉而天下闻名，而且是道、佛两教圣地，主要人文景观有祖师宫、豫禅寺等。

第三节　自然保护区

【自然保护区简述】　1980 年，河南省建立了第一个自然保护区，经过 20 年的发展建设，到 2000 年，全省林业系统共建立森林类型、湿地类型和野生动物类型自然保护区 13 处，其中国家级自然保护区 4 处，省级自然保护区 9 处，总面积 19.08 万公顷，占全省国土面积的 1.13%。保护区主要分布在太行山、伏牛山、大别山、桐柏山四大山系，以及黄河、淮河、长江干、支流区域，初步形成了以太行山、伏牛山、桐柏山、大别山等森林植被和黄河、淮河、长江等流域湿地为主，覆盖全省重要典型生态系统和国家重点保护野生动植物的自然保护区网络，有效保护了省内约 80% 的典型生态系统类型和国家重点保护的野生动植物物种。

1980 年 4 月 23 日，河南省人民政府对省林业厅、南阳地区行署、内乡县委、省直有关单位作出关于建立宝天曼、牧虎顶森林保护区的批复，同意把南阳地区内乡县国营万沟林场中的宝天曼、牧虎顶林区划出一部分作为森林保护区，并成立了伏牛山宝天曼森林自然保护区管理所，属省林业厅领导。11 月 6 日，河南省编制委员会向省林业厅作出《关于伏牛山宝天曼森林自然保护区管理所编制的批复》，同意把南阳地区内乡县国营万沟林场中的宝天曼、牧虎顶林区划出一部分，作为伏牛山宝天曼森林自然保护区，并成立伏牛山宝天曼森林自然保护区管理所，直属省林业厅领导，事业编制 20 名。

1981 年 12 月 12 日，河南省林业厅发出紧急通知，拟定嵩县五马寺林场的龙池漫、木扎岭林区，栾川县国营老君山林场，鲁山县国营鲁山林场石人山林区，商城县国营金刚台林场，桐柏县国营陈庄林场，信阳国营鸡公山林场，济源县国营莽河、黄楝树、愚公林场等地为自然保护区，从 1982 年 1 月开始，以上所指范围内，暂停主伐、择伐，实行封山保护。12 日至 15 日，河南省自然保护区区划（林业专业）座谈会在郑州召开，参加座谈会的有省委区划办公室、省环境保护办公室、河南师范大学、河南农学院、新乡师范学院、省地理研究所、省林业勘察队等单位有关专业的 12 位讲师、助理研究员、工程师等。会上传达了全国自然保护区区划（成都）会议精神和中央自然保护区专业组负责人的讲话精神，讨论了自然保护工作的重要性和河南省自然保护工作开展的情况。会议决定5月3日由上述单位联合组成专业队伍，对河南省黄柏山、鸡公山、太白山、太白顶、龙池漫、石人山、老君山、小秦岭、鳌背山等拟划自然保护区进行踏查。

1982年7月4日，《河南日报》报道，为保护野生珍贵稀有动、植物，发展利用资源，省政府再批准建立13个自然保护区，即：南召宝天曼自然保护区、栾川老君山自然保护区、灵宝小秦岭禁猎禁伐区、鲁山石人山自然保护区、信阳鸡公山自然保护区、罗山董寨—鸟类自然保护区、新县连康山自然保护区、商城金刚台自然保护区、桐柏太白顶自然保护区、西峡老界岭自然保护区、济源黄栋树—猕猴自然保护区、济源蟒河—猕猴自然保护区、嵩县龙池漫自然保护区等。连同1980年批准的内乡县宝天曼自然保护区共14个，总面积8.52万公顷，占全省总面积的0.51%。省政府要求各保护区都要建立管理处(所)，每66.67公顷至100公顷配备管理人员一人，认真搞好自然保护区的管理工作，使自然资源得到合理的利用。

1987年3月18日，河南省林业厅成立河南省林业厅自然保护区管理站。

1990年6月20日至23日，河南省林业厅在鲁山县召开了全省林业系统自然保护区会议。会上总结了十年自然保护区建设成绩，并安排了今后的工作。会议强调：一要全面、客观分析和认识河南省森林与野生动物类型自然保护区的建设情况。二要扩大和深化对自然保护区性质、作用、意义的宣传。三要认真检查落实《森林和野生动物类型自然保护区管理办法》执行情况，并将执行中存在的问题如实向当地政府汇报。各有关市(地)、县林业局主管局长、科长和各保护区的负责人，中央和省内有关大专院校、科研单位的专家、教授和新闻工作者，平顶山市政府和鲁山县委、县政府的有关领导参加了会议。1990年以后，全省陆续完成了鸡公山、宝天曼两个国家级自然保护区一期工程的建设，启动了鸡公山国家级自然保护区二期工程的建设。对两个国家级自然保护区进行了管护站(点)、巡护道路、通信、用电、用水等设施建设，改进了自然保护区的管护、监测、科研、防火、通信、旅游服务设施。

1993年12月28日，河南省林业厅、省城乡建设环境保护厅联合发出《关于进一步做好自然保护区与风景名胜区之间协调工作的通知》。通知指出：1980年以来，经国务院和省政府批准，河南省先后建立15处森林和野生动物类型自然保护区，其中国家级2处，省级13处。国家级风景名胜区3处，省级风景名胜区15处。风景名胜区与保护区的建立，对改善生态环境，保护风景名胜及珍稀动植物资源，开展科学研究，扩大国际国内科学技术交流和合作，促进旅游事业及地方经济发展和“两个文明”建设发挥了积极作用。根据省政府领导的批示精神，针对保护区面临的严峻问题，经省林业厅、省城乡建设环境保护厅协商，并报请省政府同意，向全省各地发出该通知，以切实做好自然保护区和风景名胜区之间的协调工作。各级政府要认真贯彻执行《森林和野生动物类型自然保护区管理办法》、《风景名胜区管理暂行条例》和《河南省森林和野生动物类型自然保护区管理细则》，加强对自然保护区和风景名胜区的领导、管理。凡已被划入风景区范围内的自然保护区，坚持三不变原则。实行新建风景名胜区和自然保护区的申报审批制度。

1997 年 6 月 16 日，河南太行山猕猴自然保护区管理委员会成立。河南太行山猕猴自然保护区位于济源、沁阳、修武、辉县及焦作市境内，由“河南济源猕猴省级自然保护区”、“河南沁阳白松岭省级自然保护区”、“太行山禁猎禁伐区”、“辉县石门沟自然保护区”、国有焦作林场、国有修武林场等组成，总面积 5.66 万公顷，是河南省面积最大的森林和野生动物类型自然保护区。河南省政府于 1997 年 4 月批准申报太行山猕猴自然保护区为国家自然保护区。由于太行山猕猴自然保护区跨越济源、焦作、新乡三个市，给管理上增加了难度。为切实加强对太行山猕猴自然保护区的保护管理工作，经河南省林业厅研究并与有关市（地）协商，决定成立河南太行山猕猴自然保护区管理委员会，负责太行山猕猴自然保护区的保护、科研、管理、组织协调等工作。

【宝天曼国家级自然保护区】　1980 年，河南省人民政府批准在国有万沟林场的基础上，建立内乡宝天曼省级自然保护区，保护区面积 5 413 公顷，以森林生态和野生动植物作为主要保护对象。1988 年 5 月，国务院批准宝天曼为国家级自然保护区；1992 年 2 月，宝天曼被确定为具有国家和全球重要意义的区域（A 级自然保护优先领域的自然保护区）；1993 年 4 月，中国人与生物圈国家委员会把宝天曼纳入中国人与生物圈保护区网络；2000 年，国家林业局保护司将伏牛山国家级自然保护区万沟林场部分（3 891 公顷）划归宝天曼国家级自然保护区统一管理，保护区面积增至 9 304 公顷。宝天曼是河南省建立的第一个自然保护区，保护区森林覆被率 97.3%，区内共有植物 2 911 种及变种，隶属 256 科、1 054 属，占河南植物总数的 73%，其中国家重点保护野生植物 28 种；有陆生野生动物 201 种，隶属 64 科，其中兽类 18 科 48 种，爬行动物 8 科 26 种，两栖动物 4 科 11 种，鸟类 34 科 116 种。全区有国家重点保护动物 48 种。

【鸡公山国家级自然保护区】　信阳鸡公山省级自然保护区。1982 年 6 月河南省人民政府批准，在原国有鸡公山林场的基础上建立。保护区总面积2 917

公顷，以森林生态和野生动植物为主要保护对象。1988 年，经国务院批准，信阳鸡公山省级自然保护区晋升为河南省鸡公山国家级自然保护区，同时成立了河南省鸡公山国家级自然保护区管理局，副处级单位。保护区位于河南省信阳市浉河区南端，与湖北省应山县毗邻。区域内天然林面积 1 817 公顷，人工林面积 1 100 公顷。区内有植物 251 科 915 属 2 260 种，其中维管束植物 193 科 784 属 2 036 种；有陆生脊椎动物 28 目 69 科 258 种，其中两栖动物 15 种，爬行动物 28 种，鸟类 170 种，兽类 45 种。保护区内被列为国家重点保护的植物有 10 余种、动物有 29 种，其中有鸟兽 27 种，两栖爬行类 2 种。

【伏牛山国家级自然保护区】 1982 年，河南省人民政府批准在伏牛山国有嵩县五马寺林场、栾川老君山林场、鲁山林场、南召乔端林场、西峡黄石庵林场的基础上建立嵩县龙池曼、栾川老君山、鲁山石人山、南召宝天曼、西峡老界岭 5 个省级自然保护区。1992 年 2 月，原林业部与世界自然基金会（WWF）将伏牛山确定为具有国家和全球重要意义的区域（A 级自然保护优先领域的保护区）；同年 10 月，又被确定为森林生态系统自然保护的优先领域。1997 年 12 月，经国务院批准，上述 5 个自然保护区合为一体，并将南召乔端林场、内乡万沟林场、西峡黄石庵林场、嵩县五马寺林场的部分林区划入在内，建立河南伏牛山国家级自然保护区，区内全部为国有林区，总面积 56 000 公顷，主要保护森林生态系统和野生动植物。区内有维管束植物 175 科 892 属 2 879 种（含 10 个亚种，206 个变种，12 个变型），其中国家保护植物 31 种、河南省保护植物 33 种；有陆生脊椎动物 320 种，其中两栖类 4 科 6 属 14 种，爬行类 8 科 18 属 31 种，鸟类 44 科 133 属 213 种，兽类 19 科 47 属 62 种。全区共有国家重点保护脊椎动物 49 种，其中一级保护动物 7 种，二级保护动物 42 种，河南省重点保护脊椎动物 31 种。

【太行山猕猴国家级自然保护区】 1982 年，河南省人民政府批准在国有济源愚公、蟒河、邵原、黄楝树林场的基础上建立济源蟒河—猕猴省级自然保护区，在原济源县太行山集体林区建立太行山禁猎禁伐区。1991 年，省政府批准建立沁阳白松岭自然保护区。1994 年，辉县市政府建立了石门沟县级自然保护区。1998 年经国务院批准，在以上 4 个保护区和国有修武、焦作市林场部分林区的基础上，合并成立河南太行山猕猴国家级自然保护区，总面积 56 600 公顷，以猕猴、金钱豹等野生动物为主要保护对象。该保护区位于河南省北部济源、沁阳、修武和辉县 4 县（市）境内。区内有维管束植物 163 科 734 属 1 689种，其中二级国家保护植物 3 种；共有陆生脊椎动物 201 种，其中两栖类 4 科 8 种，爬行类 8 科 19 种，鸟类 39 科 140 种，兽类 17 科 34 种。全区共有国家重点保护动物32种,其中一级保护5种、二级保护27种。区域内猕猴是亚洲分布的最北界种群,是华北地区唯一残留的灵长类动物。

【罗山董寨—鸟类省级自然保护区】　罗山董寨—鸟类省级自然保护区1982年6月经河南省人民政府批准在国有罗山董寨林场的基础上成立。保护区以白冠长尾雉等森林珍稀鸟类为主要保护对象,总面积10 000公顷。区内动植物资源十分丰富,有维管束植物1 879种,其中珍稀保护植物38种;有兽类动物37种,两栖爬行类动物44种;有鸟类237种,占河南省鸟类种数的79%,占全国鸟类种类的20%,是同一纬度或同一经度保护区中鸟类种类最多的一个,其中国家重点保护鸟类39种,列入中日候鸟保护协定名录的有95种。1993年,罗山董寨省级自然保护区被列入世界自然基金会(WWF)优先保护及国家和全球重要意义的区域。

【灵宝小秦岭禁猎禁伐区】　1982年6月,河南省人民政府批准在国有河西林场全家峪、文峪林区(灵宝市与陕西交界的小秦岭)的基础上建立禁猎禁伐区,总面积4 080公顷,以北亚热带向暖温带过渡带森林生态和野生动植物为主要保护对象。该区动植物资源十分丰富,有陆栖脊椎动物230余种,其中国家重点保护动物27种,一级保护动物5种,二级保护动物22种;有种子植物2 136种及变种,其中国家重点保护野生植物13种,一级保护植物2种,二级保护植物11种。植物区系起源古老,中国特有、残遗属种众多,是河南省重要的植物资源宝库,具有较强的代表性。

【商城金刚台省级自然保护区】　1982年6月,河南省人民政府批准在国有金刚台林场的基础上建立了商城金刚台省级自然保护区。该保护区以森林生态和野生动植物为主要保护对象,总面积2 972公顷。金刚台自然保护区内森林苍翠繁茂,生物资源丰富,有维管植物2 500种、陆生脊椎动物约250种。该区生态类型属北亚热带生态类型,对研究我国亚热带北缘的动植物分布演替规律有重要价值。

【桐柏太白顶省级自然保护区】　桐柏太白顶省级自然保护区,1982年6月经省人民政府批准在国有陈庄林场的基础上建立。该保护区以森林生态和野生动植物为主要保护对象,总面积4 924公顷。区内动植物资源较为丰富,有维管植物2 000多种,其中国家重点保护植物20余种;有陆栖脊椎动物200多种,其中国家重点保护动物有19种。

【新县连康山省级自然保护区】　1982年6月,省人民政府批准在国有新县林场的基础上建立的新县连康山省级自然保护区,以森林生态和野生动植物为主要保护对象,总面积2 000公顷。保护区位于河南省南端,江、淮流域之间,地处北亚热带湿润气候区，气候温和、雨量充沛，森林覆盖率70%以上，森林植被属北亚热带常绿、落叶阔叶林类型，为河南省典型的综合性森林生态类型，属北亚热带向暖温带过渡带森林生态系统，生物资源较为丰富。该区有维管植物1 940种，其中国家重点保护野生植物24种；有陆生脊椎动物300余种，其中国家重点保护野生动物有金钱豹、白冠长尾雉、大鲵、金雕等24种。

【开封柳园口湿地省级自然保护区】　1994年6月，河南省人民政府批准建立开封柳园口湿地省级自然保护区。该保护区以湿地生态和水鸟为主要保护对象，总面积16 148公顷，是河南省重要的候鸟越冬地和停歇地，区内有鸟类200多种，其中国家重点保护鸟类30余种。

【三门峡库区湿地省级自然保护区】　1995年1月，河南省人民政府批准在三门峡黄河库区建立三门峡库区湿地省级自然保护区，以湿地生态和鸟类为主要保护对象，总面积19 544公顷。该地区具有典型的湿地生态环境，是许多鸟类的越冬地和停歇地。

【孟津黄河湿地省级自然保护区】　孟津黄河湿地省级自然保护区，1995年1月经河南省人民政府批准建立，以湿地生态和水禽为主要保护对象，总面积6 206公顷。该区位于洛阳市孟津黄河滩区，水禽数量达3万只以上，是河南省重要的候鸟越冬地和停歇地。

【洛阳吉利黄河湿地省级自然保护区】　1999年9月，河南省人民政府批准在洛阳市吉利区建立的吉利黄河湿地省级自然保护区，以湿地生态和水鸟为主要保护对象，总面积3 500公顷。该区位于小浪底水库下游，有广阔的浅水滩涂资源，为鸟类的迁徙、越冬、觅食提供了理想场所。

第八章　林业科技教育与外事

【林业科技教育与外事概述】　1978年以后,河南省逐步加强了林业科技、教育和外事工作,林业科学研究、林业科技示范与推广、林业高技术产业化、林业科技智力引进和林业国际合作与交流不断加强,林业科研、推广和林业教育体系不断完善。到2000年,全省林业科技成果转化率已达34%,科技成果覆盖面达30%,林业科技贡献率达28.99%,林木良种使用率达57%;林业高等和中等教育在校生达5 000多人;共开展国际交流与合作60多次。

第一节　林业科技

【林业科技简述】　河南省的林业科技工作包括林业科学研究、林业科技示范与推广、林业高技术产业化、林业技术监督和标准化、林业科技智力引进和国际合作与交流、林业科技体制改革与体系建设等方面的内容。林业科学研究的重点集中在泡桐、松树、油桐等乡土用材树种和苹果、枣等经济林树种的丰产栽培技术,以及泡桐、苹果、枣等少数树种的病虫害防治技术研究等方面,围绕实施《河南省十年造林绿化规划(1900~1999)》,在主要用材林和名特优经济林优良品种选育(引进)及丰产栽培、林业生态工程建设技术、森林资源保护与高效利用技术等方面开展了科学研究和科技攻关,选育林果优良新品种。林业推广工作以落实部、省重点科技推广项目为重点,建立各类推广示范基地;推广了三倍体毛白杨、四倍体刺槐、黑核桃、板栗、银杏、大枣等一批优良树种;推广应用了全光照喷雾育苗、脱毒繁育、ABT生根粉,抗旱造林等一批育苗、造林新技术。林业高技术产业化工作"九五"期间正式启动。在木材和林果产品精深加工、利用"3S"(遥感RS、全球定位系统GPS和地理信息系统GIS)技术实施资源与环境动态监测、灾害监测;利用生物技术繁育、保护、驯养国家重点保护野生动物,防治森林病虫害、工厂化育苗、花卉产业化等方面,形成了一定的技术优势和产业基础,开发出了一批高技术产品,带动了一批林业高新技术企业的发展。林业科技工作体系逐步健全,林业科技国际合作与交流有所发展。截至2000年,全省林业科技成果转化率已达34%,科技成果覆盖面达 30%，林业科技贡献率达 28.99%，林木良种使用率达 57%，其中商品林基地造林达 80%。

【林业科技管理】 1983 年 5 月 28 日，河南省林业厅印发《关于积极推行林业科技承包责任制的意见》，意见指出：推行林业技术承包责任制是农村科技体制改革的一项重要内容，有利于调动林业科技人员和广大农民的积极性，加速林业科技知识的推广普及，为生产提供富有成效的服务。该意见对林业科技承包的形式、推行技术承包责任制应注意的问题等提出了明确的要求。5 月 30 日，河南省林业厅厅长张企曾在全省科技工作会议（林业系统会议）上，就林业系统如何贯彻省科技工作会议精神，立志改革，开创林业科技工作新局面，加快林业发展等问题发表讲话，提出河南省林业到 2000 年的发展目标：全省林木覆盖率由 9.77% 达到 22.18%，林木蓄积量由 1980 年的 6 800 万立方米达到 1.95 亿立方米，林业总产值由 1980 年的 4.5 亿元达到 12.59 亿元。9 月，中华猕猴桃集中产区的西峡县被确定为国家和河南省猕猴桃科技开发重点攻关县。1983 年该县承担国家有关猕猴桃的优良品种选育和野生林改造、建立 33 公顷高标准商品基地和 333 公顷简易基地、建成年产千吨果汁的管道化生产线及千吨保鲜技术研究等 6 个科研项目。

1990 年 10 月 16 日至 19 日，全省林业科技工作会议在新乡召开。河南省政府副秘书长张志平出席会议并讲话，省林业厅厅长马新高作了题为《依靠科技进步，振兴河南林业》的工作报告，吴烈继副厅长出席会议并作会议总结。会议学习传达了全国林业科技工作会议精神，安排部署了下一步河南省科技兴林工作的措施和任务。南阳地区林业局等 17 个单位及个人在会上作典型发言和书面经验交流，与会代表对《河南省科技兴林实施意见》、《河南省八五林业科学技术发展规划》进行了修改。

1991 年 8 月 13 日，河南省林业厅印发《河南省科技兴林实施意见》（试行）和《河南省八五林业科学技术发展规划》，规划到 1995 年，通过科学技术和科学管理的普及与提高，使造林成活率、保存率在现有基础上提高 15%，林木生长量提高 10% 以上；经济林单位面积产量提高 15%，基地造林基本实现良种化、标准化；科技成果的推广应用率由现在的 30% 提高到 40% 以上，常规应用技术的普及面在现有基础上提高 30% 以上，生产技术的总体水平有明显提高。良种选育、造林、营林、生态工程和森林保护等主要研究领域的科研水平进入国内先进行列等。建立一批科技兴林综合示范基地，为林业发展树立样板。科技体系进一步完善，技术条件和科研手段得到明显改善；科技队伍人员增长 10% 以上，全省林业科技的总体实力明显增强。

1994年10月24日,林业部命名河南省的桐柏县、鲁山县为第一批"全国科技兴林示范县"。9月2日,河南省林业厅印发《河南省1994年林业科技发展计划》,计划共安排科技计划项目(课题)59个。根据项目类别分为三部分:第一部分为厅管重点科研项目,共34个课题,其中国家科技攻关三、四级课题13个,部重点科研项目3个,省科学技术委员会科技攻关和基础研究项目4个,厅重点科研项目14个;第二部分为厅管重点科技开发项目,共18个项目,其中国家星火计划项目3个,厅列科技开发项目15个;第三部分为科技兴林示范基地建设投资项目,共7个项目,其中科技兴林示范县2个,主要造林树种"百、千、万"试验示范工程项目5个。

1996年1月15日至17日,河南省林业科技大会在郑州召开,张世英副省长到会讲话。

1997年5月12日,河南省林业厅研究决定,成立河南省林业科技工作领导小组,统筹协调全省的林业科技工作,省林业厅厅长马新高担任组长,省林业厅副厅长张守印、余学友任副组长。5月20日,全省林业科技工作会议在桐柏县召开。会上,传达了中央和省的有关会议精神,安排部署了今后的林业科技工作。与会人员参观了桐柏科教兴林示范县建设现场。会上印发了《河南省林业富山计划》。

1998年10月20日,在1997年中央、国务院确定的"农业科技推广年"活动中,河南省信阳地区林业局、省林业科学研究所受到国家林业局表彰,分别被授予"农业科技推广年"活动先进集体称号;赵丰璞、谭运德和许时钦等3人获"农业科技推广"先进个人称号。

【林业科研机构】 1981年,河南省委、省政府按照中共中央、国务院《关于保护森林发展林业若干问题的决定》第八条规定精神,决定地、县林业科研机构一律归属林业部门领导。1984年,国家科学技术委员会以[1984]国科发管字1194号文件批复同意在河南省建立林业部郑州泡桐研究中心。1985年,河南省林业厅接管了原河南省农林科学院所属的林业科学研究所。到2000年,河南省共有林业科学研究所64个,其中省级1个,市级8个,县级55个。河南省林业科学研究所(前身为河南省农林科学院林业科学研究所)是隶属省林业厅管理的全供事业单位。市级林业科学研究所分别为:濮阳市林业科学研究所、焦作市林业科学研究所、洛阳地区林业科学研究所、许昌地区林业科学研究所、驻马店市林业科学研究所、周口市林业科学研究所、信阳市林业科学研究所、南阳市林业科学研究所。市级林业科学研究所中,濮阳林业科学研究所和焦作林业科学研究所为正县级事业单位,洛阳林业科学研究所为副县级事业单位，分别隶属各市农委管理，其他市级林业科学研究所隶属各市林业局管理。55 个县级林业科学研究所中有 2 个专业研究所，分别是新郑枣树研究所和西峡猕猴桃研究所。各县级林业科学研究所分别隶属各县林业局管理。

〖林业部郑州泡桐研究中心〗 1984 年 11 月 18 日，林业部董智勇副部长和河南省胡廷积副省长就如何在郑州筹建全国泡桐研究中心问题，经过协商达成了协议。协议规定：泡桐研究中心以林业部为主，部、省双重领导，人事、财务、物资、基建和业务技术领导以林业部为主，党的关系归地方。河南省林业厅协助林业部处理日常管理工作。林业部直接负责泡桐研究中心的基建投资、科研三项费和仪器、设备购买费。河南省政府为泡桐研究中心提供方便条件。泡桐研究中心事业费由林业部和省人民政府共同负担，其比例分别为 70% 和 30%；泡桐研究中心在林业部和河南省领导下，全面贯彻科研改革精神，做到面向生产为经济建设服务，把中心办成一个新型的科研单位。中心建成三年以后，通过技术转让、培训、代训、咨询服务及产品加工等措施，逐步做到事业费自给。协议于 11 月 22 日在郑州草签，副部长董智勇和副省长胡廷积分别代表林业部和河南省人民政府在协议上签了字。12 月 5 日，国家科委根据林业部[1984]林函 305 号文件的请示，以[1984]国科发管字 1194 号文件批复同意在河南省建立林业部郑州泡桐研究中心，确定该中心为林业部直属事业单位，实行部、省双重领导，以林业部为主体的领导体制。

【林业科学研究】 1978～1985 年，河南林业处于恢复发展的阶段，林业科学研究的重点集中在泡桐、松树、油桐等乡土用材树种和苹果、枣等经济林树种的丰产栽培技术，以及泡桐、苹果、枣等少数树种的病虫害防治技术研究上。从 1979 年开始，在全省开展林业区划工作，取得了一批科研成果。1985～1990 年，随着科研设施、科研手段的逐步完善，林业科学研究得到快速发展。1990 年以来，围绕实施《河南省十年造林绿化规划（1990～1999）》，在主要用材林和名特优经济林优良品种选育（引进）及丰产栽培、林业生态工程建设技术、森林资源保护与高效利用技术等方面开展了科学研究和科技攻关，共选育出林果优良新品种（无性系）50 多个，引进林果新品种（无性系）260 多个。

【林业科技进步奖】 1982 年，河南省林业厅开始成立林业科技进步奖评审组织，开始河南省林业科技进步奖的评选工作。到 2000 年，全省共取得林业科技成果 500 多项。仅“八五”期间全省就取得科技成果近百项，其中国家级科技进步奖 3 项，林业部科技进步奖 26 项，省政府科技进步奖 53 项。“九五”期间，全省共申报林业科技成果 123 项，其中获国家级科技进步奖 1 项，国家林业局科技进步奖 6 项，省政府科技进步奖 61 项，省林业厅科技进步奖 80 项。

到2000年,全省共取得国家级科技进步奖10项,省(部)级科技进步奖313项。这些奖项的获得,对全省林业科研工作的开展和林业工作的发展起到了重要的促进作用。

〖省林业科技进步奖评审组织〗　1982年5月11日,河南省林业厅成立河南省林业科技成果评定委员会,蒋超任主任,蒋建平、王之仕、周乾峰、史作宪等任副主任。1984年6月1日,河南省林业厅科学技术委员会成立,省林业厅厅长张企曾任主任,史作宪、魏泽圃任副主任。1986年7月16日,河南省林业厅调整河南省林业科技成果评定委员会,省林业厅副厅长关耀信担任主任,河南农业大学党委书记、校长蒋建平及林业厅有关人员任副主任。1990年6月25日,河南省林业厅再次调整河南省林业科技成果评定委员会,由副厅长吴继烈担任组长,河南农业大学校长蒋建平、省林业厅总工程师张企曾担任副组长。

〖省林业科技进步奖获奖项目〗　1988年7月7日,河南省林业厅科技成果评审委员会对申报厅1987年度科学技术进步奖的项目进行了评审,共评选出获奖项目20项。其中,一等奖2项,二等奖7项,三等奖11项。由省林业科学研究所和河南农业大学分别组织完成的“核桃增产综合技术开发研究”和“泡桐速生抗病品种选育”2个项目被评为一等奖,由省林业科学研究所等7个单位完成的“白蜡条(杆)栽培及条农间作配套技术研究”等7个项目被评为二等奖;由省林业科学研究所等11个单位完成的“河南省板栗资源综合技术研究”等11个项目被评为三等奖。

1989年5月30日至6月2日,省林业厅科技成果评审委员会在郑州召开林业科技进步奖评审会议,对向林业厅申报的1989年科学技术进步奖的项目进行了评审。6月26日,河南省林业厅印发1989年科学技术进步奖公报,对评审出的24个获奖项目进行了公布。其中:由河南农业大学蒋建平等人完成的“泡桐属基因库的营建与基因资源的研究利用”和由省林业科学研究所王广钦等完成的“农田防护林人工生态系统的研究”获得一等奖;由河南农业大学等单位组织完成的“泡桐丛枝病‘去丛灵’的研制应用及综合防治新技术的研究”等7个项目获得二等奖;由新郑县枣树研究所等单位组织完成的“枣树归圃育苗生物学原理及应用研究”等15个项目获得三等奖。

1990年7月2日,河南省林业厅印发1990年科学技术进步奖公报。公报显示:由河南省林业科学研究所王广钦等人完成的“黄淮海平原沙区类型区综合防护林体系配套技术及生态经济效益研究”和河南省林业技术推广站魏鉴章等人完成的“白榆种子园优质丰产低成本综合配套技术研究”等2个项目获得一等奖;由河南省林业技术推广站等单位完成的"泡桐金花虫测报及防治技术研究"等8个项目获得二等奖;由洛阳林业科学研究所等单位完成的"杜仲无性繁殖技术与推广"等18个项目获得三等奖。

1991年7月23日,河南省林业厅发布了1991年科学进步奖公报。其中:一等奖2项,二等奖6项,三等奖9项。

1992年7月4日,河南省林业厅公布1992年科学技术进步奖,共评选出获奖成果20项,其中一等奖2项,二等奖7项,三等奖11项。

1993年6月30日,河南省林业厅公布1993年科学技术进步奖。此次共评选出7个获奖项目。其中由省林业技术推广站等12个单位完成的"河南省日本落叶松丰产栽培技术研究与推广"项目获得一等奖;河南省商丘地区农林科学研究所等12个单位完成的"材菜兼用型香椿新品种——红香椿1号选育研究"和省林业科学研究所等11个单位完成的"优质、抗病、速生、丰产泡桐新品种——豫桐1~5号选育"等2个项目荣获二等奖;由禹州市林业技术推广中心等8个单位完成的"日本良种果梅引种与丰产优质栽培技术研究"等4个项目荣获三等奖。

1994年6月27日,河南省林业厅发布1994年科学技术进步奖公报。1994年科学技术进步奖评选出一等奖1项,二等奖3项,三等奖4项。由河南省林业技术推广站等12个单位完成的"河南省林木种苗配套标准推广研究"获得一等奖;由省林业厅自然保护区管理站等11个单位完成的"白冠长尾雉人工饲养繁殖研究"等3个项目获得二等奖;由河南省林业厅等6个单位完成的"河南古树资源调查研究"等4个项目获得三等奖。

1996年6月28日,河南省林业厅发布1996年科学技术进步奖公报,全省12个项目获1996年林业科学技术进步奖。其中:信阳木工机械厂完成的"BJ1526正弦波剪板机"等4个项目获得一等奖;省林业厅科学研究院等7个单位完成的"泡桐大袋娥防治技术的研究"等5个项目获得二等奖;省林科所等11个单位完成的"石灰岩低山区经济林营造模式研究"等3个项目获得三等奖。

1997年4月18日,河南省林业厅1997年科技进步奖经厅科技进步奖评审委员会评审,共评出17个获奖项目。其中:由省林科所等6个单位完成的"楸树速生丰产技术研究"、河南省经济林和林木种苗站等11个单位完成的"油松种子园优质高产遗传基因和管理技术的研究"、河南农业大学林学系等11个单位完成的"泡桐丛枝病病原检测及应用技术研究"、河南省林业科学研究所等12个单位完成的"沿黄背河洼地与盐碱地生态林业工程技术研究与推广"和信阳木工机械厂完成的"年产1.5万立方米刨花板生产线"分别获得一等奖；由信阳地区林业技术指导站等11个单位完成的"应用松毛虫病毒CPV防治马尾松毛虫的技术推广"等9个项目获得二等奖；由河南省信阳林业学校等3个单位完成的"河南省信阳地区鸟类资源调查与区系研究"等2个项目获得三等奖。

1998年6月24日，经河南省林业厅科技进步奖评审委员会评审，并报厅科技进步奖领导小组审定，共评出1998年科技进步奖13项。其中，由河南农业大学生物工程学院等11个单位、省林业科学研究所等11个单位、省林业勘察设计院等11个单位分别组织完成的"河南省林木寄生蜂种类调查研究"、"果树高效设施栽培综合技术研究"和"利用GPS卫星定位导航系统进行飞播造林试验与推广"等3个项目获一等奖；由省林业科学研究所等11个单位完成的"河南省油松种源选择研究"等8个项目获二等奖；由唐河林业局完成的"梨新优良种引进观察研究与推广"等2个项目获三等奖。

1999年7月2日，河南省林业厅公布了1999年厅科技进步奖获奖名单。本年度全省共评出获奖项目15项。由省经济林和林木种苗工作站等11个单位、河南省森林病虫害防治检疫站等17个单位、河南省林业勘察设计院等11个单位、河南省经济林和林木种苗工作站等6个单位分别完成的"日本落叶松高级种子园营建及优良无性系选择利用研究"、"泡桐叶甲综合治理技术研究"、"河南日本落叶松人工林生态效应及丰产模式研究"、"中国牡丹基因库的建立与新品种选育研究"等4个项目分别荣获一等奖；由河南农业大学林学园艺学院等11个单位完成的"板栗矮密早优综合丰产技术研究"等8个项目分别荣获二等奖；由河南内乡宝天曼国家级自然保护区管理处等11个单位完成的"内乡宝天曼自然保护区生物多样性与生物标本采集制作技术研究"等3个项目分别荣获三等奖。

2000年7月18日，河南省林业厅公布了2000年科学技术进步奖名单，全省共评出15个获奖项目。其中，由省经济林和林木种苗工作站等11个单位完成的"毛白杨三倍体优良无性系推广"、省林业科学研究所等12个单位完成的"枣树低产林改造综合丰产技术研究"、省林业勘察设计院等11个单位完成的"河南省湿地调查保护利用技术研究"、省林业科学研究所等11个单位完成的"河南省油松飞播林经营技术研究"、省林业勘察设计院等11个单位完成的"河南省森林资源信息管理系统研究"等5个项目获得一等奖；由省森林病虫害防治检疫站等11个单位完成的桑天牛、光肩星天牛综合控制新技术推广等9个项目获得二等奖；由周口地区林业监测站等8个单位完成的"平原农田防护林体系建设技术研究与示范推广”获得三等奖。

〖国家和部省级科技进步奖项目〗 1980 年,河南省农林科学院林业科学研究所的芦翠乔、王桂凤研究的“激光对泡桐生长发育的影响”获省科技成果三等奖。

1981 年,河南省农林科学院林业科学研究所王铁章等研究的“白榆自然类型”获省科技成果三等奖。

1982 年,河南省农林科学院林业科学研究所刘翠峰、王彦英等同志开展的“河南省油桐资源调查研究”获省科技成果三等奖。河南省农林科学院林业科学研究所与河南省林业技术推广站、洛阳林业学校、河南农学院林学系共同编写的“河南省森林病虫普查资料汇编”获省科技成果三等奖。南召县乔端林场对中华松针蚧的观察及防治试验成果获省科技成果三等奖。河南省林业厅与农林科学院林业科学研究所合作开展的榆兰金花虫防治技术与应用的研究成果获省科技成果三等奖。

1983 年,河南省农林科学院林业科学研究所刘翠峰、王彦英等开展的“全省枣树资源调查研究”获省科技成果三等奖。河南省农林科学院林业科学研究所刘学芝等人研究的 6 种意大利杨树品种获省科技成果三等奖。

1984 年 ,河南省林业厅向林业部呈送《关于河南省 1982 年、1983 年重大林业科技成果申请授奖的报告》。申请项目有:泡桐优良新品种——豫林一号(省林业科学研究所)、泡桐速生丰产综合技术研究(省农学院)、泡桐种质资源调查收集(省农学院)、核桃嫁接技术研究(省林业科学研究所)、拟除虫菊脂类农药防治枣尺蠖试验研究(省林业科学研究所)、河南省枣树资源调查研究(省林业科学研究所)、榆兰金花虫防治技术研究及应用(省林业技术推广站);枣锈病、枣壁虱、枣龟蜡蚧防治技术及应用(省林业技术推广站)、秋季带叶栽泡桐的研究与推广(民权县林业科学研究所、省林业厅营林处)、腐殖酸钠促进毛白杨插穗生根技术(洛阳地区林业科学研究所)、泡桐高干壮苗综合技术研究(许昌地区林业科学研究所)、麦桐套作育苗试验研究(开封市农林牧局)、毛白杨优良类型的研究(省农学院)。

1985 年,河南省林业科学研究所王德永等主持的“豫林一号泡桐的选育与推广”获国家科技进步三等奖。

1986 年,刘翠峰等主持的“河南省油桐生产栽培综合技术研究” 获省科技成果三等奖。

1987 年,在林业部公布的 1986 年科学技术进步奖公报中,由河南省林业厅申报,河南省林业技术推广站和禹县林业局组织完成的“泡桐幼树人工剪梢接干技术推广”项目和由西峡县林业科学研究所、西峡县中华猕猴桃研究所组织完成的“中华猕猴桃优良品种‘华光2号’与‘79－51－1’号”及由中国林业科学院林业科学研究所、河南农业大学、河南省林业科学研究所、河南省林业技术推广站参与完成的“泡桐壮苗培育成套技术研究”分别获得林业部科学技术进步二等奖；由河南省林业厅申报、河南农业大学、河南省林业科学研究所、河南省林业技术推广站、许昌地区林业科学研究所参与完成的“黄淮海平原中低产地区泡桐速生丰产综合配套技术研究”和由西峡县林业局完成的“河南省西峡林业发展规划战略研究”项目分别获得林业部科学技术进步三等奖。河南省林业科学研究所孙金钟等参加的“苏脲1号中试”获国家科技进步三等奖。河南省林业科学研究所王铁章主持的“白榆优良无性系统选择研究”和王泽友等主持的“马尾松种源试验及其利用的研究”获省科技成果三等奖。

1988年，由河南省林业技术推广站主持，国家经济委员会投资，在禹县、睢县、鄢陵、民权等4县实施的“泡桐优良品种及丰产技术推广”项目获国家技术开发优秀成果金杯奖。该项目计划在4个县营造泡桐优良品种丰产林467公顷、农桐间作16 667公顷，实际完成泡桐新品种丰产林1 333公顷、农桐间作3.32万公顷，栽植农田林网61.1万株。河南省林业科学研究所王泽友参加的“杉木地理变异和种源区划”研究获林业部科技进步一等奖（1989年获国家科技进步一等奖）。罗秀钧等主持的“核桃增产综合技术开发研究”和孙金钟等主持的“枣树主要病虫害综合防治技术研究”获省（部）科技成果三等奖。

1989年，河南省林业科学研究所王广钦参加的“黄淮海平原中低产区综合防护林体系配置与结构研究”获国家科技进步二等奖。河南省林业科学研究所徐树华主持的“中豫46、28、424杨树选育的研究”获省级科技进步二等奖。1989年钟友华等主持的“板栗优良品种‘豫罗红’选育研究”和王广钦等主持的“白蜡条（杆）栽培及条农间作配套技术研究”获省（部）科技成果三等奖。

1990年，河南省林业科学研究所王泽友参加的“马尾松种源变异及种源区划分的研究”获国家科技进步二等奖。刘启慎等主持的”太行山低山石灰岩区侧柏抗旱机理的研究”和王广钦等主持的“黄淮海平原沙土类型区综合防护林体系配套技术及生态经济效益研究”获省（部）科技成果三等奖。1993董铁民等主持的“侧柏地理变异及种源选择研究”和孙金钟主持的“飞机超低容量喷洒灭幼脲类杀虫剂防治泡桐大袋蛾应用技术研究”等项课题获省(部)科技成果三等奖。陶栋伟等参加的“泡桐基因库的营造与基因资源的研究利用”和罗秀钧等参加的“河南省山区综合开发治理研究”均获国家科技进步三等奖。

1991 年,河南省林业科学研究所罗秀钧参加的“北方早实核桃 16 个新品种的选育”研究获国家科技进步二等奖。

1992 年,河南省林业科学研究所王彦英等主持的“黄淮海枣树早实丰产技术的研究与推广”获国家科技进步三等奖。河南省林业科学研究所刘启慎主持的“石灰岩低山丘陵区抗旱造林及经济林营技术的研究”获省级科技进步二等奖。

1993 年,河南省林业科学研究所陶栋伟主持的“优质、抗病、速生、丰产泡桐新品种——豫桐 1 ~5 号选育”获省级科技进步二等奖。董铁民等主持的“侧柏地理变异及种源选择研究”和孙金钟主持的“飞机超低容量喷洒灭幼脲类杀虫剂防治泡桐大袋蛾应用技术研究”获省(部)科技成果三等奖。

1995 年,河南省林业科学研究所朱延林等主持的“白榆高抗榆兰叶甲及速生优质建筑材无性系选育研究”和宋伟等主持的“马尾松毛虫控制管理技术研究”分别获省科技进步二等奖和三等奖。樊巍等参加的“黄淮海平原及豫西黄土丘陵区泡桐立地分类评价与生长模型的研究”获省科技进步二等奖。

1996 年,河南省林业科学研究所孙金钟等主持的“泡桐大袋蛾防治技术研究”、朱延林主持的“刺槐速生优质工业用材新无性系选育研究”和樊巍等主持的“河南平原农林复合系统结构、功能与优化模式研究”均获省科技进步三等奖。在林业部公布的 1995 年度部级优秀工程勘察设计获奖项目名单(林计通字[1996]13 号)中,共列出优秀工程勘察设计(包括计算机软件)奖 33 项,其中由河南林业勘察设计院完成的“河南省嵩山森林公园总体设计”被评为三等奖。

1997 年,河南省林业科学研究所郭从俭主持的“楸树速生丰产技术研究”、樊巍等主持的“沿黄背河凹地与盐碱地生态林业工程技术研究与推广”和刘占朝等主持的“太行山荆条林经营与利用研究”均获河南省科技进步三等奖。

【林业科技推广】 河南林业科技推广工作起步较早。河南省林业技术指导站 1978 年 3 月成立,1984 年 3 月改为河南省林业技术推广站,此后各市(地)、县先后建立了林业科研技术推广机构。河南财政每年安排林业科技推广专项经费 20 万 ~30 万元,林业部每年下达河南省全国重点林业科技推广项目、星火计划项目1～6项，下拨中央财政事业经费5万～90万元。主要内容是推广最新的林业科研成果，同时注意技术的组装配套；在组织形式上多采取建立以各级林业科技推广机构为主，有关科研、教学、生产及管理部门参与的推广协作组。自河南省林业技术推广机构成立以来，先后组织实施了一批有影响的科技成果的推广，如：豫杂一号、豫选一号、豫林一号等泡桐良种及泡桐壮苗培育、剪梢接干、秋季带叶栽植等配套技术，平原地区以农桐间作、农田林网为主的综合防护林体系营造技术，毛白杨优良类型，沙兰杨、I－214杨、72杨、69杨等欧美杨优良无性系，日本落叶松、火炬松、湿地松、水杉等引进树种，楸树优良类型、刺槐、白榆优良无性系等优良品种，马尾松毛虫、泡桐丛枝病、泡桐大袋蛾、枣树病虫害、榆兰金花虫等一批重大林木病虫害的综合防治技术，等等。

1990～1998年，河南省林业技术推广工作得到了全面发展，一是有关加强林业科技推广工作的政策和规章相继出台，林业技术推广工作走上法制化轨道；二是林业技术推广工作的主体由主要依靠推广机构，向以推广机构为主，科研、教学、生产单位和个体林农共同参与转变；三是推广的方式由单点、单项示范向建立多层次、多类型科技综合示范网络，进行大规模辐射推广发展；四是政府进一步加大了对林业科技推广工作的投资力度，向建立多渠道的投资机制迈进。这期间所做的主要工作有：开展了以“211”科教兴林示范工程为主体的科技综合示范基地建设，组织实施了100多项部、省重点林业科技推广项目，广泛开展了“送技术下乡活动”。自1984年省财政设立专项推广经费，河南林业科技推广工作进入有计划、有组织推广阶段以后，全省共组织实施各级、各类林业科技推广项目300多项，其中国家星火计划项目和重点林业科技推广项目30项，省级林业科技推广项目170余项。此外，各市(地)、县和各林业生产单位也结合各自的生产实际安排了一批推广项目。通过这些项目的实施，共引进推广主要造林树种优良种源、品种、无性系210多个，林业新技术150多项；累计取得各级各类林业科技推广成果70余项，其中获国家奖励4项，省、部级奖励20项。不少项目在林业生产建设中产生了重大影响，取得了显著的经济效益、社会效益和生态效益。如在泡桐良种及丰产栽培综合配套技术推广方面，先后组织推广并应用了10多项重大科技成果，累计新增产值达40亿元以上；欧美杨新品种推广方面，从沙兰杨、中林46到107杨等的推广，河南都居全国领先水平，仅中林46品种的推广，1991～1995年5年累计推广优良无性系10多个，共1亿多株。重点林业科技推广项目的组织实施，对加快科技成果的转化、促进林业的持续健康发展发挥了重要的作用。

通过推广普及林业实用技术成果，增加了林业建设中的科技含量，提高了林业生产的质量和水平。科技推广工作取得的成绩主要表现在：林业科技成果转化率达34%，科技成果推广覆盖面达30%，林业科技贡献率达28.9%；人工造林面积核实率、合格率分别由“七五”期间的68.5%和53.8%提高到“九五”期间的95%和90%以上；苗木繁育良种率达到56%以上，平原绿化主要造林树种已基本实现良种化，工程造林良种率已达60%以上，经济林基地造林良种率达80%以上；用材林每公顷活立木蓄积量由1988年的48立方米提高到2000年的63立方米，经济林平均每公顷年产量由1988年的2 498公斤提高到2000年的3 180公斤。

在各级林业主管部门的共同努力下，全省林业科技推广系统广泛开展了以岗位培训、学历教育和专项技术培训等为内容的职工培训工作，提高了林业技术推广系统职工的专业技术水平。全省157个县（市、区）林业技术推广站站长、2 108个乡（镇）林业站站长和主要岗位人员基本得到轮训，乡（镇）林业站和推广系统职工有2000多人参加了不同层次的学历教育。同时，各级林业技术推广机构结合林业生产实际，以组织送技术下乡和实用技术培训为主要内容，并结合退耕还林工程、重点推广项目等广泛开展专项技术培训和多形式、多层次的林农技术培训，全省每年培训林农10余万人次，不少地方已实现了村有农民技术员、组有技术能手、户有科技明白人。

【林业高技术试验示范园区】　1999年，河南省有计划地选择建立了8个林业高技术试验示范园区。园区的基本类型有5类，一是商品林型高技术试验示范园区，二是生态经济林型高技术试验示范园区，三是花卉高技术试验示范园区，四是城郊名、特、优、新杂果高技术试验示范园区，五是城区综合型高技术试验示范园区。商品林型高技术试验示范园区重点推广、应用用材林高抗、速生新品种和集约化造林、经营模式，推广、应用的主要树种为泡桐、三倍体毛白杨、107和108杨树新品种等。如：武陟县林业高技术试验示范园区，主要试验示范内容为三倍体毛白杨、107杨树新品种等。生态经济林型高技术试验示范园区重点推广具有显著生态效益、经济效益的经济林新品种及丰产栽培综合配套技术，推广的主要树种为杜仲、核桃、花椒、银杏等。如：沁阳市林业高技术试验示范园区，主要建设内容是666.67公顷（1万亩）坡前山地综合开发，涉及用材林、经济林、生态林等多个树种和优良品种。花卉高技术试验示范园区重点推广、应用组培技术和保护地栽植技术，快速繁育各种花、草，主要品种为腊梅、桂花、芦荟等。如：鄢陵县林业高技术试验示范园区，以花卉和绿化树种为主，开展试验示范、推广。城郊名、特、优、新杂果高技术试验示范园区主要选择省内大、中城市，在城郊建立以各种时令、名优小杂果新品种、栽培新技术推广、应用为主要内容的园区，园区内主要品种为杏、桃、李、樱桃、草莓、葡萄等。开封、漯河、新密等地的高技术试验示范园区，就是这方面的代表，园区充分利用环城市周围及交通便利的条件，大力开展适令、名优小杂果新品种的试验、示范和推广，取得了很好的经济效益。城区综合型高技术试验示范园区是在大城市中建立既有森林观光旅游功能，又具有显著生态、经济效益的综合园区，重点发展各种名贵观赏花草林木和名特优稀经济林，养殖珍稀野生动物。如郑州市管城区高技术试验示范园区等。

【林业科技推广服务体系】　1989年以后，河南省通过实施"部省合建林业技术推广中心"、"标准化林业站合格县"活动，累计投入资金6 000余万元，新建县级以上林业技术推广中心48个，创建乡（镇）林业站建设合格县140个县（市、区），使全省林业科技推广服务体系建设的总体水平有了新的提高，尤其是林业科技推广前沿阵地的乡（镇）林业站建设得到了加强，管理也逐渐走向了规范化。据2000年底统计，全省共建立省、市（地）、县（市、区）、乡（镇）四级林业科技推广服务机构2 265个，其中省级推广站1个、市级推广站18个、县级推广站（中心）138个、乡（镇）林业工作站2 108个。职工总数达到10 332人，其中科技人员4 000多人。

【林业科技工作体系】　1978年，河南省林业技术指导站恢复重建；1981年8月，河南省林学会科学技术普及委员会成立；1984年6月，河南省林业厅科学技术委员会成立；1985年，接管原省农林科学院所属林业科学研究所，成立河南省林业科学研究所；1987年，成立河南省林业厅科技教育处。据统计，到2000年，河南省林业系统共有科技人员5 600余人，约占职工总数的19%；有省、市、县林业科研机构64个，职工总数1 530余人，其中科技人员500余人，占33%。全省有县级以上林业技术推广机构157个，其中省、市级林业技术推广机构19个，县（市）级林业技术推广机构138个；共有职工2 349人，其中科技人员1 729人。

【全省林业科技大会】　1996年1月15日至17日，河南省林业科技大会在郑州召开。河南省副省长张世英到会讲话，林业厅厅长马新高作了题为《围绕两大体系建设，实施科教兴林战略，为推动全省林业建设再上新台阶而努力奋斗》的报告，副厅长张守印作了会议总结。会议印发了《河南省林业科技发展"九五"计划及2010年长期规划》、《河南省林业厅关于加速林业科学技术进步、实施科教兴林战略的意见》。会上表彰了桐柏县、西峡县丁河乡等59个科教兴林先进单位；表彰了蒋建平、朱鸿云、王彦英、王哲理、黄金钧、李金法、李文训和董启元等8名有突出贡献的先进工作者及樊培勋等112名科技兴林先进工作者,部分林业科技兴林先进单位和先进工作者代表在会上作典型发言,有突出贡献的先进工作者还向全省林业科技人员发出了题为《肩负起科教兴林的神圣使命》的倡议书。省政府办公厅副主任王春生、省科学技术委员会副主任黄维兴等领导和各市(地)林业局局长、办公室主任、林业技术推广站站长、林业科学研究所所长、新闻单位的记者参加了会议。

第二节　林业教育

【林业教育简述】　河南林业教育始于清朝末年,到1909年各地成立农桑学堂15所,其中部分学堂讲授种桑、种果、育苗等内容。1913年,在开封创办省立农业专门学校,开始设置林科。1927年,农业专门学校并入中州大学,后中州大学改名为河南大学,增设农科,内设森林系,讲授高等林业课程。1949年河南大学设林学系,隶属农学院。之后,先后成立了洛阳林业学校、汝南园林学校、信阳林业学校和河南省林业干部学校以及河南省林业厅自学考试管理中心,承担林业高等、中等和成人教育与培训。至2000年底,河南省林业厅机关工作人员本科生、研究生学历比例由1995年的48.6%上升到61.1%,学历层次全部达到专科以上水平。1978~2000年,河南农业大学累计培养林业本科以上学生1 800多人,三所林业中等专科学校累计培养中专生12 525人。

【高等林业教育】　1950年,河南大学农学院开办一期林业专修科,招生77人。1952年,院系调整,河南农学院独立,继续设立林学系,当年招收本科生31人。1963年,果树专业并入林学系,改称园林系。“文革”中间,该校被下放到许昌,园林系一度停止招生。1972年开始招收工农兵学员,1977年恢复招收本科生。1983年起,造林学、生态学、森林经理等专业先后获得硕士学位授予权,并开始招收研究生。1984年,河南农学院更名为河南农业大学,园林系分为林学系、园艺系。林学系除林学专业外,又陆续开设了园林、环境保护、经济林等专业。1997年成立林学园艺学院。1998年开办在职人员研究生课程进修班,招生52人。1978~2000年,共培养全日制本科生1 500人,全日制研究生200人,在职研究生100人。

【中等林业教育】　1970年、1971年、1978年汝南园林学校、洛阳林业学校、信阳林业学校陆续恢复招生。1979年三校共有教职工208人,专任教师91人,招生519人。1979年5月13日,河南省林业局发文调整洛阳林业学校77届教学计划。因无劳动指标,77届学生虽于1979年已完成计划课程的学习,但不能提前毕业,仍按原计划1981年春毕业。为了巩固已学到的专业和基础理论知识,并使学习的理论知识与生产实践紧密结合起来,省林业局要求将一些课程的教学实习时间和生产实习时间集中起来,进行森林资源清查。1980年1月9日,林业部教育局函复省林业厅,根据国务院[1979]122号文件规定,洛阳林业学校、汝南园林学校77届、78届学生如果按教学计划已经学完规定课程,可分别于1980年7月底和1981年2月底前毕业。1982年6月12日至14日,河南省林业厅在郑州召开了全省林业中等教育座谈会。1983年7月上旬,河南省林业厅召开全省林业教育工作会议,洛阳林业学校、信阳林业学校、汝南园林学校和厅直有关方面的负责人参加了会议,会议总结交流了上学期的办学情况和经验,研究安排了下学期的工作。1985年12月24日,林业部副部长董智勇、林业部教育司司长张观礼在河南省林业厅副厅长蒋书铭陪同下考察了洛阳林业学校,并为全体教职工作了报告。1994年2月25日,河南省教委公布的38所省部级重点普通中等专业学校名单中,洛阳林业学校被列入省部级重点普通中等专业学校。1995年9月27日,林业部林人通字[1995]114号文确定河南省洛阳林业学校为全国优秀中等林业学校。1996年1月8日,河南省林业厅豫林科字[1996]1号文同意信阳林业学校增设"森林旅游"专业,汝南园林学校增设"果蔬贮藏加工"专业和"林产品贸易"专业。1996年10月9日,河南省机构编制委员会批准河南省洛阳林业学校机构编制方案(豫编[1996]51号)。河南省洛阳林业学校,机构规格相当于处级,核定1996年为220名事业编制,1997年为256名事业编制。单位领导职数5名。人员结构为:行政管理人员不超过18%,专业技术人员不低于65%,工勤人员不超过17%,经费实行全额预算管理。1997年1月22日,河南省林业厅批复:同意洛阳林业学校增设"多种经营"专业和"法律"专业,汝南园林学校增设"园林"专业和"经济法律事务"专业,信阳林业学校增设"林业财会"专业。1998年洛阳林业学校更名为河南省林业学校。1998年9月28日至29日,河南省中等林业学校工作座谈会在郑州召开。与会代表就学校在改革与发展中存在的问题及对策、林业实践生招生、专业调整等方面的问题进行了讨论。1999年3月15日,经河南省林业厅研究,并报省教委备案,同意河南省林业学校增设"森林旅游"专业;信阳林业学校增设"林产品加工"专业;汝南园林学校增设"环境管理"专业。1999年4月1日至5月15日,河南省林业厅组织举办了首届全省中等林校教师优质课竞赛活动。据统计,三所学校共有100余名教师参加了选拔和竞赛活动。经过决赛,信阳林业学校的许雅玲获得一等奖;省林业学校的杨建萍、李芳、聂淑媛,汝南园林学校的丁林、张晓翰，信阳林业学校的金艺获得二等奖；马占营、王二梅、申明海、付蕾、孙丹萍、刘中华、刘夏斐、陈爱静、匡春临、庞仿洲、涂心环等11名选手获得三等奖。

2000年3月20日，河南省林业厅同意省林校、信阳林业学校增设“家具设计与室内装饰”和“法律专业”。河南省林业学校、信阳林业学校和汝南园林学校三校的专业设置分别达到了12个、9个、8个，由80年代初期的4个营林类专业增加到18个，包括了林、工、农、政法、财政、管理等6个学科13个类型。三校共有教职工专任教师371人，在校学生4 777人。

〖河南省林业学校〗　河南省林业学校创建于1951年4月，是新中国成立后全国建校最早的中等林业学校之一。1993年被省政府确定为“省部级重点中专”；1995年被林业部评为“全国优秀中等林业学校”；1997年、1998年，先后被省教委和洛阳市政府命名为“省级文明学校”和“市级文明单位”，1998年经批准更名为河南省林业学校。到2000年，学校占地面积226 780平方米（340.1亩），校舍建筑面积61 031平方米。学校有设备先进的语音室、电教室、财会模拟室和计算机中心，有各类实验室32个、校内实习苗圃5.4公顷，树木标本园、果园共6.07公顷。学校与嵩县五马寺、新安县郁山、栾川县龙峪湾等林场及洛阳市吉利区、伊川县高山秀和彭婆乡签订技术合作协议，建立稳定的校外实习基地。图书馆订有报刊460余种，馆藏图书达16.5万册，初步实现了图书阅览电子化及与国家教育信息网络和因特网的链接。学校现有教职工198人，其中专任教师119人。设置12个专业。全日制在校生达2 197多人。

【成人林业教育】　1985年开始，河南农业大学先后开办林学专业专科、本科函授教育。同时，河南省林业学校、信阳林业学校和汝南园林学校三所学校也陆续开办林业职工进修班、干部中专专修班、成人中专班和专业证书大专班，并与北京林业大学等院校联合开办了林业专科函授教育。1988年12月6日至7日，全省林业成人教育工作会议在新乡召开，贯彻林业部全国林业成人教育工作会议精神，总结交流河南省林业成人教育工作的经验，安排部署下一步林业成人教育工作的任务。1993年7月23日，林业部作出关于表彰全国林业成人教育先进单位的决定，河南省南阳市林业局受到表彰。1998年，成立了河南省林业厅自学考试管理中心，中心下设6个自学辅导站。1999年，开展了林业生态环境管理专业（大学专科）自学考试，当年报名1 072人。1999年9月7日，国家林业局授予河南省林业学校和信阳林业学校“全国林业成人教育先进单位”称号；授予吴玉洲“优秀教师”称号；授予刘占军“优秀教育工作者”称号。2000年1月19日，经过考核评比，洛阳、新乡和南阳的3个辅导站分别被河南省林业厅评为先进辅导站，李世国等24人被评为先进工作者。

【林业干部培训】 1979年3月25日，河南省林业局向各市（地）、县林业（农林）局、洛阳林业学校、汝南园林学校发出《关于林业在职干部培训规划的意见》，要求加强对在职干部的培训，丰富专业知识，提高经营管理能力；培训对象以各级林业机关的在职领导干部和技术人员为主，每期不少于一个月；1981年前轮训一遍，侧重于普及培训；1982～1985年轮训第二遍，着重点放在提高培训，普遍达到中专水平；省、市（地）林业部门举办的培训班一般都要开设造林、植物、生理、森林保护、木本粮油、经营管理等课程。1980年10月13日，河南省林业厅通知禹县、卢氏、栾川、济源、登封、确山、新县、林县等县林业局，各派一人参加林业部10月27日至11月11日在山东泰安举办的板栗、核桃丰产栽培技术训练班。11月1日，通知洛阳、南阳地区林业局，各派一人参加林业部1980年11月25日在四川温江地区举办的南方重点省（区）护林防火干部训练班。1982年8月4日，全省第一期林业在职干部训练班开学。参加学习的有市（地）林业局的正、副科长，县林业局正、副局长，国营林场正、副场长，共92人。1983～1986年，河南省林业厅分别选派9名在职职工赴中南林学院脱产学习，并取得大学专科学历。1984年2月27日，林业部通知：为了配合太行山地区大规模绿化建设的开展，决定委托北京林学院举办太行山地区县人民政府领导干部林业培训班。4月16日开学，学习3个月。要求河南林县、辉县、济源、沁阳、孟县、鹤壁市、安阳县、安阳市、淇县、汲县、修武、博爱、焦作市派主管林业的县长或副县长参加学习。1987年8月1日至27日，受林业部资源司、中国森林经理学会委托，河南省林业厅在洛阳林业学校举办了“平原林业系统工程学习班”，参加学习的47名学员，大部分是河南省平原县的林业科技人员。学习班邀请了中南林学院的教授徐国祯等讲课。1990年7月11日，河南省第一期森林防火干部骨干人员培训班在洛阳河南省林业学校开学。培训班主要学习森林防火基础理论知识。《森林防火》杂志主编、东北林业大学郑焕能教授受聘为培训班重点讲授“综合森林防火体系”和“林区火源管理”。有关市（地）、县护林防火指挥部副指挥长，防火办公室主任、副主任，国营林场场长等森林防火人员80多人参加了培训。9月19日至10月20日，河南省林业厅在省林业科学研究所举办了第一期马克思主义哲学、社会主义若干问题脱产培训班。来自林业厅机关、厅直属企事业单位的41名有关人员参加了培训。1995年5月13日至23日，河南省林业厅在铁道部郑州干部管理学院举办林业公安机关《人民警察法》培训班。来自全省各地的159名公安科、股、所长参加了培训。河南省林业厅厅长马新高、河南省公安厅厅长王明义、林业厅副厅长李德臣等领导出席培训班开学典礼并作重要讲话。1995 年 7 月 17 日，河南省计委以豫计农经字［1996］822 号文批复了河南省林业干部学校基本建设可行性研究报告，同意省林业干部学校重建校舍，培训规模 300 人，总建筑面积控制在 9 000 平方米以内，总投资 1 050 万元。1997 年，省林业厅在洛阳省林业学校建立了“河南省林业行业关键岗位培训基地”，有计划地开展林业岗位培训工作。

〖河南省林业干部学校〗　河南省林业干部学校始建于 1956 年，担负着全省林业干部的培训任务。原校址位于郑州市经七路北段、丰产路南侧，占地 23.94 亩，建筑面积 4 647 平方米。“文化大革命”期间，校舍被郑州市光学仪器厂占用，后来移转给郑州照像机厂使用。中央十一届三中全会之后，为切实加强林业干部职工岗位培训和专业教育，不断提高全省林业干部职工的业务素质和管理水平，促进林业生产和林业经济持续、稳定、健康的发展，河南省人民政府以豫发［1981］130 号文批准恢复河南省林业干部学校，河南省编制委员会以豫编［1983］143 号文批准河南省林业干部学校建制，确定事业编制 20 名。在此基础上，根据国务院国发［1978］66 号关于退还校舍的文件，河南省林业厅向郑州市人民政府提出返还省林业干部学校校舍的要求，郑州市人民政府于 1993 年 11 月无偿划拨土地 43.348 亩给省林业干部学校用于迁址重建校舍。1996 年起，根据河南省计划委员会豫计农经［1996］822 号“关于河南省林业干部学校总体规划的批复”意见，开始了学校的基本建设工作。省林业干部学校位于郑州市一〇七国道与徐寨路交叉口西南侧，西靠桑园路，北连徐寨路，南邻郑州警察学校，东与郑州市森林公园一路之隔。

第三节　林业外事

【林业外事工作简介】　1978 年以后，河南林业外事工作随着我国改革开放的深入而不断得到加强，到 2000 年，先后开展林业国际交流与合作 60 多次，其中有国外团组重点考察河南省的平原绿化与经济林生产、泡桐与杨树等速生树种生长以及外资项目造林情况的，也有河南省团组赴国外和境外重点学习先进的林业管理经验、引进木材加工先进技术与优良树种的。

【林业外事】　1978 年至 2000 年，河南省先后接待了 20 多批次国外团组来豫考察林业工作、洽谈林业合作项目、开展林业技术培训和检查外资项目造林，同时 20 多次组团赴国外和境外学习林业管理知识、引进树种和木材加工机械、开展学术交流。

〖国外团组考察研究林业〗　1978年9月11日至14日，波兰人民共和国果树专家一行3人在河南省参观了郑州果树研究所，郑州市园林场和岔河大队果园，以及禹县张楼、小韩、康城和柳树沟4个大队的果园。

1979年5月，南斯拉夫国家林业研究所一行3人来河南进行林业科研访问。5月7日至13日，联合国粮农组织派出的林业为农业服务考察组一行21人(来自13个国家)考察河南林业。省林业局副局长刘运夫陪同考察。考察组考察了郑州市市容；参观了邙山提灌站；在禹县考察了张楼的苹果园，阁街、余王的农桐间作，柳树沟、灵泉寺的治山造林；在鄢陵县考察了农田林网并访问了县林业科学研究所。考察组对河南林业取得的成绩给予了高度评价，称赞"看到了掌握了自己命运的人民的力量"，"非常好，非常完美"，"科学研究与生产结合起来了"。12日至15日，由联合国粮农组织林业司执行服务科科长韩维尔·普拉托·拉马拉多(西班牙人)为组长，卡特逊(美国人)为副组长，泰国、印度、菲律宾、巴基斯坦、孟加拉国、缅甸、尼泊尔、斯里兰卡、裴济、巴布亚—新几内亚等10个亚太国家的21人组成的联合国粮农组织群众造林考察组，对河南省的城市绿化和平原绿化进行了考察。考察组参观了郑州的市区绿化和治沙造林；在鄢陵县考察了农田林网和"四旁"植树；在禹县考察了治山造林、泡桐科研基地和桐粮间作等情况，对河南省山区梯田造林成效表示赞叹。组长普拉托说："你们的造林成绩很大，其他国家一定会得到应有的益处。"

1980年11月2日，应中国林业部邀请，由联合国粮农组织派遣的孟加拉国国家计划委员会林业处处长卡·拉赫曼先生来河南省考察林业。拉赫曼先后考察了郑州市绿化和花园口、尉氏县的防风固沙林，禹县泡桐林和治山造林现场及博爱县的农田林网等。

1981年6月22日，加拿大国际发展研究中心森林科学副主任L.G.莱萨德博士应林业部邀请来华访问，主要就加拿大国际发展研究中心向我国竹子和泡桐两个研究项目提供资助与合作事宜进行会谈。6月22日，L.G.莱萨德博士到民权县和禹县现场考察泡桐种植情况。12月18日，日本国藤田音次郎、松永宗一先生到睢县、禹县和洛阳地区了解桐木生长和材质情况。

1982年3月18日，日本静冈市市民之翼访华团访问信阳，并从日本带来150株樱花树苗，赠送给信阳市人民政府。当天上午，信阳市政府负责人和日本朋友一起到狮河公园栽种了友谊树。

1984年5月30日，加拿大国际发展研究中心农业处处长莱萨德和特邀印度官员萨斯里一行2人，在中国林业科学院泡桐组长竺兆华工程师陪同下，来河南省鹿邑县考察泡桐生长和中加合作项目的实施情况。考察人员对鹿邑县泡桐栽种的成绩给予了很高评价。莱萨德处长表示同意同中国合作，给予援助。9 月 6 日，朝鲜竹子栽培技术考察组一行 6 人，在朝鲜国土及城市管理委员会森林科学院第一副院长张兵满率领下，对河南省博爱县和河南农学院竹子的属、种及栽培技术进行了考察。考察人员在博爱县参观了两个曾开花败园而又复壮的竹园，并就竹子开花情况、抢救措施、竹子苗种和气候条件进行了座谈。在郑州期间，省林业厅副厅长关耀信接见并宴请了考察组全体人员。9 月 10 日，应中国林学会的邀请，以芦田卓三为团长的日本中农交（社队林业代表团）一行 5 人来我国考察。14 日至 19 日，考察团在河南省重点考察了新郑、禹县、博爱等县的平原绿化情况，并向河南省有关人员提出了自己的感想与建议。考察人员认为，河南平原绿化的树种过于单纯，容易引起病虫害的发生；建议对泡桐丛枝病引起重视，尽快采取措施，防止蔓延；桐农间作营林方式很好，但应注意农作物种类的适当搭配，最好实行轮作；在施肥方面应施多种肥料；泡桐育苗每亩 600 株密度太大，影响苗木质量；出口原木太不合算，应加工出口成品，以提高经济效益，林业应该是生产、采伐、加工、利用、储运、购销一体化。

1985 年 5 月 13 日至 17 日，受联合国粮农组织的派遣，以泰国曼谷卡塞察大学林学院副教授尼瓦特·阮帕尼特为首的泰国社会林业考察团一行 7 人，在河南省尉氏、新郑、禹县等地考察了刺槐防风固沙林、“四旁”绿化以及农枣间作、农桐间作。考察期间，外宾怀着极大的兴趣，询问了林业生产和农民经济收入情况，感到十分满意，给予了较高的评价。

1986 年 10 月，日本国家林业技术协会一行 8 人来河南就平原绿化与治山造林问题进行探讨研究。

1987 年 5 月 7 日至 10 日，第一批由 11 个国家 27 人参加的“国际农用林业培训班”在民权、鹿邑、商丘 3 个县进行了现场教学。5 月 11 日至 16 日，朝鲜核桃嫁接技术考察组一行 3 人在禹县考察了核桃高接换种技术，察看了核桃嫁接育苗专业户的核桃品种园和高接换种园。5 月 14 日至 18 日，以印度环境与森林部荒地开发委员会主席邹德莉女士为团长的印度社会林业代表团一行 7 人，由河南省林业厅厅长张企曾陪同在民权县考察了农、桐、果（条）立体绿化及 20 世纪 50 年代营造的河南省第一代骨干防护林带；在开封县，参观了兴隆乡以毛白杨为主的农田林网和西寨乡农桐间作、固沙造林、经济林等综合结构的农村绿化，访问了省林业劳动模范、西寨乡大律王行政村党支部书记王信宝；在尉氏、新郑分别考察了沙荒沙岗造林和枣农间作。参观考察中，代表团成员详细地询问了造林的规划设计、组织领导、技术服务、苗木培育、经营管理、林业资源及消长情况等，对河南省大规模的平原造林绿化表示出极大的兴趣。

1988 年 3 月 24 日至 28 日，中国、联邦德国技术合作“杨树造林育种”项目专家工作组一行 6 人来河南考察访问，先后考察了尉氏县沙区造林绿化和农桐间作，禹县泡桐基因库、农田林网及两个村以毛白杨为主的村旁绿化。

1989 年 1 月 12 日，美国田纳西河流域水土资源统一开发局（TVA）亚洲事务协调员谢汶（Lawr Ence Hsie Hwen）先生来河南访问期间，同河南省林业厅有关工程技术人员就林业技术合作、交流与服务进行了座谈和讨论，双方在河南干旱丘陵地带育林、速生林培育、林木病虫害防治方面达成合作开发意向。省林业厅吴烈继副厅长向谢汶介绍了河南省林业的现状、存在的技术问题及今后的发展规划，并代表省林业厅对谢汶先生来豫寻求林业方面的合作及提供技术服务表示欢迎和感谢，希望今后在林业的多方面开展双边合作与交流。谢汶先生说：我是美籍华人，祖籍是中国，愿为河南林业事业的发展作出努力。

1991 年 7 月 23 日至 29 日，根据林业部安排，印度籍林业专家阿基特·班奈吉先生到河南省检查世界银行贷款造林项目执行情况。

1992 年 9 月，日本专家一行 4 人来河南对西峡猕猴桃种质资源进行研究考察。

1993 年 7 月，联合国粮农组织官员一行 3 人来访，资助猕猴桃种质资源基因项目。

1994 年 3 月 2 日至 5 日，应林业部邀请，日本国际绿化推进中心以小林富士雄博士为团长的杨树考察团一行 7 人，来河南省考察杨树造林、生长及杨木加工利用情况，并探讨今后合作开发杨树资源的可能性。

1995 年 8 月 11 日至 14 日，以世界银行官员、林业经济专家理查德·斯考比先生为组长，环境保护专家苏珊·沈女士、林业繁育专家诺曼·琼斯先生为成员的世界银行林业项目检查组，在林业部世界银行项目管理中心主任屈树业、副主任宋士奎、计划处处长刘瑾的陪同下来河南省检查项目执行情况。检查组一行在省林业厅厅长马新高、副厅长张守印陪同下，分别赴武陟、叶县、商水、淮阳等地实地检查了项目造林、育苗及林业生长情况。

1996 年 11 月 8 日至 13 日，世界银行三期项目认定组 3 位专家在林业部世界银行贷款项目管理中心和河南省林业厅有关负责人的陪同下，考察新县、商城等地造林绿化、林业产业等方面的情况。认定组专家认为：豫南山区发展林业条件优越，一旦有资金注入，广大林农一定会富裕起来。

〖赴国外和境外考察研究林业〗 1984 年 12 月 7 日，经河南省政府批准，河南省泡桐考察团在团长河南农学院院长蒋建平率领下，赴日本进行为期 4 天的考察。考察团成员有李焕章（省林业厅）、李荣幸（河南农学院）、陶栋伟（省林业科学研究所）、段传德（省农林科学院情报所）。

1984 年 5 月，林业部组成 6 人考察团赴日谈判从日本富士制作所引进数控带锯机制造专有技术项目，历时一月，并草签了合同。1985 年 3 月，河南省派 6 人组团赴日进一步考察、洽谈，进行技术确认和培训学习。该项目于 1989 年全部完成。1991 年这些产品已累计创产值 6 000 万元，利税 800 万元，创汇 65 万美元。

1985 年 7 月，在墨西哥召开的第九届世界林业会议上，中国代表团向大会提交的《中国的平原绿化》报告，重点介绍了河南省平原绿化的经验。

1986 年 9 月，河南省林业厅和商丘桐木加工厂派遣人员赴日本考察，就加强双方技术交流与合作进行了洽谈。

1987 年 5 月，应新西兰科学与工业发展研究部园艺与加工所的邀请，河南省赴新西兰猕猴桃考察团进行了为期 15 天的访问。考察访问期间，团员们学习了猕猴桃系列开发的先进技术，获得了猕猴桃科研与生产资料，引进了猕猴桃新品种，双方加深了了解和友谊，为开展技术合作与交流奠定了良好的基础。9 月，河南省赴瑞典、芬兰考察团与瑞典、芬兰有关单位进行协商，引进该国设备。10 月，河南省派 8 人组团赴意大利进行液压伺服数控双卡轴旋切机制造专有技术确认和培训实习，历时 50 天，首台样机于 1992 年试制成功并投入使用，同时完成了国产化设计，部分技术已被移植到国产旋切机上，显著地提高了整类产品的技术水平和档次。20 世纪 90 年代以来，该类产品出口创汇逐年增加，累计达到 300 多万美元。

1988 年 8 月，由林业部科技司、外事司和 10 个省、市（地）、县林业科技推广站（中心）有关人员组成的考察团，赴美国进行林业科技考察，河南省禹州市林业技术推广中心派员前往，主要学习美国乡村林业管理和技术推广经验。

1989 年 10 月，河南省林业厅派员参加由中国林业机构公司组织的考察团，对日本进行为期 15 天的访问。期间，考察人员考察了日本木工机械的现状与发展趋势，以及桐木拼板的市场发展情况等。

1990 年 2 月，应北美坚果协会邀请，河南省林业厅派员参加在美国举行的北美坚果协会第 81 届年会，河南参会人员在会议上发表了“核桃子苗嫁接技术的研究”论文，影响较大，美国《坚果通讯》收录该文。

1991 年 9 月，省林业厅派员参加了由林业部组织的赴意大利林业考察团，考察杨树丰产栽培技术，同时在民权林场建立了杨树蛀干害虫综合防治技术推广试验点。

1992 年 8 月，河南省林业厅派员随中国林业代表团对匈牙利的阔叶树丰产培训技术进行考察。在这次考察访问中，引进 3 个刺槐新品种并已繁殖成功，刺槐丰产栽培技术已在项目区中推广。

1993 年 7 月，河南省科学技术协会组团，先后到香港、泰国、新加坡、澳门等国家和地区进行参观访问，考察猕猴桃及其制品在港澳地区及东南亚国家的销售情况。

1994 年 9 月，应意大利塞切纳植物试管中心邀请，河南省科技代表团一行 4 人赴意大利进行了为期两周的考察交流。期间，代表团成员参观学习了意大利的蔬菜大面积栽培、自动化采收运、分级包装和贮藏、加工等先进技术，洽谈了科技合作与交流意向，初步建立了友好往来关系。

1995 年 1 月，河南省林业厅派员参加林业部组织的赴美考察团，赴美国路易丝安那大学进行为期 15 天的研究学习，主要学习林业经济分析法、计算机技术等方面的先进知识。同年 6 月，省林业厅派员参加中国林业代表团赴芬兰访问，学习森林经营管理技术。7 月，省林业厅派员参加由林业部有关单位组团，赴美国访问，主要考察美国火炬松病虫害防治技术。

第九章　林业产业

【林业产业概述】 1979～1983年，河南林业工作以造林绿化为重点。1984年后，随着形势的发展，河南省及时调整林业政策，开始按照经济规律发展林业生产，注意林产品市场建设和林木的加工利用，鼓励农民上山落户办林场，从而使林业生产从单纯造林绿化向造林和利用相结合转变，从以发挥林业单一的生态防护效益为目标向生态效益与经济效益相结合的双目标发展，林业产业得到了初步发展。到1990年，全省87个国营林场有林地面积达到26.67万公顷，林木蓄积量970万立方米，每年为社会提供各种用材7万立方米。全省88个国营苗圃，每年生产优质苗木4 500万株。全省建起林产工业企业125个，职工总数达6 575人，企业固定资产5 646万元，年销售收入3 186万元。20世纪70年代以来建起的信阳木工机械厂、安阳林药厂等5家大型林业企业，经过深化改革，增强了活力，其中信阳木工机械厂已跻身于国家二级企业的行列，主要产品达到80年代国际先进水平。全省林产工业行业有7个产品获省优、部优称号。洛阳人造板厂成为河南唯一的具有国产成套设备、生产工艺先进、以人造板为主产品的木材综合加工企业。商丘桐木综合加工厂成为当时全国最大的桐木综合加工企业，"七五"期间投资9 929万元引进国外先进设备，年产刨花板能力3万立方米、胶合板能力1万立方米、刨切单板能力200万平方米、贴面刨花板能力75万平方米、桐木拼板能力8 000立方米。国营林场、苗圃和乡级林业站跳出单一造林绿化的经营模式，在坚持以林为主的前提下，开展多种经营、综合利用，年收入达3 312万元，比1978年增长2 255万元，其中多种经营年收入1 500多万元，为1978年400万元的3.7倍。全省国营苗圃走一种、二养、三加工的路子，多种经营项目达到30多个，1990年收入319万元；全省乡级林业站建立林业生产示范基地522处，兴办林产品加工厂46个，承包果园和苗圃1.67万公顷，1990年收入2 000多万元；全省县以上林产品经销公司（包括林工商开发公司）达到101个，较好地发挥了林产品流通的主渠道作用，在市场竞争激烈的情况下，年营业额达到2亿多元，不少企业取得了较好的经济效益。洛阳市林产品公司1990年营业额达到960万元，当年获利63万元。沁阳市林业开发总公司下设林产品经销、林业物资、工程建筑、装璜、皮毛加工、电器化工、煤炭转运站、运输等8个分公司,1991年产值达到2 500万元,实现利润300多万元。全省国营林场、苗圃等生产单位内部建立的各种社会服务经销组织达到164个,加上2 068个乡级林业站和81个林业科研单位,初步构成了林业社会化服务体系网络,为促进林业商品经济的发展发挥了重要作用。为进一步加快林业系统林业产业发展,1991年,河南省林业厅组织编制了《河南省林产工业发展规划》和《河南省林业系统多种经营、综合利用十年规划》,先后组织两个考察组到山东、江苏、浙江等省学习考察林产工业和多种经营的经验,并召开全省林产工业和多种经营工作会议,对全省林业产业工作进行安排部署,从而使全省林业产业进入了快速发展阶段。1992年和1995年,河南省政府分别印发并组织实施了《河南省经济林十年发展规划》和《豫西经济林基地开发建设规划》,推动全省经济林进入了快速发展时期。从1992年起,全省各地以国营林场为基础,开始建立森林公园,发展森林旅游业。到2000年,全省经济林面积达到80万公顷,林产品年产量达到35亿公斤,年产值达到30亿元,占全省林业总产值的30%,占全省农业总产值的3.1%。全省观赏花卉(包括园林绿化苗木)面积达到1.33万公顷,引进、培育和栽培的花卉品种达到300余种,花卉的生产、科研和市场销售得到快速发展,初步形成了效益较好的新兴产业。全省共建起国家级、省级森林公园35个。全省林产工业总产值达到15.4亿元,人造板产量达到22.7万立方米,木材综合利用率达到60%,林产品加工品种达到2 000多个,林产品年出口创汇3 000万美元。

第一节　经济林生产

【经济林生产简述】　河南省位于中原腹地,气候温和,土壤多样,优越的自然条件适合多种经济林的生长,因此,河南省经济林树种、品种繁多,资源丰富,栽培历史悠久。如宁陵的金顶谢花酥梨距今已有600多年的栽培历史,而位于大别山深处的新县人工栽培银杏的历史更是长达2000多年,从而形成了许多名闻遐迩的名优产品。中华人民共和国成立后,特别是改革开放以后,河南省高度重视,大力扶持和发展经济林,使全省经济林的种植面积不断扩大,种植品种不断增加,形成了许多富有特色的经济林之乡。经济林产品的深度加工和相关产品的开发也加速发展,成为当地经济发展的支柱产业之一。

河南省人工栽培面积较大的经济林主要有板栗、核桃、大枣、柿子、苹果、梨、桃、杏、葡萄、猕猴桃、石榴、樱桃、山楂、李子等果品树种,油茶、油桐、黄连木、乌桕等油料树种，杜仲、辛夷、银杏、山茱萸、厚朴等木本中药材及花椒、茶叶、蚕桑等。其中灵宝的苹果、卢氏的核桃、荥阳的柿子、巩义的石榴、西峡的猕猴桃、新县的白果、信阳的茶叶、南召的辛夷、新郑的大枣、确山的油栗、渑池的仰韶杏、宁陵的金顶谢花酥梨、汝阳的杜仲等是河南省传统的名、特、优经济林产品，在国内外市场上享有盛誉。

1978 年至 1991 年，河南省以发展油桐、油茶、核桃、大枣、板栗、柿子、苹果、山楂等经济林为主。从 1992 年实施《河南省经济林十年发展规划(1990～1999)》开始，河南省的经济林生产开始向集约化经营、基地化方向发展。到 1995 年，全省经济林面积从 1985 年的 15.95 万公顷发展到 44.00 万公顷，经济林年总产量由 4.355 万公斤提高到 21.166 亿公斤，人均水果产量由 5.98 公斤提高到 23.26 公斤。1996 年以后，河南省经济林发展进入战略调整期，以 1997 年全省经济林产业发展战略研讨会在温县召开为标志，全省经济林生产逐渐由面积数量型向质量效益型转变。"七五"、"八五"期间发展的经济林进入丰产期，经济林产品结构明显优化，产品质量不断提高，全省经济林生产在全国占有重要的地位，果品总产量继山东、河北、陕西、广东、广西之后居全国第六位。全省经济林的发展，带动了二、三产业的发展。"九五"末期，全省经济林产品储藏加工能力达到 3.5 亿公斤，占年总产量的 10% 左右。经过深加工、精加工的经济林产品深受市场欢迎。灵宝的苹果浓缩汁系列产品远销欧美及东南亚市场；内黄县以"冬夏枣茶"为龙头开发的大枣系列产品，每年投放市场达 1 600 万公斤。在豫西南地区建成了西峡县果酒厂、中华猕猴桃制品厂、宛西制药厂、软木厂等 500 多家经济林产品加工企业。信阳华栗实业总公司生产的板栗汁、板栗罐头、板栗果茶、银杏神茶、猕猴桃汁、水蜜桃汁等主导产品，获"94 年全国优秀农产品金奖"、"95 年全国轻工优秀产品奖"、"96 年第三届全国粮食、饮料博览会金奖"称号。到 2000 年，全省经济林面积达到 80 万公顷，年产量达到 35 亿公斤，年产值达到 30 亿元，占全省林业总产值的 30%，占全省农业总产值的 3.1%。

【木本油料】　1978 年 7 月 25 日，河南省农林局发出《关于组织油桐垦复大会战并使用好补助费的通知》，要求各地抓住"7 月挖金、8 月挖银"的时机，组织油桐垦复大会战。特拨出油桐垦复补助费 50 万元，每亩补助 5 角至 2 元，要求坚决做到专款专用，管好用好油桐垦复补助费。8 月 19 日至 23 日，全省木本油料会议在郑州召开，10 个地区林业局，部分地区计委、粮食局、供销社和部分县、公社的负责人共 95 人参加了会议。会议就发展木本油料生产和分配等一系列政策、规划和措施进行了交流、探讨。会议认为：今后河南省油料生产应该贯彻草本和木本并重、发展食用油料和工业油料并重的方针,大力发展木本油料,花大气力抓好木本商品油料基地建设。要求山区社队普遍建立自给性的食用油料林,鼓励社员在房前屋后种植木本油料树。根据河南的实际情况,会议提出到1985年全省达到450万亩木本食用油料林、200万亩油桐林的目标。会议要求:明确林权,合理分配收益;搞好采收和收购;认真落实奖售政策;对生产木本油料的生产队,根据不同条件,有的做到粮油双贡献,有的在粮食自给的基础上以发展油料为主;国家扶助社、队发展木本油料的资金和物资保证专款专用;油桐、油茶种子由粮食部门解决,核桃、花椒种子由供销部门解决,其他需要由外地引进的种子以林业部门为主解决。会议强调:要加强木本油料的经营管理和科学研究,提高单位面积产量,争取3年内实现全省桐油自给,逐步实现食用油料木本化。9月,河南省计委、林业局、粮食局、供销社在郑州联合召开木本油料会议,要求因地制宜作出规划,从资金、物资等方面加以扶持,从技术上加以指导,做到思想落实、政策落实、组织落实;实干、大干三年、五年或十年,在本世纪内全省实现食用植物油料生产现代化和木本化。

1979年2月8日,河南省林业局召开全省经济林生产座谈会。会议回顾分析了1978年的林业生产形势:1978年全省营造木本油料林28万亩,垦复30多万亩。由于自然灾害及“文化大革命”的影响,1978年全省干鲜果品产量仅6亿公斤。会议认为:要完成1979年全省干鲜果品7.5亿公斤的生产计划,必须下决心抓好木本油料林基地建设,狠抓增产措施。5月18日至21日,河南省林业局、供销合作社在西峡县联合召开了全省生漆生产收购工作会议。5个地区16个县的林业、供销部门和两个基地县革命委员会的负责人,以及重点基地社和先进社、队的代表共230人参加了会议。会议对河南省生漆生产几起几落的情况和经验教训进行了回顾与总结。1950年全省收购生漆150担,1957年收购1 078担,1962年收购102担。“文化大革命”后,全省生漆收购量一直徘徊在每年400~500担。1978年全省收购778担。目前全省漆树已发展到1 500万株。会议在肯定成绩的同时,指出了生漆生产和收购工作中存在的问题:资源分散,不能很好利用;造林质量差,成活率低,成林慢;市场管理存在漏洞。会议推广了西峡县的“六定”(定漆路、定质量、定时间、定任务、定报酬、定补助)、“两奖”(保质保量完成任务者,从割漆总额中提取5%奖给漆农;超额完成任务者,再从超额部分提10%~15%奖给漆农)、“一罚”(完不成任务者,从差额部分罚3%)制度。7月26日,河南省财政局、林业局联合发文,向许昌、驻马店、信阳、南阳、洛阳等地拨款28.5万元,作为油桐、油茶垦复补助款，要求必须专款专用，保证垦复质量。12 月 2 日至 7 日，河南省委召开全省山区工作座谈会，提出对木本油料基地建设每亩补助 5 元的种苗和工具费。

1980 年 7 月 8 日至 12 日，河南省林业厅在郑州召开了全省油桐、油茶基地县汇报会议。5 个地区 18 个县林业局和 6 个公社以及省粮食厅、物价局、省农林科学院等单位的负责人参加了会议。会议制定了全省油桐、油茶发展规划，讨论了有关发展油桐、油茶生产的政策，研究了开展夏季垦复抚育管理等问题，落实了 1980 年造林、整地、采种任务。8 月 5 日，河南省林业厅向省政府呈送了《我省油桐生产情况和问题》的报告。报告指出：桐油是河南省山区的重要林产品之一，近几年来生产有较大发展。1956 年全省收购桐油 148.5 万公斤；1976 年收购桐油 202 万公斤；1980 年面积达 10 万公顷，产桐籽 900 万公斤，桐油产量 300 万公斤。目前有 1 000 多种工业品需要桐油。河南省年需桐油 600 万公斤。1979 年虽年产桐油 300 万公斤，但仅收购 141.5 万公斤。主要问题是：收购价格偏低，奖售偏少，奖售物资不对路。为迅速提高桐油产量，尽快达到桐油自给，建议：提高价格；提高奖售标准；集中产区应参照食用油和棉产区标准定为经济区，供应吃粮标准；增加粮食供给和经济扶持。10 月 14 日，河南省林业厅、粮食厅关于油茶、油桐种子指标批复信阳地区粮食局、林业局：发展油茶和油桐生产所需种子，主要依靠社队及社员个人间进行调剂解决。调剂后仍缺种的生产队，在保证完成省安排的食油和桐油调出任务的前提下，适当进行供应。12 月 1 日至 5 日，河南省林业厅在新县召开全省木本粮油冬管现场会议，参加会议的有 10 个地区、4 个市、44 个县的林业局负责人。会议指出：河南省经济林树种多，资源丰富，这几年经济林生产有所恢复和发展，全省有油桐林 10 万公顷、油茶林 1.33 万公顷，各地要切实抓好经济林建设，通过抓管理、抓发展、抓科学种树，把产量和质量搞上去。

1981 年 6 月 3 日，河南省林业厅转发林业部《建议发展五倍子生产的通知》，要求各山区地、县林业局按照通知精神，查清现有五倍子资源，落实有关政策，加强管理，突出重点，积极组织发展五倍子生产。7 月 11 日至 15 日，全省核桃生产现场会议在禹县召开。会议要求河南省核桃生产要发生五个重大变化，即：变不重视核桃生产为重视；变放任自流为科学管理；变不讲品种优劣为选育良种繁殖；变实生直播为嫁接育苗；变低产为高产。强调要狠抓大树的综合管理，尽快实现育苗的良种化。要求各级领导提高认识，加强领导，到 1987 年底，把现有的 1 000 万株核桃幼树按禹县“高接良种”法嫁接 500 万株左右。9 月 21 日至 26 日，全省油桐生产技术会议在西峡县召开。会议听取了各县油桐生产情况的介绍,组织参观了西峡县林业科学研究所的油桐品种对比试验林,制定并通过了《河南油桐丰产技术要点》,同时还拟定了油桐发展规划和1981年冬至1982年春的油桐生产任务。

1982年3月22日至24日,河南省林业厅在洛宁召开核桃苗嫁接现场会,参加会议的有8个地区、23个县林业局的技术干部,中国农业科学院郑州果树研究所等科研单位的科技工作者共40余人。会议期间,与会人员参观了洛宁县子苗嫁接技术,总结交流了1981年核桃生产经验,安排了1982年核桃生产任务,落实了子苗嫁接、高接换种任务,制定了大树管理计划。4月13日至18日,河南省林业厅在西华县召开全省木本粮食重点地区、县林业局长会议。强调要认真贯彻落实政策,加强经营管理,不断完善木本粮食生产责任制;要讲究经济实效,抓好管理,促进木本粮食的大发展。9月15日,河南省林业厅在林县召开全省核桃修剪现场会。会议对提高河南省核桃生产的产量和质量提出了如下措施:加强现有核桃结果树的综合管理;大力推广高接换种,改造低产林;制定规划,建立基地;继续做好良种选育工作;进一步建立健全核桃生产管理责任制,充分调动广大群众的积极性。会议要求各地要抓紧时机,组织人力,采取有效措施,搞好核桃的修剪工作。

1984年5月24日,全省油桐垦复管理会议在郑州召开。会议总结交流了12年来河南省油桐垦复的管理经验及效果,明确了1984年的垦复任务,讨论了"七五"期间油桐的发展规划,修改了《河南省油桐丰产技术要点》,提出了当前油桐生产中存在的问题。会议强调:各级领导要提高对油桐生产重要性的认识;以优取胜;禁止掠青、早采;疏密补稀,促使林相整齐;对高山陡坡的油桐,可改种其他树种;垦复款要择优扶持;新造油桐林必须采用良种。

1990年3月20日,全省核桃生产现场会在禹县召开。会议重点学习推广核桃高接换优技术。与会人员参观了禹州市诸葛乡下宋村的高接换优核桃园,现场学习了高接换优技术。会上,禹州市林业局等5个核桃主产县的有关人员介绍了核桃生产管理、高接换优的经验。

【木本粮食】 1980年1月9月,全省红枣生产会议在镇平召开,有关地、县林业局及枣树研究单位负责人参加了会议。据统计,全省枣树面积为63.33万公顷、3 800万株,1979年产鲜枣8 000万公斤。会议要求:加强领导,落实政策;狠抓综合管理,挖掘增产潜力;大建枣炕,做好炕枣准备;开展科学试验,注意选择优良品种;推广农枣间作。新郑县枣树研究所从1981年开始,在该县孟庄乡建立规模为10公顷的全国枣树品种园,到1983年已从山东、河北、山西、陕西等地引进枣树良种103个,其中有60多个良种已开花结果。1985

年,全省大枣丰收,年产鲜枣0.75亿公斤,比1984年增产58%,好果率达95%,是近十年收成最好的一年。其中内黄县产鲜枣3 147万公斤,创历史最高水平。1986年3月15日至16日,河南省林业厅在郑州召开了全省大枣、板栗、柿子管理工作会议,重点产区市(地)、县林业局和有关科研、教学单位的领导、工程技术人员共56人参加了会议。会议期间,河南农业大学园艺系副教授王浚明作了学术报告,内黄县、濮阳市郊区、新郑、浚县、郑州市、濮阳市分别介绍了加强管理获得1985年大枣丰收的做法和经验。经过认真讨论,会议通过了1986年大枣、板栗、柿子管理检查指导工作方案。

【木本药材】 1993年4月25日,河南省林业厅成立干果、药材示范基地建设项目领导小组,同时,还设立示范基地建设项目技术管理小组。6月23日,河南省政府在中州宾馆召开银杏生产及加工报告会,特邀山东人大常委会原副主任李晔就发展银杏生产及加工问题作报告。马忠臣省长主持会议并作了重要讲话。6个市(地)的市长、专员,17个市(地)的林业局局长出席了会议。马忠臣省长在报告会上强调:要大力支持在河南发展银杏生产。林业部门要搞好规划并认真组织实施,各市(地)政府、行署要专门召开一次常务会议,并以政府、行署的名义举行一次报告会。他要求各地以这次报告会为契机,广泛宣传,因地制宜,狠抓落实,使千秋银杏遍布中原大地。省人大常委会副主任胡廷积、省政协副主席屠家骥也出席会议并讲话。同年11月,经林业部与河南省林业厅协商,签订了干果、药材、调料高产优质示范基地责任合同书,双方共同承担项目的建设。合同规定在1993～1995年期间,计划在信阳、确山、林县、新郑、汝阳等5个县(市、区)建设基地0.26万公顷,总投资750万元。项目建成5年后每公顷产量达到:板栗新造林增产3 000公斤,低改林增产2 250公斤;核桃新造林增产2 625公斤,低改林增产1 875公斤;枣7 500公斤;仁用杏750公斤(仁);银杏750公斤;巴旦杏1 125公斤;腰果750公斤;杜仲(皮)2 250公斤;枸杞1 500公斤;八角2 400公斤;肉桂(皮)2 400公斤;花椒3 000公斤。

1994年7月28日,河南省委、省政府在郑州召开河南省银杏生产动员会。省长马忠臣主持会议并作重要讲话。马忠臣省长要求经过一个时期的努力,全省实现人均五棵银杏树。省林业厅厅长马新高在会上汇报了河南省银杏生长和加工利用情况。各市(地)主要领导及省直有关部门的负责人参加了会议。

1995年9月6日至8日,全国第四次银杏学术研讨会暨银杏研究会第二次年会在河南省新县召开。马忠臣省长致信大会,祝贺会议圆满成功,并在贺信中指出：银杏融药用、食用、绿化、美化及用材于一体，具有显著的经济效益、生态效益和社会效益。开发利用银杏是一项有利于当代、惠及子孙的千秋大业。只要领导重视，广泛发动群众，常抓不懈，年年落实，银杏开发定见成效。通过这次会议，认真总结交流经验，探索银杏开发新途径，进一步调动广大干部群众发展银杏的积极性，银杏事业必将更加兴旺发达。来自大专院校、科研院所、银杏栽培和加工企业的学者、专家、教授、工程技术人员及企业家近200名代表参加了会议。会议收到论文70多篇。会议还组织代表对新县银杏发展情况进行了考察、论证和评价。河南省林业厅厅长马新高介绍了河南省银杏发展的情况，指出：1993年以来，全省各地掀起了发展银杏的热潮，3年来共营造银杏丰产林0.26万公顷，培育苗木7 820万株，建立良种采穗圃36.67公顷；银杏资源普查优良品种选育、丰产栽培等科研项目已取得初步成果；银杏加工利用也开始起步。新县近几年银杏发展得更快，银杏果年产量达50万公斤，年出口40万公斤；银杏叶年产量30万公斤。

【水果】　1978年1月13日，河南省农林局在郑州果树研究所召开了14个协作单位和郑州果树研究所参加的苹果良种区域化座谈会。会议认为，河南省苹果生产存在的突出问题是晚熟品种比例太大。要求各地制定发展苹果良种的规划，有计划育苗，采取科学办法，尽快实现河南省苹果良种化。1981年11月12日至15日，河南省柑橘科研协作会议在平顶山市召开，会议讨论了“南橘北移”等问题。目前，河南省柑橘面积已达6 000亩，约40万株，总产达7万公斤。从南方引种的温州蜜橘等20多个品种，已在河南省安家落户。平顶山市农科所还培育出结果早、品质好、抗寒性强的“平柑一号”新品种，适宜在河南省中部栽培。1988年9月20日至22日，河南省林业厅在济源市召开全省山楂幼树早期丰产现场会。焦作、洛阳、郑州等3个市林业局及20多个山楂生产重点县林业局的技术负责人参加了会议，部分山楂生产专业户自愿参加了会议。会议组织参观了济源市承留乡栲栳树村、玉阳村山楂早期丰产栽培现场。焦作市林业局就如何促进幼树早结果、早丰产作了现场技术讲解，济源市副市长杨峡介绍了全市发展经济林生产的经验。济源、林县、辉县、巩县、登封、嵩县、方城等7县(市)在会上发言，分别从不同角度介绍了低产园改造和高标准园、幼树丰产经验。会议强调：一要认真总结几年来经济林生产的经验。二要注意优良品种，择优发展，以优取胜。三要发展规模经营，形成商品基地。四要稳定林权，推广地随树走的做法，并签订好承包合同。五要创造条件，土洋结合搞储藏、加工。六要切实加强现有经济林的管理。七要进一步办好林果服务站，搞好产前、产中、产后服务，提高经济林发展的后劲。

【经济林会议】 为大力发展经济林,1985 年之后,先后召开了河南省经济林工作会议、河南省经济林产品暨加工制品展样会、全国经济林生产协作会、豫西经济林基地开发建设会和三门峡市第六届灵宝金城果会等规格较高、规模较大的经济林会议,有力地推动了经济林生产的发展。

〖河南省经济林工作会议〗 1985 年 2 月 2 日至 5 日,全省经济林工作会议在郑州召开。河南省政府副省长胡廷积到会作了报告。胡廷积在报告中分析了河南省农业生产的结构及发展趋势,强调指出:在种植业结构中,不仅粮食作物与经济作物之间的比例要调整,而且在大农业中,农林牧副渔之间的比例也要调整,山区可按林牧副渔排列。在林业生产结构中,不能只重视用材林,更要重视经济林,要以短养长,用短促长,长短结合。林业部工程师张安玲到会讲话,中国林业科学院助理研究员张毅平、河南农业大学副教授王俊明等作了学术报告,郑州市、洛阳地区、南召县、林县、灵宝、确山县等 13 个市(地)、县的人员先后介绍经验。河南省林业厅副厅长关耀信在会上作总结发言。各市(地)林业局局长及部分县县长、林业局局长、科技干部,林业部、中国林业科学院、河南农业大学、省科技报社的有关人员共 138 人参加了会议。

〖河南省经济林产品暨加工制品展样会〗 1986 年 9 月 29 日,由河南省林业厅主办的"河南省经济林产品暨加工制品展样会"在河南省农展馆举行剪彩仪式,河南省人大常委会副主任范濂、副省长胡廷积为展样会剪彩。这次展样会共展出 15 个市(地)、101 个县及部分果树研究所的 51 类、209 种名、优、特、稀经济林产品和加工制品。展出期间,河南省委书记杨析综、副书记刘正威,省长何竹康、副省长刘玉洁,省政协副主席阎济民、崔光华,省军区副司令员王英洲等领导到展样会参观。杨析综、刘正威分别为展样会题词。杨析综的题词是:"林果满山遍野,努力加工增值"。刘正威的题词是:"林丰果盛,加工求精"。10 月 18 日,展样会结束。

〖全国经济林生产协作会〗 1994 年 4 月 21 日至 24 日,全国经济林生产协作会在河南省召开。参加这次会议的有北京、河北、山东、山西、甘肃和河南六省(市)主管经济林工作的负责人。这次会议进一步明确了经济林在山区林业综合开发中的重要作用和地位,共同探讨了在社会主义市场经济体制下经济林的发展思路和长远目标,交流了经验,通报了信息,加强了协作,商讨了增强宏观调控的能力、进一步提高经济林生产的综合效益等问题。会议期间与会人员参观考察了由林业部投资,洛阳市郊区承建的洛阳牡丹基因库。会议代表及洛阳市、郑州市、汝阳县、登封市分别就本省、市、县近几年经济林建设所取得的成绩、做法和一些好典型进行了交流,同时对"九五"期间经济林发展规划和设想进行了座谈。

〖豫西经济林基地开发建设会〗　1994年11月11日至13日,河南省政府在灵宝市召开了豫西经济林基地开发建设会议。郑州、洛阳、三门峡市政府的主管领导,20个基地县(市)政府的领导、林业局局长,17个市(地)林业局局长和省直有关单位的有关人员共150人出席了会议。会议传达了《全国山区林业综合开发和经济林建设现场会议》精神,讨论修改了《豫西经济林基地开发建设十年规划》,灵宝、陕县、洛宁、登封、卢氏等县介绍了经验,与会代表参观了经济林建设现场,李成玉副省长出席会议并作讲话。李成玉在讲话中指出:豫西山区土地面积大,耕地少,常年干旱,自然条件差,发展农业的制约因素很多。但是无论是从豫西山区的自然资源优势看,还是从实施国家"八七"扶贫攻坚计划、加快灭荒步伐、改善山区生态环境的需要看,搞好豫西经济林基地开发建设,对加速河南省农村经济结构调整和增加农民收入都具有重要意义。因此,省委、省政府对搞好豫西经济林基地开发建设十分重视,把它作为加快全省农村经济结构调整的一个大的思路提了出来。规划区内各级政府要充分利用当地有利条件,抓住机遇,加快发展,以对山区人民高度负责的精神,扎扎实实地抓好开发建设工程。他强调:加快豫西经济林基地的开发建设,一要认真搞好规划,层层落实开发建设任务;二要因地制宜,连片开发,提高规模效益;三要以市场为导向,大力发展优良品种;四要积极推广先进实用技术,努力提高管理水平;五要搞好贮藏、加工,加速市场培育。李成玉要求:各地切实加强领导,把经济林基地开发建设作为一件大事,摆上重要位置,纳入目标管理;各级林业部门要充分发挥职能作用,加强宏观指导,认真搞好服务。

〖三门峡市第六届灵宝金城果会〗　1992年9月15日,三门峡市第六届灵宝金城果会开幕式举行,河南省委常委、副省长宋照肃和林业部副部长刘广运出席开幕式并发表讲话。刘广运在讲话中指出:近几年来,河南省委、省政府十分重视经济林生产,把发展经济林作为农民脱贫致富农民奔小康的重要措施之一,大力调整林种结构,确定以经济林为重点,带动山区造林绿化的发展思路,制定了《河南省经济林十年发展规划》和豫西林果带建设规划,政策上给以优惠,资金上给以扶持,调整行业领导,加强行业管理,坚持高起点、高标准、高投入建设经济林生产基地,有效地加快了经济林建设步伐。河南在平原绿化工作上为全国带了头,做出了榜样,提供了经验,对全国平原绿化推广作出过贡献,现在在发展经济林上又在全国起到了带头作用。

【中国经济林之乡】

〖中国酥梨之乡——宁陵〗　金顶谢花酥梨在宁陵县栽培历史悠久,距今已有600多年的历史。其皮薄肉细、酥脆易溶、汁多味甜,是梨果中的名优品种,产品享誉国内外市场。到2000年,宁陵县有酥梨面积1.33万公顷,年产量1.2亿公斤,年产值1亿元,占全县农业总产值的13.5%,成为宁陵县农村经济的支柱产业之一。1986年以来,宁陵金顶谢花酥梨曾先后5次被评为河南省名优产品和优质水果金奖,4次荣获国家和农业部优质名牌农产品金、银奖。1988年,被农业部评为"全国优质酥梨生产基地"。

〖中国山茱萸之乡——西峡〗　西峡是《中国药典》确认的中国山茱萸生产最佳基地,山茱萸主要有效成分含量超过国家标准5倍,品质驰名中外。1991年,西峡县山茱萸荣获仲景杯国际博览会金奖。到2000年,西峡县山茱萸面积达2万公顷,年产量达200万公斤(干),占河南省总产量的90%,占全国总产量的60%左右;年加工利用山茱萸100万公斤,产值3.5亿元。山茱萸成为西峡县域经济的重要支柱产业之一。

〖中国板栗之乡——罗山〗　罗山板栗色泽鲜艳,耐储藏,营养丰富,深受广大消费者的欢迎。1994年,罗山县被河南省林业厅授予"板栗基地建设先进县"称号,被林业部授予"全国经济林建设先进县"称号。到2000年,全县建成以豫罗红栗、罗山大板栗为主的板栗基地2.68万公顷,形成年产板栗2 080万公斤的生产能力,年销售板栗1 500万公斤,年加工板栗300万公斤。

〖中国花椒之乡——林州〗　林州市花椒栽培历史悠久,资源丰富,品种优良。大红袍花椒为主栽品种,占全市花椒面积的70%以上,以其粒大、色鲜、皮厚、味浓享誉省内外,产品畅销全国。全市年产花椒300万公斤,从事产品加工、储藏、销售的企业达30余家,产品年加工、储藏180余万公斤,产销率达90%以上。1996年,林州市的花椒产品荣获安阳市首届果品评优会金奖。同年,林州市被国家科学技术委员会、农业部、林业部等六部委授予"全国农业技术推广先进单位"称号。2000年全市花椒面积达1.1万公顷,占全市经济林面积的55%,位于全省之首。

〖中国杜仲之乡——汝阳〗　汝阳县位于豫西伏牛山区,自古有种植杜仲的习惯。1987年和1993年先后被河南省林业厅和林业部确定为杜仲基地县。2000年,全县杜仲栽植面积达1.43万公顷,占全县经济林总面积的58.4%;全县杜仲皮、叶及其系列产品年产量达到1 560万公斤,总产值6 240万元,占全县农业总产值的12%;年税收374.4万元,占全县年财政收入的8.3%;农民年人均纯收入113元,杜仲产业成为汝阳县农村经济中的重要组成部分。

〖中国葡萄之乡——偃师〗　偃师市位于河南省西部,气候温和,土壤肥沃,适宜葡萄生长。自 1984 年开始引种葡萄鲜食品种,至 2000 年,全市已发展葡萄 0.23 万公顷,占全市经济林总面积的 55%,总产量达到 7.8 万吨,其中保护地栽培产量达到 89.0 万公斤,总产值达到 1.56 亿元。全市已建成保鲜库 29 个,库容 3 500 吨。2000 年 8 月,偃师市举办了第一届玄奘葡萄节。偃师葡萄以其粒大、色艳、品质优而闻名省内外。

〖中国核桃之乡——卢氏〗　卢氏县有 1 000 多年的核桃栽培历史。到 2000 年,全县核桃栽培面积达到 1.44 万公顷,占全县经济林总面积的 47%,其中结果面积 0.71 万公顷,年产核桃干果 500 万公斤,产量在全国位居第四位,在河南省位居第一;核桃的年加工能力达到 2 500 吨,年产值 750 万元,成为卢氏县农村经济的支柱产业。全县已建成集国内外 175 个核桃类型及品种于一体的"中国核桃基因库",核桃产业发展已走上基地规模化、树种良种化、栽培规范化、管理科学化、加工系列化和服务社会化的道路。

〖中国银杏之乡——新县〗　新县位于大别山腹地,人工栽培银杏已有 2 000多年的历史。全县银杏树达 1 089 万株,其中采叶林 580 多万株,丰产林 150 万株,"四旁"树 359 万株,年产银杏果 100 万公斤、银杏叶 200 万公斤。新县立足资源优势,以羚锐集团为依托,从食用、药用等方面对银杏进行深度开发,已形成以银杏产业为龙头,生产、加工、销售紧密结合,经贸、工业、农业相互促进,具有自身特色的银杏发展新格局。

第二节　花卉生产

【花卉生产简述】　河南省花卉栽培历史悠久。洛阳牡丹始栽于隋代,盛于唐、宋。开封菊花于北宋时期已驰名全国。有全国"花县"、"花都"之称的鄢陵,在唐宋时期就开始大规模栽培园林植物,并出现了以养花为主的农户;明清时期花木栽培已形成相当规模,花卉品种达到 200 多个。闻名全国的获嘉县陈庄花园发展于清朝乾隆年间,在乾隆三十年(1766 年)时已形成大片花卉区。近代以后,由于战乱不息,河南省的花卉生产受到了冲击,数量、品种大大减少。到中华人民共和国成立初期,全省牡丹只有 30 多个品种,菊花只有 50 多个品种,腊梅只有 3 个品种,月季只有 10 多个品种,其他花卉品种也很少。中共十一届三中全会后,河南省花卉业得到了较快发展。1986 年 5 月,河南省政府批准成立河南省花卉协会。9 月 2 日,河南省林业花卉协会成立。进入 20 世纪 90 年代,花卉种植业作为一项新兴产业在河南迅速崛起。1995 年,全省观赏花卉(包括园林绿化苗木)生产面积为 0.23 万公顷。1996 年 12

月，在鄢陵县林业局锦花花木公司建成了一座年设计能力为 1 000 万株的组培大楼及 16 座驯化温棚，填补了河南省阴生花卉工厂化育苗的空白。1998 年 11 月，编制了《河南省 1999 ~ 2010 年花卉生产发展规划》。据 1998 年底不完全统计，全省花卉生产面积为 0. 53 万公顷，年产鲜花 1 000 万株、盆花 500 万盆、园林绿化苗木 1. 3 亿株。全省有花卉企业 11 193 家（其中：国有、集体企业 1 046 家，个体企业 10 147 家）、花卉交易（批发）市场 15 家、花店 7 200 家，从事花卉生产的人数为 20 万人，花卉年产值 8 亿元，年出口创汇 65 000 美元。1999 年 5 月，在国家林业局举办的“99 昆明世博会花卉研讨会和植物新品种命名大会”上，我省焦作参选的“太行之恋”等 3 个月季品种入选花卉新品种。同年 12 月，河南省政府印发的《河南省林业生态工程建设规划》，首次将花卉作为商品林基地纳入了林业生态工程建设规划，要求到 2010 年，在郑州、洛阳、开封、南阳和鄢陵、潢川、获嘉等地建设观赏花卉基地 1. 5 万公顷，并积极开发利用野生花卉资源，使花卉业成为振兴全省农村经济的新兴产业。国家林业局、中国花卉协会命名中国洛阳牡丹基因库、鄢陵锦花花木公司、濮阳世锦现代农业有限公司、潢川县花卉生产基地为首批“全国花卉生产示范基地”。2000 年 5 月，国家林业局、中国花卉协会命名郑州陈寨花卉交易市场、（鄢陵县）中国北方花卉交易市场和安阳市龙泉豫北花卉交易市场为全国首批“重点花卉市场”。2000 年 6 月，国家林业局、中国花卉协会命名鄢陵县、潢川县、获嘉县张巨乡、安阳郊区龙泉镇为“中国花木之乡”，命名洛阳市郊区邙山镇、开封市郊区南郊乡、南阳市卧龙区石桥镇分别为“中国牡丹之乡”、“中国月季之乡”和“中国菊花之乡”。到 2000 年，全省花卉种植面积达到 1. 33 万公顷（含园林绿化苗木）。河南多数市都命名了市花。如洛阳市市花为牡丹，新乡、平顶山、焦作、商丘市市花为月季，开封市市花为菊花、月季，信阳市市花为桂花、月季，南阳市市花为桂花，安阳市市花为紫薇等。

【牡丹】（*Paeonia suffruticosa* Andr）牡丹别名木芍药、富贵花。芍药科芍药属落叶小灌木，中国十大名花之一。河南牡丹栽培地主要集中在洛阳市，2000 年洛阳全市牡丹种植面积达 666. 67 公顷。花色有红、粉、黄、白、紫、蓝、黑、绿及复色等 700 余种。1982 年，洛阳市将牡丹定为市花，并决定以后每年 4 月 15 日至 25 日举办洛阳“牡丹花会”。1984 年，洛阳牡丹研究所成立。1992 年，一种绝迹 900 多年的双头红牡丹在洛阳市新村王氏牡丹园被发现。1992 年至 1998 年，在洛阳郊区国营苗圃的基础上建成了全国唯一的国家级牡丹基因库，面积达 28. 67 公顷，收集繁育牡丹品种 450 个。2000 年，洛阳牡丹基因库收集繁育的牡丹品种达到 600 余个。

【菊花】（*Dendranthema morifolium*）菊花别名寿客、黄花，菊科菊属多年生草本植物，中国十大名花之一。全国有2 000多个菊花品种，河南省有1 300多品种，以开封菊花最为著名，主要集中在开封市的禹王台、龙亭、汴京公园、东郊公园等，品种、数量以禹王台为最多。花色有粉红、深红、紫红、桃红、棕红、玫红、白、银白、嫩绿、老绿、桃粉、墨紫、金黄等。1983年，开封市决定每年10月25日至11月25日举办"菊花花会"。1998年9月5日，开封市首家从事开封菊花研究、销售、服务的职能机构——开封市菊花研究中心成立。

【腊梅】（*Chimonanthus praecox* Link）腊梅别名香梅，为腊梅科腊梅属木本落叶灌木。是中国特有的珍贵花木。河南以鄢陵县的腊梅最为著名，全县有腊梅品种100余个，栽植面积66.67公顷。1987年，全国唯一的腊梅基因库在鄢陵县建成，面积0.53公顷，收集腊梅科3个属的19个种及变种，腊梅品种及优良单株196个。1997年，鄢陵首创国内腊梅苗木组培快繁技术。

【月季】（*Rosa chinensis*）月季别名月月红、四季花等，蔷薇科蔷薇属常绿或落叶、有刺灌木或蔓性灌木，中国十大名花之一。月季栽培广泛，河南各地均有栽植，过去以郑州、开封为多，现以品种、数量论，则以南阳为最。南阳有月季600余种，栽植面积达266.67公顷。月季为郑州、商丘、焦作、平顶山、驻马店、新乡、信阳等市的市花。1998年9月，在北京召开的国家林业局花卉新品种命名活动工作会议上，河南省送交的3个月季新品种榜上有名。2000年，焦作市的"挚友"、"女王之女"、"贵夫人"、"山阳红"和"太行之恋"等5个月季新品种被国家授予植物新品种权，保护期限20年。

第三节　林产品开发

【林产品开发简述】　中共十一届三中全会以前，河南省林业生产以种植业为主，林产品开发十分落后。改革开放以后，通过调整林业产业结构，发展商品经济，林产品开发有了较大发展。1990年，河南省林业总产值为21.7亿元，其中第二产业总产值3 416万元，占林业总产值的1.6%。主要林产品产量为：木材19.8万立方米，竹材10.1万根，锯材18.4万立方米，人造板4.2万立方米，林化产品1 493吨。到2000年，全省林业总产值达到151亿元，年均增长13亿元。其中第二产业总产值16.7亿元，占林业总产值的比重提高到11%。主要林产品产量为：木材177.0万立方米，竹材72万根，锯材14.1万立方米，卫生筷子30 012标准箱，人造板43.0万立方米，单板424.3万平方米，林化产品3 477吨。林产品加工品种达到2 000多个，年出口创汇3 000多万美元。

【木材加工】 1980 年 7 月 17 日，河南省林业厅作出《关于黄石庵林场扩建年产 2 000 吨纤维板车间初步设计的批复》，同意该设计方案，总投资为 220 万元，总建设面积 3 305 平方米。1982 年 7 月 12 日，河南省林业厅在兰考县召开全省纤维板生产企业座谈会，贯彻林业部成都会议精神和 1981 年全国人造板竞赛评比会议精神。会议期间，与会人员参观了兰考桐木加工厂的纤维板生产车间，学习和交流了纤维板生产经验。1983 年 4 月 14 日至 15 日，林业部在信阳木工机械厂召开评议会，对该厂制成的单层热压机进行鉴定。来自国家科委、计委、经委和有关大专院校、科研单位的专家一致认为：这台热压机的性能、精度及主要技术参数均达到了当前国外同类产品的水平，填补了我国大型刨花板设备的空白。6 月上旬，河南省林业厅召开了全省纤维板、刨花板、栲胶、软木等企业座谈会。会上传达贯彻了林业部重庆林产工业会议精神，交流了河南省林产工业企业实行经济责任制的经验，总结了上半年的林产工业生产情况，研究了人造板企业 1983 年的竞赛评比办法和全省林产工业的发展、技术改革等问题。

1987 年 6 月 12 日至 13 日，为进一步摸清河南省的造纸资源，制定今后的发展规划，省林业厅在郑州召开全省造纸林基地资源调查会议。河南省林业厅副厅长吴烈继和轻工业厅副厅长高东范主持会议并讲话。中国造纸学会理事长王毅之发来贺电对会议表示祝贺。会议就河南省发展木浆造纸的意义、造纸林资源情况、发展规模以及存在的问题进行了座谈，认为，实现林纸结合，是河南省造纸工业发展的必由之路；决定先拿出调查规划并进行可行性论证，这项工作 9 月底完成并上报中央；对林纸结合所存在的问题专题向省政府汇报。

1979～1990 年，河南省木材加工的主要产品是锯材和一般用材等，到 1990 年，全省人造板年产量只有 4.2 万立方米。1990 年以后，河南木材加工业快速发展，先后建起了胶合板厂、硬质纤维板厂、刨花板厂、中密度纤维板厂等木材加工企业，木材加工开始走上规模化生产的轨道。1995 年 10 月 20 日，根据林业部召开的全国木片领导小组会议精神，河南省林业厅决定成立河南省木片生产领导小组，负责全省木片生产。到 2000 年，全省规模以上木材加工企业达 108 家，小型单板生产企业达到 3 000 多家，其中销售收入 500 万元以上的企业有 76 家，总计设计生产能力为 65 万立方米，实际年产量为 43 万立方米，形成了以中密度纤维板、刨花板、胶合板、细木工板和木地板为主的人造板产业结构。在规模以上木材加工企业中，刨花板企业 8 家，胶合板企业 16 家，中密度纤维板企业 9 家，细木工板企业 10 家，木地板、装饰板、层压板、单板等其他企业 34 家。全省木材工业产品呈现出多元化格局。1997 年,新乡平原人造板厂中密度纤维板生产线的投产,标志着河南省木材加工业达到国内领先水平。到 2000 年,河南省人造板企业有 24 家的 26 个产品获国家人造板生产许可证。

【经济林产品加工】 1986 年 9 月上旬,由国家科委、河南省中华猕猴桃科技开发公司联合投资兴建的猕猴桃果汁生产线在河南省西峡县建成并投产。1990 年以前,河南省经济林产品加工技术落后,产品以初级产品果干、果脯、果浆、原汁、果醋、果酒为主。到 1990 年,全省经济林产品加工能力为 16 万吨。随着人们生活水平的逐步提高和市场经济的发展,河南省积极引导企业和林农调整林业结构,大力发展果品储藏和果品、木本药材加工业,拉长经济林生产的链条,全省经济林产品储藏加工能力迅速提高。到 2000 年,全省经济林产品加工能力达到 40 万吨,年储藏加工率达到了 12%。全省经济林系列加工产品达到 20 大类 420 个品种,产品销往全国 30 多个省(市),并出口韩国、日本、新加坡、马来西亚、加拿大和美国等国家。全省先后投产了以新奥实业、湖滨果汁、华栗实业等为龙头的果品深加工、精加工企业,主要设备生产工艺和加工技术达到 20 世纪 90 年代国内先进水平。如:新郑奥星实业有限公司创立于 1993 年,已形成拥有红枣种植与冷藏保鲜、红枣出口贸易、红枣加工和销售为一体的综合型林产品公司。三门峡湖滨果汁有限责任公司 1997 年 4 月建厂,当年 10 月 18 日建成投产,当年投产后试生产浓缩果汁 2 600 吨。信阳华栗公司始建于 1993 年 10 月,1995 年 4 月建成投产,形成年产蜜力牌板栗汁、银杏神茶、猕猴桃汁等系列产品 3 万吨的生产能力。

【林副产品生产】 从 20 世纪 80 年代后期开始,河南林副产品生产逐步成为地方经济发展和农民增收的主要措施之一。到 1997 年,全省森林药材、森林蔬菜和木耳、香菇的年产量由 1990 年的 17 万吨增加到 35 万吨。1997 年以后,随着国家对林业生态的重视、天然林保护的加强和人们生态环境保护意识的提高,林副产品生产呈现出下降趋势,到 2000 年全省林副产品产量减少到 29 万吨。

【林化产品生产与经销】 20 世纪 80 年代后期,随着松树采脂区的北移,河南开始出现了采脂现象。90 年代初,河南省形成了有一定规模的松香生产能力。1992 年,在信阳市、南阳市的桐柏县、驻马店地区的泌阳县等地开始成片采脂,并陆续建成投产 5 个松香厂,以滴水法生产为主,年产松香 1 500 吨左右。同时,松节油、木材热解等化工产品也有一定发展。之后,随着人们生态保护意识的增强,松树采脂现象逐步得到控制。90 年代后期,全省林产化工产品产量开始萎缩。到2000年,全省年产松香1 000吨、松节油156吨、木材热解产品1 400吨。

河南省林业部门经销的林化产品主要有松香、松节油、紫胶、松焦油、五倍子、单宁酸等。1981年7月20日,河南省林业厅、商业厅转发《关于松香等五种林化产品由商业部移交林业部经营管理的联合通知》,决定松香、松节油、紫胶、松焦油、五倍子、单宁酸等6种林化产品自1982年1月1日起,由商业部门交给林业部门经营。12月14日,河南省林业厅向省人民政府呈送《申请全省五种林化产品流动资金的报告》。报告称:根据林业部、商业部"关于松香等五种林化产品由商业部移交林业部经营管理"的联合规定,从1981年7月1日起,松香等五种林化产品由林业部门经营。由于河南省市(地)级林产公司建立较晚,人员、办公、仓库、资金不齐备,经河南省林业厅和商业厅共同研究,决定松香等五种林化产品从1982年1月1日起交林业部门经营。目前省林产品经销公司和五交化公司正在商定办理移交手续。但是流动资金和贷款,五交化公司已表示无法移交,故根据实际需要申请1 200万元流动资金,维护明年正常的经销业务活动。1983年9月7日,河南省计划委员会、工商局、林业厅联合发出《关于加强松香集中统一经营管理的联合通知》,指出:松香是国家统配物资,是轻工、化工、电器、医药、国防工业的重要原料,按国务院规定,今后由林业部门统一经营。规定凡需用松香、松节油的单位,要按正常供应渠道申报计划,由省、市(地)两级林产品经销公司统一经营管理;调运松香、松节油须持省林产品公司证明;各级工商行政管理部门对非法经营松香、松节油和投机倒把者要严肃处理。1986年7月25日,河南省林业厅、省物价局根据林业部、国家物价局《关于松脂收购价和松香、松节油出厂价、供应价实行国家指导价的通知》中,"松香、松节油供应价,由现行国家定价改为国家指导价,采取有幅度的浮动价格形式,在国家规定的幅度内,由林业经营单位视市场供求状况灵活调整"的精神,对河南省松香、松节油作价提出办法。松香、松节油供应价格以产地浮动后的供应价为基价(含包装),加进销差率制定:郑州、开封、新乡、许昌、焦作松香不超过12%,松节油不超过13.5%;商丘、洛阳、三门峡、安阳、濮阳、鹤壁松香不超过12.5%,松节油不超过14%;南阳、信阳、驻马店、周口、漯河、平顶山松香不超过11.5%,松节油不超过13%。计划外松香、松节油的供应价格,按进价加运杂费后再加3.5%经营费(包装费另计)制定。松香、松节油市场零售价格,按当地供应价核加14%的批零差率制定。1989年11月10日,河南省工商局、省林业厅发出《关于进一步加强我省松香经营管理 整顿松香市场的意见》。意见指出:自1982年松香、松节油、栲胶等5种林化产品归口林业部门经营管理以来，严格执行国家调拨计划，发挥了林业部门的主渠道作用，为缓解河南省轻化工业原材料供需矛盾，促进轻化工业生产，繁荣经济，稳定市场，提高人民生活水平起到重要作用。为贯彻中央清理整顿和深化改革的方针，进一步整顿河南省松香市场，确保国家计划的顺利执行，要求工商、林业部门：一要进一步加强松香等林化产品的归口经营管理，整顿流通环节；二要改革计划分配下拨办法，确保流通渠道畅通；三要搞好市场调查和服务工作；四要认真执行国家对松香市场管理的有关规定和松香调运制度，严格松香调运手续。

【林产品市场建设】　1993年8月，林业部批准在郑州建立全国第一个林产品流通改革综合试验区——“林业部郑州林产品流通改革综合试验区郑州林产品市场”。从“八五”开始，随着林产工业和林业多种经营的发展，河南省的林产品市场快速发展，到“八五”末，全省已建立各种林产品市场、木材市场200家，年交易额达8亿元以上，基本形成了以郑州林产品市场为中心，以豫东周口、商丘、开封等地的桐木市场，豫西灵宝等县的苹果市场，豫南信阳板栗市场和豫中新郑大枣市场等大中型市场为骨干的林产品市场体系。1996年11月4日，根据河南省机构编制委员会豫编[1995]52号文件精神，河南省林业厅研究决定(豫林党[1996]21号)组建河南省林产品流通改革试验中心。1997年11月26日，河南省林业厅研究决定，兰考县林业局、西华县林业局、信阳县林业局、信阳市豫西南林产品市场、南阳市宛城区林产品市场、鹤壁市果品批发市场、洛阳人造板厂、郑州林产品市场和郑州木材市场为河南省林产品流通改革试验区试点单位。通过在试点单位开展林产品流通改革试验课题研究，为全省林产品流通改革提供试验数据和改革经验，探索在社会主义市场经济条件下林产品流通规律，促进全省林产品市场体系建设，加快林业产业化进程。

〖林业部郑州林产品流通改革试验区〗　1993年8月14日，林业部批准建立“林业部郑州林产品流通改革试验区”，目的是探索用市场经济手段引导全国林业产业结构调整及新形势下各级林业主管部门转变职能，更好地为林业生产服务的新路子，为全国林产品产销体制改革以及复关后扩大林产品外贸出口提供经验，引导林产品向深层次、高档次、系列化方向发展；为国家和各级政府完善、制定林业政策提供重要依据，指导全国林业改革。试验区的实施以地方为主，由河南省政府领导，省林业厅和郑州市主办，林业部将按照国务院农村改革试验区办公室对试验区管理的有关规定，对试验区工作进行指导。试验区以选建在郑州市南阳路北段的郑州林产品综合市场为主要试验基地。

该市场占地20公顷，是目前全国最大的林产品综合市场。10月13日至16日，林业部政策法规司体改处汪绚处长一行3人到郑州，在河南省林业厅副厅长李德臣、纪检组长王会卿陪同下，对林业部林产品流通改革综合试验区的建设情况进行考察，听取了林业厅有关负责人的汇报，并就试验区建设与发展等问题与林业厅领导及有关处室、公司负责人进行了座谈。河南省林业厅厅长马新高介绍了试验区的工作开展情况。考察后，汪绚处长对试验区建设取得的成效给予了高度评价并提出四点建议。

1994年12月3日，河南省林业厅对郑州华豫实业开发公司呈报的“关于承办‘郑州林产品流通改革综合试验区’的报告”作出批复：“郑州林产品流通改革综合试验区”郑州林产品市场由郑州华豫公司承办，省三林公司参加，在林业厅直接领导下进行市场的建设、招商和经营管理等工作。三林公司协助开展招商工作和建立信息网络，并代表林业厅参与市场的建设和管理工作。林产品市场作为林业厅的下属单位，成立相应的管理机构，其主要领导由林业厅聘任。市场建设资金由华豫公司承贷承还。建成后的林产品市场，有承担试验课题的义务，并应为试验提供必须的条件。市场的招商引资工作及一系列有关的技术服务等问题，按协议有关内容执行。

【林产品质量管理】 1988年2月9日，在林业部公布的13项优质产品中，河南省安阳林药厂生产的松鹿牌对硫磷微胶囊片获林业部优质产品奖。11月11日，在林业部公布的1988年林业部优质产品名单中，河南西峡软木厂生产的伏牛山牌软木砖被列入1988年林业部优质产品。1989年9月5日，林业部通报表彰河南信阳木工机械厂热压机质量管理小组为1989年度部级优秀质量管理小组，并颁发了奖状和荣誉证书。1990年10月5日，在林业部公布的51项部优产品中，河南省信阳木工机械厂生产的飞洋牌MJ3510自动进料木工带锯机名列其中，优质产品有效期5年，自1990年9月27日始，至1994年9月26日止。

同年，信阳木工机械厂V型导热处理质量管理小组和带锯轮高精度量规质量管理小组获得1991年度先进质量管理小组称号，安阳林药厂和西峡猎枪厂获部优质量管理小组称号，受到林业部通报表彰。

1992年3月11日，在林业部公布的获得刨花板产品生产许可证企业单位名单中，河南省郑州市木材公司、河南省安阳市机制板厂、河南省开封火柴厂、河南省开封第一木器厂、河南省新乡县朗公庙棉秆制板厂、河南省国营西华人造板厂等6家企业获得了刨花板产品生产许可证，有效期为5年，自1991年7月1日始至1996年6月30日止。1992年1月17日至18日，河南省林产品质量监督检验测试中心站通过了省技术监督局组织的专家评审组的审查认可(验收),计量认证评审合格,该站可以正式对外开展检测业务。

1991年4月19日,河南省林业厅对省林业科学研究所《关于建立河南省林产品质量监督检验测试中心站的请示》作出批复,同意建立河南省林产品质量监督检验测试中心站,该站为科级单位,配备人员10人。4月27日,河南省技术监督局批准成立河南省林产品质量监督检验中心站和河南省种子质量监督检验中心站等2个省级产品质量监督检验中心站。两个质检站是省技术监督局依据《中华人民共和国标准化法》有关规定认可授权的省级产(商)品质量监督检验机构,出具的检验数据有法律效力。两个质检站原隶属关系不变,监督检验业务受省技术监督局领导,按《河南省产品质量监督检验测试中心站管理办法(试行)》进行管理。9月3日,林业部在杭州举办了林业系统首届茶叶质量检测活动。经质量检测和专家审定,河南省信阳毛尖被林业部确定为首批名优茶,并发给名优茶证书。1993年3月31日,经各省林业主管部门的推荐和综合评审,林业部确定向14人颁发林业工业企业质量评审员聘任证书。信阳木工机械厂的杨军、漯河林机厂的顿新兴、洛阳人造板厂的张克忠、西峡猎枪厂的马庄营等4人被林业部聘任为林业工业企业质量评审员。1995年10月11日,林业部授予河南省信阳木工机械厂加工二分厂专用刀具质量管理小组为1995年度全国林业系统优秀质量管理小组称号。

【林产品展销会议】 1985年10月10日,全省国营林场暨林业企业产品展样订货会在河南省林业厅招待所举行剪彩仪式,省政府副秘书长杨昌基、黄学林,省林业厅厅长张企曾,副厅长王庭训、关耀信、蒋书铭,河南农大副教授刘元本等出席仪式并剪彩。订货会举办期间,河南省委副书记刘正威,省人大常委会副主任马瑞华、吴绍奎、丁石、郭培鋆、范濂,副省长胡廷积,省政协副主席、省顾委常委崔光华,省委副秘书长魏兆琪、朱毅,省政府副秘书长张永昌等到会参观指导。10月20日,刘正威为订货会题词:"以林养林,绿满中原"。这次订货会展出了全省58个国营林场和8个林业企业的产品,计有家俱、人造板、果品、农产品、苗木、花卉、药材、食用菌、服装、果酒、果汁、矿产、林业机械、林化产品等50余种,其中内乡软木厂的软木垫1984年被评为省优质产品,信阳木工机械厂的细木工带锯机1983年被评为国家优质产品。订货会于10月20日结束。

1994年9月20日至10月2日,林业部主办的全国林业名、特、优、新产品博览会在北京举办。9月26日,江泽民总书记在林业部长徐有芳、河南省林业厅副厅长李德臣的陪同下,视察了全国林业名、特、优新产品博览会河南展区。江泽民总书记观看了河南省森林资源分布图、林产工业和多种经营、经济林产品、桐木系统产品展示等。徐有芳部长介绍说，河南泡桐资源丰富，是一大优势。当江总书记看到河南兰考县用当地桐木生产的乐器时，特意在古筝演奏台前停下来，欣赏了河南小琴手铁静的演奏，并询问："这是用哪里的桐木生产的？"徐有芳部长介绍说，是用河南桐木，由兰考生产的。随后江总书记又仔细观看了介绍河南造林绿化的图片。9 月 29 日 19 时 30 分，国务院总理李鹏在国务委员罗干、林业部部长徐有芳等领导陪同下，视察了林业博览会河南展区。9 月 27 日晚，国务委员宋健在河南省林业厅副厅长李德臣陪同下视察了林业博览会河南展区。

此次博览会上，河南展区获得了圆满成功。通过展示和展销，一是全面直观地反映了建国 45 年来河南林业的巨大成就，展示了河南省丰富的林产品资源，宣传了省林业在国民经济发展和生态环境建设中的重要作用。二是提高了河南林业在全国的地位，树立了河南林业系统改革开放的良好形象。中共中央总书记江泽民、国务院总理李鹏、国务委员罗干、宋健及有关部委和部分省、市、自治区领导参观了河南省展区，给予了很高的评价。三是收到了显著的经济效益。这次博览会河南共签订供货合同 1 100 万元，意向性合同1 200 万元。博览会组委会授予河南展团组织奖、设计一等奖两个最高奖项。河南省参加展示的产品中，明镜牌花岗石板材等 7 个产品荣获金奖，确山油栗等 17 个产品荣获银奖，龙须草漂白浆板荣获优良产品奖。四是广交朋友，扩大了河南省林业系统与社会各方面的交流合作。五是掌握了市场信息，为进一步扩大林业改革开放奠定了基础。

第十章　林业财务与规划

【林业财务与规划概述】　1978年之后,河南省逐步完善了绿化费、煤矿企业提取造林费、林政管理费、森林植被恢复费、野生动物资源保护管理费、育林基金等林业收费标准和征收、使用、管理办法,建立了财务管理组织,开展了会计达标升级和统计质量评比活动,加大了对林业的投资力度,加强了对林业财务的管理。同时,结合不同时期河南林业工作的重点,编制了一系列林业建设规划,有力地促进了河南林业的发展。

第一节　林业财务管理

【林业财务管理简述】　1978年以后,河南省林业厅逐步加强了林业财务管理工作的力度,建立健全了财务管理制度,出台了周转金使用管理办法,建立了会计工作达标升级领导小组和清产核资领导小组,开展了林业统计质量评比和会计达标活动,林业财务管理工作不断加强。

【林业财务管理】　1979年8月18日至22日,河南省林业厅在郑州召开全省林业财务会议,要求:建立健全财务管理制度,开展一次财务大检查;尽快提出各级林业机构设置和人员编制规模,严格控制盲目扩增机构、人员,除国家计划分配的林业大专院校毕业生或经上级批准的少量归队林业技术干部外,一律暂停增人;各国营林场、园艺场全部实行企业管理,加强经济核算,提高国营林场、园艺场经营管理水平。1980年4月22日,河南省财政厅、林业厅印发了《国营林场开展综合利用多种经营周转金使用管理办法》。1981年9月14日,河南省林业厅发出《关于加强林业统计工作的通知》,要求各地落实中央和省政府的有关规定,认真改进和加强统计工作,充实统计人员,提高统计质量。1989年,河南省林业厅在全省林业系统开展了林业综合统计工作质量评比活动。1992年,河南省林业厅成立会计工作达标升级领导小组,并组织开展了会计工作达标升级活动。1993年,河南省林业厅成立清产核资领导小组,加强了固定资产管理工作。1997年,河南省林业厅印发了《河南省林业周转金管理办法》,明确了资金来源和占用费的收取、周转金投放与回收和资金管理等内容,对林业周转金规范管理作出了具体的规定。

第二节　林业收费与基金

【林业收费与基金简述】　1978年以后,河南省逐步规范了林业收费与基金管理工作,对绿化费、煤矿企业提取造林费、林政管理费、森林植被恢复费、野生动物资源保护管理费、育林基金等林业收费标准和征收、使用、管理作出了明确规定,按规定完成了林业收费和基金征收工作。

【林业收费】　1986年3月25日,河南省绿化委员会、财政厅发出《关于执行收缴绿化延误费的通知》。通知指出:根据国务院《关于开展全民义务植树运动的实施办法》规定,对未完成义务植树的单位,应收缴一定数额的绿化延误费。通知划定了绿化延误费的收缴范围,明确了绿化延误费的收缴标准及绿化延误费的收缴办法等内容,从1986年5月1日起由各市(地)、县遵照执行。1987年1月15日,河南省财政厅、省煤炭工业厅和省林业厅联合印发《关于煤矿企业提取造林费用的通知》。通知指出:省以下地方煤矿,包括地方国营、集体、联营、个体办矿提取造林费用,由各地人民政府自定。如要提取,从1987年1月1日起,按吨煤提取0.10元造林费,列入原煤成本,由煤矿根据原煤生产数量按月提取,统一拨交其隶属的市(地)或县级部门,并由煤炭部门、财政部门和林业部门共同研究,制定计划落实措施,保证用于建设坑木林基地。1992年12月1日,河南省物价局、省财政厅、省林业厅发出《关于林政管理费和森林植被恢复费征收、使用管理的通知》,对林政管理费和森林植被恢复费的征收对象、范围和标准以及两费的使用和管理办法作出了规定。1992年12月17日,经河南省林业厅研究确定:从1993年1月1日起,授权省内猎枪经销单位在销售猎枪过程中代为核发部分“狩猎许可证”和收取购枪人员当年的野生动物资源保护管理费。1995年2月10日,河南省物价局、省财政厅、省林业厅联合印发了《关于森林植被恢复费征收、使用、管理有关问题的通知》。通知指出:凡在本省范围内从事生产建设活动,征用集体所有的林地或占用国有林地,乡(镇)、村建设使用集体林地,经依法批准出让林地,用地单位应按规定向林业行政主管部门交纳森林植被恢复费。通知对森林植被恢复费征收标准也作出了规定:征用或占用幼林地、灌木林地和疏林地(含采伐迹地、火烧迹地),按每平方米6元的标准征收;征用或占用中龄林地和成熟林地,按每平方米8元的标准征收;属于防护林、经济林(含竹林)、特种用途林、苗圃地,以及城镇郊区林地,按成熟林地标准的两倍征收。对利用森林资源开展旅游等经营开发活动的，由林业行政主管部门从其每年收入中按10%的比例征收森林植被恢复费。通知中还强调，森林植被恢复费主要用于林地管理及森林植被的恢复和保护，专款专用，不得挪用，同时明确本办法从1995年1月1日起执行，原河南省物价局、财政厅、林业厅豫价市[1992]232号文同时废止。

【林业基金】　1981年10月27日，河南省政府召开育林基金座谈会，省农村工作委员会副主任张曾敬主持会议，省林业厅、财政厅、工商局、供销社、外贸局、物资局、社队企业局、农业厅、一轻厅及煤管局等单位的厅局长及有关人员参加了会议。会议对省林业厅在1981年2月召开的各地区及重点县育林基金座谈会上起草的《河南省育林费征收和使用暂行办法(草稿)》进行了讨论。11月13日，河南省林业厅向省政府呈送《关于请求颁布〈河南省育林费征收和使用暂行办法〉的报告》。报告对该暂行办法制定的情况进行了说明，希望以省政府名义颁发。1997年2月25日，为加强全省林业系统预算外资金的征收、管理、使用和监督工作，河南省林业厅成立河南省林业基金管理站，负责全省林业基金的管理工作。

第三节　林业投资

【林业投资简述】　1990年之前，河南省以发动群众造林为主，国家对林业的投资很少，且主要用于国营林场、护林防火和飞播造林等。1990年之后，随着工程造林和国家重点林业生态工程的启动，林业投资逐步加大。据统计，1978～2000年，全省林业投资347 777.1万元，其中：中央和地方各级预算内投资157 920万元，占林业总投资的45%；利用外资13 301.3万元，占林业总投资的4%；利用金融贷款82 525.3万元，占林业总投资的24%；吸引社会资金和个人自筹资金94 030.5万元，占林业总投资的27%。

【林业投资】　1980年6月4日，河南省财政厅、林业厅下发《关于追加林业事业费的通知》，追加各地区护林防火、社队造林补助费等林业事业费69.9万元。通知要求：护林防火经费为国营林场购置通讯器材、灭火机及建瞭望台专项经费，必须专款专用。为了加快河南省林业建设步伐，尽快绿化宜林荒山，搞好平原林网化建设，10月13日，河南省财政厅、省林业厅联合发出《关于追加社队造林补助费的通知》。追加洛阳、南阳地区飞播造林和新乡、周口、信阳平原社队造林补助费193万元。1980年10月16日，河南省财政厅、林业厅联合下发《关于分配国营林场多种经营周转金的通知》。通知指出：为了支持国营林场开展综合利用,增加经济收益,根据各林场生产条件,确定供给多种经营周转金80万元。11月14日,河南省财政厅、林业厅联合发出《关于追加林业事业费用的通知》,鉴于财政包干第一年林业事业费紧张的情况,追加经费109万元,主要用于举办林业事业、重点县办苗圃困难补助。1990年6月,河南省政府发出《关于印发河南省十年造林绿化规划(1990~1999)的通知》(豫政[1990]69号),明确"俟省财政好转时,每年再增加1 000万元造林事业费"。同年开始发放山区综合开发贴息贷款。2000年,河南省天然林保护工程正式启动,国家确定河南省为退耕还林试点省份之一,当年国家下达河南省天然林保护工程专项资金6 511万元,下达退耕还林资金3 252万元。据统计,2000年河省林业投资总量达到46 815万元,其中:中央资金16 570万元,占35.4%;省级资金达到10 153万元,占21.7%;国内贷款12 080万元,占25.8%;直接利用外资3 832万元,占8.2%;个人自筹资金4 180万元,占8.9%。1978~2000年,全省林业总投资347 777.1万元,其中:"五五"期间投资15 409.6万元,"六五"期间投资22 330.6万元,"七五"期间投资40 003.2万元,"八五"期间投资65 602.7万元,"九五"期间投资204 431万元。

第四节　林业规划

【林业规划简述】　为加快河南林业发展步伐,1978年以来,河南省先后制定并组织实施了《河南省十年造林绿化规划(1990~1999)》、《豫西经济林基地开发建设十年规划》、《河南省经济林十年发展规划》、《河南省防沙治沙规划》和《河南省林业生态工程建设规划》等林业规划,中共河南省委、河南省人民政府作出了实施规划的决定,河南省人大常委会作出了实施规划的决议,有力地推动了河南林业事业的快速、健康发展。

【河南林业发展规划】　1980年5月上旬,河南省林业厅编印《河南林业发展规划》。规划指出:新中国成立以来,河南省历年造林保存面积为113.33万公顷,成幼林总面积为226.67万公顷,保存"四旁"树木22亿株,营造农田林网和农桐间作面积266.67万公顷(其中农桐间作86.67万公顷)。全省木材蓄积量7 000万立方米,森林覆盖率为12.3%。近几年社队和国家采伐利用木材约200万立方米。全省年产干果5 000多万公斤、木本油料2 000多万公斤。年平均造林保存面积约4万公顷。目前全省有166.67万公顷荒山宜林地和大量的"四旁"隙地没有绿化。今后林业建设的方针是:平原、山区一齐抓，以造林为主，造、育、管和综合利用相结合，大力发展泡桐、毛白杨等速生树种，努力提高森林复被率和木材蓄积量。

【河南省薪炭林资源概况和初步规划】 1980 年 8 月 7 日，河南省林业厅向林业部报送《河南省薪炭林资源概况和初步规划》。规划指出：全省林业用地 533.33 万公顷，现有成幼林 226.67 万公顷，“四旁”树木 22 亿株，营造农田林网和农桐间作 266.67 万公顷，木材蓄积约 7 000 万立方米，森林覆盖率为 12.3%。现有薪炭林资源可分为三类：Ⅰ类：薪柴和秸秆较丰富，烧柴能解决 70% 的有 25 个县，占全省的 23%；Ⅱ类：薪柴和秸秆资源较少，能解决烧柴 40% ~70% 的约 35 个县，占 31%；Ⅲ类：烧柴严重不足，可解决 40% 以下的 51 个县，占 46%。全省现有薪炭林 14.8 万公顷，加上秸秆，Ⅰ类区每年可解决 8 ~11 个月烧柴；Ⅱ类区可解决 7 ~ 8 个月烧柴；Ⅲ类区可解决 4 ~ 5 个月烧柴。

【关于实施《河南省十年造林绿化规划（1990 ~ 1999 年）》的决定】 1990 年 3 月 7 日，中共河南省委、河南省人民政府作出了《关于实施〈河南省十年造林绿化规划（1990 ~ 1999 年）〉的决定》。决定要求：一要充分认识造林绿化的重大意义，下决心把林业搞上去。各级党委、政府及各有关部门，一定要增强实施规划的紧迫感和自觉性，高度重视造林绿化工作，把它列入重要议事日程。要充分发动群众，广泛开展宣传教育，提高全民的绿化意识，奋斗十年，基本绿化中州大地，以满足国家建设对木材及林产品不断增长的需求，为河南省的农业生产和人民生活创造一个良好的生态环境。二要层层落实任务，确保规划目标的实现。各地要按照规划确定的目标任务，结合当地实际，认真制定出本地区的造林绿化规划和年度计划，层层分解指标，把各项任务落实到乡、村，并采取有力措施，保证各项任务的完成。平原地区要认真抓好平原绿化达标工作，山区造林要加快造林步伐。三要依靠林业科技，提高造林质量。各地要十分重视并抓好林业科技推广工作，有计划、有组织地开展多种形式的技术培训、技术承包和技术服务。各级林业主管部门要搞好技术指导，严格检查验收，奖优罚劣，切实负起对造林质量的保证、监督责任。四要进一步完善和落实林业政策，多渠道筹集资金。省里安排的造林经费将逐年增加，以扶持乡村造林；各级财政和银行每年要安排一定的专款及贷款用于造林绿化；农业发展基金要拿出一定的比例用于林业，山区用于林业的比例要适当增大；各地要按照国家规定征好、用好育林基金。对用木材生产木耳、香菇的单位和个人及收益较大的大枣、板栗、山楂、山萸肉、核桃、辛夷、杜仲、厚朴、生漆等经济林产品，要征收一定数量的资源补偿费和技术改进费。水利、交通、铁路、煤炭、轻工等有造林绿化任务的单位和以木材及林产品为原料的企业，每年都要安排一定的资金用于造林绿化。五要强化林政和资源管理，依法治理林业“三害”。六要切实加强对造林绿化工作的领导。实行领导干部任期绿化目标和资源管理责任制，逐级签订绿化责任书，把完成目标情况作为考核领导干部政绩的重要内容。乡以上各级党政负责人、分管负责人和绿化委员会成员，都要亲自分包一定面积的荒山、荒滩，办好造林绿化点，带头实干，做出榜样。交通、铁路、煤炭、教育、轻工等部门的造林绿化工作由部门主要领导负责落实。各级政府、各级绿化委员会，要认真组织开展全民义务植树运动，每个适龄公民都应依法履行植树义务。对无故不履行义务的单位和个人，要按规定征收绿化费。对植树造林和资源管理都要严格进行检查验收，奖惩兑现，形成制度。对完成造林绿化任务的单位及主要行政领导予以重奖；对连续两年不完成任务或使森林资源遭受严重破坏者，要追究领导责任。

【河南省十年造林绿化规划】 1990 年 6 月 19 日，根据国务院要求，河南省人民政府印发了《河南省十年造林绿化规划(1990 ~ 1999 年)》。十年造林绿化规划分三个阶段实施：1990 ~ 1992 年，完成 27 个平原、半平原县绿化“达标”任务；完成豫北黄河故道两条骨干防护林带和宛东防护林带社旗段的建设任务；在黄河老滩区、低洼易涝区和沙、汝河沿岸营造 3.3 万 ~ 4 万公顷的速生丰产林；抓好山区市(地)、县的十年林业发展规划，在稳定山权、林权的基础上，进一步完善林业生产责任制，大力开展治山造林、飞播造林和封山育林，力争 3 年内造林 33.33 万公顷；加强林政管理，完善林政管理体系，落实限额采伐制度，扭转部分地方森林资源下降的状况，使山区次生林资源得到恢复，林木蓄积量稳定增长。1993 ~ 1997 年，继续巩固平原绿化成果，使 10% 的平原县达到高级平原绿化标准。山区在管好成幼林的同时，大力开展治山造林，加快山区造林绿化步伐，力争 5 年造林 80 万公顷，使大部分山区、半山区县实现绿化“达标”。1998 ~ 1999 年，两年完成造林 20 万公顷，基本完成全省山区荒山宜林地造林任务，除少数荒山面积过大的县外，80% 以上的山区县实现造林绿化“达标”，50% 的平原县达到高级平原绿化标准。

到 1999 年，河南省顺利完成了《河南省十年造林绿化规划(1990 ~ 1999 年)》确定的目标任务。据全国第四次森林资源清查和年度造林核查，规划实施 10 年来，全省累计完成大面积造林 147.93 万公顷，为规划任务的 111%；成幼林面积达到 266.8 万公顷，为规划任务的 100%；经济林产品年总产量达到 33.5 亿公斤，为规划任务的 111.7%；全省林业总产值达到 127.8 亿元，为规划任务的 251%；全省共营造用材林 15.27 万公顷，为规划任务的 114.5%；在太行山区和豫西水土流失严重地区营造水土保持林26.67万公顷，为规划任务的101.5%；营造十大经济林基地16.67万公顷，为规划任务的104.2%。全省保存“四旁”植树总株数12.5亿株，在黄河故道沙区和主要河流两岸滩区营造以杨树为主的速生用材林3.87万公顷。2000年3月27日召开的河南省九届人大常委会第十五次会议听取并审议了《河南省十年造林绿化规划(1990~1999年)》实施情况的报告，认为规划所确定的目标任务已基本完成，造林绿化工作取得了显著成绩。

【关于基本绿化中州大地的决议】 1990年6月29日，河南省七届人大常委员会第十六次会议作出了关于全民动员，奋斗十年，基本绿化中州大地的决议。决议指出：植树造林，绿化祖国，是我国的一项基本国策。加快绿化中州大地，培育更多森林资源，对改善自然生态环境，抗御自然灾害，保障农业稳产高产，促进国民经济发展都具有重要意义。河南省森林资源少，覆盖率低，林业发展很不平衡，特别是山区造林绿化任务尚十分艰巨。因此，植树造林必须坚持“主攻山区，完善平原”的方针，使山区、丘陵区基本绿化，平原地区全部达到绿化标准。经过10年努力，使全省森林覆盖率达到20%，基本绿化中州大地。《河南省十年造林绿化规划(1990~1999年)》(以下简称《规划》)是符合国策、省情的一项宏伟工程，是益于当代，造福子孙的伟大事业。努力实现《规划》所提出的各项目标，是全省人民的一项紧迫而重大的战略任务。决议要求实施《规划》必须认真贯彻党的基本路线，深化林业改革，进一步落实林业政策，稳定和完善各种形式的林业生产责任制，坚持国家、集体、个人一齐上，充分发挥集体造林的优势。深入贯彻《中华人民共和国森林法》及其他林业法规，强化森林资源和林政管理，实行依法治林。对乱砍滥伐、盗伐林木等破坏森林资源的违法案件，要坚决依法查处。要全社会办林业，全民搞绿化，广泛动员全省人民，深入扎实地开展全民义务植树运动。适龄公民都必须按照第五届全国人民代表大会第四次会议《关于开展全民义务植树运动的决议》的规定，保质保量完成每人每年3~5棵的义务植树任务。有条件的地方要建立义务植树基地。各行各业都要按照当地人民政府的造林绿化规划，搞好本系统、本部门的造林绿化工作。铁路、公路、水库区、工矿区、营区以及部门、单位所属的荒山荒滩绿化，要各负其责，实行部门绿化责任制。各级财政、计划、物资、金融、科技等部门都要为实现《规划》尽职尽责，作出贡献。要切实抓好科技兴林工作，努力提高林业质量。要依靠科技振兴林业。各级政府必须把科技兴林工作放在十分重要的战略位置上，加强林业科研和技术推广队伍建设。围绕《规划》的主要目标，组织力量开展科技攻关，有计划地将适用的、先进的林业科研成果迅速推广应用到生产实践中去。要动员广大科技工作者上山下乡，开展技术培训、技术承包和技术服务，切实解决林业技术“棚架”问题，大力提高造林、营林质量和林业管理水平，使河南省林业建设纳入科学管理的轨道。各级人民政府要切实加强对造林绿化工作的领导，实行领导干部任期绿化目标责任制。各级领导干部要亲自办造林绿化点，一级带一级，一届接一届，确保造林绿化工作长期坚持下去。要建立健全各级林业管理机构和服务体系，多渠道筹集资金，不断增加林业投入，真正把《规划》所提出的各项指标落到实处。各级人大常委员会要加强对林业工作，特别是《规划》的执行情况进行检查，监督各级政府确保《规划》如期实现。决议号召，全省人民要树雄心、立壮志，发扬“愚公移山”精神，自力更生、奋发图强、坚持不懈、奋斗十年，为实现绿化中州大地的宏伟目标作出自己的贡献。

【河南省治沙工程十年规划】　1991 年 10 月，河南省林业厅印发并组织实施《河南省治沙工程十年规划》。规划的指导思想是：围绕实现现代化建设的第二步战略目标，坚持“统一规划、分工负责，因地制宜、综合治理，防治并重、治用结合，突出重点、讲求效益”的工作方针，在各级党委和政府的领导下，依靠广大群众，动员全社会的力量，自力更生，艰苦奋斗，坚持不懈，彻底改变沙区面貌。规划遵循的原则是：治理沙荒要与平原绿化高级达标，与黄淮海农业综合开发结合起来，坚持统一规划、分类指导、突出重点、分步实施；坚持防治并重、治用结合、综合治理、讲求实效，正确处理好防、治、用三者的关系，长远利益与社会效益的统一；坚持按规划立项，按项目实施，按工程管理，强化质量意识，严格质量管理；坚持依靠全社会的力量搞治沙，实行自力更生为主、国家扶持为辅，多层次、多渠道筹集资金，实行国家、集体、个人一起上。规划的目标是：以豫北的濮阳市、安阳市、新乡市、豫东的开封市、郑州市、商丘地区、周口地区的黄河故道、黄泛区的沙荒宜林地为重点，以提高经济效益以中心，以保护和扩大现有防护林、用材林、经济林、新增基本农田为基础，建立河南省防、治、用有机结合的治沙工程体系，彻底改变沙区自然面貌和经济状况。在切实保护利用好现有植被的基础上，10 年间综合治理开发沙区荒沙和盐碱地 8 万公顷。规划的总体布局是：在半固定及流动沙丘上主要营造防风固沙林，固定流沙，防止风沙危害；在河滩沙地及立地条件较好的平沙荒地上，主要营造速生丰产用材林，在较短的时间内取得用材，缓解木材供需矛盾；在立地条件较好、交通方便，离村庄较近的青沙地及蒙金沙地上主要营造经济林，以短养长，提高林业经济效益；在平沙荒地及严重泛风沙耕地上治沙造田及改造低产田，营造小网格林网及实行农桐、农果、农条间作，扩大耕地面积，提高农作物产量;在沿河洼地、盐碱洼地及丘间洼地的长期积水地,开发养鱼、种苇等项目,充分利用资源,改善沙区群众生活,增加经济收入。

【河南省封山育林规划】 1991年10月,河南省林业厅印发《河南省封山育林规划》。规划的总体布局是:以太行、伏牛、大别、桐柏四大山系为主线,在已完成封山育林6.67万公顷的基础上,加快封育速度,完成封山育林面积26.67万公顷,建立封育型集体林场650个。

【河南省贫困山区县板栗发展规划】 1991年12月4日,《河南省贫困山区县板栗发展规划》印发,规划的目标是:“八五”期间新发展板栗3.33万公顷,老园低改1.07万公顷,幼树早果丰产0.73万公顷,年总产量由现在的900万公斤提高到1 200万公斤,加工储藏能力达到300万公斤;“九五”期间新发展3.33万公顷,老园低改0.67万公顷,幼树早树丰产1.47万公顷,年总产量达到1 800万公斤。总体布局和重点开发基地以大别山为主,在信阳地区的信阳县、新县、罗山县、光山县、商城县、固始县,驻马店地区的确山县、泌阳县,洛阳市的嵩县,三门峡市的卢氏县,南阳地区的桐柏县、南召县,平顶山市的鲁山县建立板栗出口创汇和内销基地。

【河南省经济林十年发展规划】 1992年1月,河南省政府印发并组织实施了《河南省经济林十年发展规划(1991~2000年)》。规划的指导方针是:以山区为重点,以市场为导向,干、鲜果并重,名、特、优领先,加强基地建设,狠抓综合管理,依靠科学技术,搞好系列开发,提高经济效益。规划的开发原则是:发展经济林要和当地整个造林绿化规划相结合,同小流域治理相结合,同扶贫开发和群众脱贫致富相结合,基地建设与面上发展相结合;坚持上山下滩,进村入院,不与粮棉争地;坚持以名、优、特品种为主,重点发展名优产品、出口创汇产品,提高市场竞争能力;坚持生产、储藏、加工、销售一齐抓;坚持自力更生为主,国家扶持为辅,实行国家、集体、个人一起上;坚持谁开发、谁投资、谁受益,多渠道、多层次、多形式筹集资金,加快经济林发展步伐。规划的奋斗目标是:10年新发展经济林46.67万公顷,其中:干、鲜果林30万公顷,木本油料、药用林、特用林及其他经济林16.67万公顷,使全省经济林总面积达到100万公顷,总产量达到15亿公斤,其中:干、鲜果林面积达到73.33万公顷,产量12.5亿公斤,全省人均果品达到25公斤。规划的总体布局是:在豫西伏牛山区建立干鲜果林、木本油料林和药用林基地;豫北太行山区建立干鲜果林和花椒林基地;豫南大别山区建立以板栗为主的木本粮油林基地;豫西南伏牛山区、桐柏山区建立干鲜果林、特用经济林基地;中心城市周围结合菜篮子工程,建立水果林、小杂果林基地。

【河南省贫困山区县银杏发展规划】 1992 年 7 月 29 日，河南省林业厅、河南省贫困地区经济开发领导小组印发《河南省贫困山区县银杏发展规划》。规划目标："八五"期间新发展集中连片基地 0.47 万公顷，加上"四旁"和房前屋后达到 1 500 万株，银杏年产量由现在的不足 25 万公斤提高到 50 万公斤；"九五"期间，新发展 1.2 万公顷，"四旁"2 000 万株，使河南省银杏集中连片面积达到 1.67 万公顷，总株数达到 5 000 万株，山区贫困县人均达到 1～3 株。10 年后年总产量达到 1 000 万公斤，15 年后达到 2 500 万公斤，20 年后达到 5 亿公斤。

【豫西经济基地开发建设十年规划】 1995 年 1 月，河南省政府印发实施了《豫西经济基地开发建设十年规划》。规划的指导思想是：依托资源优势，遵循自然规律和经济规律，坚持种植区域化、品种优良化、开发规模化和适地适树、造管并重、少占或不占耕地的原则，在管好现有园（林）的基础上，积极培植新的资源，大力发展果品储藏和精深加工，做到干鲜果、药、桑并重，名、特、优领先，依靠科学技术，努力提高基地建设的科技含量，充分发挥其综合效益。规划的目标任务是：到 2004 年，规划区内新发展经济林 25.3 万公顷，新增经济林产量 13.8 亿公斤，使规划区内经济林总面积达到 49.65 万公顷，人均 0.058 公顷，其中山区人均 0.1 公顷，使该区经济林年产值达到 40.53 亿元。改造 5.07 万公顷低产园（林），改造后平均每公顷增产 3 000 公斤，新增产值 40.53 亿元。年新增加工能力 22 万吨，新增储藏能力 30 万吨，使加工能力达到新增产量的 16%，储藏能力达到新增产量的 25%，年加工、储藏产值达到 3.7 亿元。

【河南省林业生态工程建设规划】 1999 年 12 月，河南省政府印发并组织实施了《河南省林业生态工程建设规划》。规划的指导思想是：以改善生态环境、提高人民生活质量、实现可持续发展、再造山川秀美的中州大地为总目标，遵循自然规律和经济规律，以培育和保护森林资源为重点，以科技为先导，坚持林业生态环境建设与国土整治、产业开发和区域经济发展相结合，加快工程建设，实施分类经营，突出质量效益，提高整体水平，建立完备的林业生态体系和发达的林业产业体系。规划的目标和任务是：2000～2010 年，全省新增有林地面积 58 万公顷；森林覆盖率提高到 25%；活立木蓄积量增加到 1.7 亿立方米；农田林网控制率达到 85% 以上；防沙治沙 5.3 万公顷，流动半流动沙丘（地）基本上造林固定；退耕还林 17.4 万公顷（16 度以上的坡耕地）；自然保护区面积占全省国土面积的比例提高到 2.1%；治理水土流失面积 156 万公顷；城市绿化率达到 35%；铁路和干线公路绿化率达到 85%；累计林业育苗

14万公顷；木材综合利用率提高到60%；果品总产量达到35亿公斤，优质果率达到80%以上，商品果率达到90%以上；全省农民人均纯收入中林果及加工业收入占20%以上，山区农民人均纯收入中林果及加工业收入占35%以上。

【关于搞好生态环境建设的决议】　2000年3月30日，河南省九届人大常委会第十五次会议通过了《关于动员全省人民，大力植树造林，搞好生态环境建设的决议》。决议指出，为了加强生态环境建设，省人民政府制定了《河南省林业生态建设规划》，目标任务明确，符合全省实际情况。目前，全省还有大量的宜林荒山有待绿化，沙荒治理、退耕还林任务艰巨，平原和城镇造林绿化任务仍很繁重。大力开展植树造林仍然是我们在改善生态环境方面面临的头等大事。认真实施《河南省林业生态建设规划》，对绿化中州大地，改善全省生态环境，实现社会经济可持续发展具有重要的作用。决议要求，各级人民政府要切实加强领导，加强对全民的生态环境意识和国策意识的宣传教育，把《河南省林业生态建设规划》确定的目标任务纳入社会经济发展计划，继续深化林业产权制度改革，落实林业政策，保护和调动林业经营者的合法权益和造林积极性。多渠道筹积资金，加大对林业的投入，搞好退耕还林和荒漠化治理，认真实施重点林业生态建设工程，认真执行全国人大《关于开展全民义务植树运动的决议》，组织各行各业大力开展植树活动。决议强调，既要重视造林，更要重视管护。要依靠科技，推广采用新品种、新技术，建立责任制，努力提高造林成活率、保存率。要加大林业行政执法力度，认真贯彻林业法律、法规，对乱砍滥伐林木、乱占滥用林地的违法行为要严肃查处。各级人大常委会要加大监督力度，加强对林业生态建设规划实施情况的监督检查。决议号召，全省人民要发扬“愚公移山”精神，艰苦奋斗，持之以恒，讲究科学，真抓实干，为完成《河南省林业生态建设规划》确定的目标任务而努力奋斗。

第十一章 人事与党务

【人事与党务概述】 1978 年以来,河南省林业厅的机构和干部队伍建设及党建工作逐步加强,为林业事业的持续、快速发展奠定了良好基础。到 2000 年,河南省林业厅内设 13 个处、室、局,下设 10 个事业单位;共有职工 657 人,其中厅机关 66 人、事业单位 525 人、企业单位 66 人;共有党员 349 人。

第一节 林业机构

【林业机构简述】 1978 年以前,河南省林业工作由省农林局负责组织管理。1978 年 3 月,河南省农林分设机构,成立河南省林业局。此后,河南省林业机构和人员逐步得到了恢复与充实。至 2000 年,全省有省级林业行政管理机构 1 个、直属事业单位 10 个、企业 4 个;18 个省辖市都设有林业(农林、林业园艺)局;154 个县(市、区)设有林业局或非独立设置的林业管理机构。

【省级机构】 1978 年,河南省林业局成立时,恢复了河南省林野勘察设计队(后改为林业勘察设计院)和河南省林业技术指导站(后改为林业技术推广站)。1979 年,河南省林业厅成立之后,相继成立了林产品经销公司、飞机播种造林工作队和林工商开发公司。到 1987 年,河南省林业厅共有职工 662 人,其中二级机构 556 人;内设 12 个处、室,下设 7 个事业单位、4 个企业。1988 年之后,相继成立了《河南林业》杂志社、监察室、林业公安处、省护林防火指挥办公室和省绿化委员会办公室等行政、事业单位。1995 年机构改革时,河南省人民政府办公厅核定河南省林业厅机关行政编制 90 人,内设 13 个处、室单位;设厅长 1 名,副厅长 3 名,纪检组长 1 名,处级领导职数 26 名(含机关党委专职副书记、纪检组副组长兼监察室主任各 1 名);保留直属事业单位 7 个,新增事业单位 3 个。同时,为适应建立社会主义市场经济体制和搞好林业资源配置、生态环境建设的要求,河南省人民政府办公厅要求林业厅转变职责,把林业行政管理工作转变到统筹规划、掌握政策、信息引导、组织协调、健全法制、提供服务和监督检查上来;重点加强林业生态体系及林业产业体系建设的组织管理、林业行政执法管理、林业行业管理和森林资源管理职能;取消或转移对林业企业、国有林场、国有苗圃具体生产经营活动的管理，非重点林业项目的审批及全省森林资源清查统计等职能。2000 年机构改革时，保留了林业厅，作为政府组成部门，核定行政编制 68 名，同年因接收军队转业干部增至 69 名；设厅长 1 名，副厅长 3 名，处级领导职数 27 名（含总工程师、机关党委专职副书记各 1 名），纪检（监察）干部职数另行设定；保留事业单位 10 个，新增事业单位 1 个；将宜林地区以植树、种草等生物措施防治水土流失的职能划入河南省林业厅，同时承担河南省绿化委员会的有关具体工作。取消了组织提出上报统配木材的分配资源，参与和协调统配木材的分配、调拨工作，管理非统配木材和松香（含松脂）的经销，规划指导林产品市场建设等职能。

【行政管理机构】　1979 年 11 月，河南省林业局更名为河南省林业厅。1981 年 5 月，河南省编制委员会批复省林业厅：同意设立林政处、科教处，原人事教育处改为人事处。1987 年，河南省林业厅内设办公室、营林处、国营林场处、经济林处、计划财务处、林政处、科教处、人事处、林业区划办公室、林业史志编辑室、党委会和纪律检查组。1989 年，河南省编制委员会同意，河南省林业厅增设监察室，与纪检组一个机构两个牌子。1990 年，河南省林业厅增设林业公安处；成立河南省人民政府护林防火指挥部，下设办公室（简称护林防火办公室，办公地点设在林业厅，事业编制 8 名）；河南省绿化委员会办公室列入河南省林业厅编制序列。1995 年 9 月机构改革时，河南省人民政府办公厅批准，河南省林业厅内设办公室、造林经营林处、计划财务处、资源林政管理处、野生动植物保护处、林业公安处、森林防火办公室（挂河南省人民政府护林防火指挥部办公室牌子）、科技外事处、林业产业处、人事教育处、老干部处和机关党委、纪检（监察）室。2000 年机构改革时，河南省林业厅内设办公室、植树造林处（挂河南省绿化委员会办公室牌子）、资源林政管理处、计划财务处、野生动植物保护处、森林业公安局、政策法规处、计划财务产业处、科学技术处、人事教育外事处（挂机关党委牌子）和老干部处、纪检（监察）室、河南省人民政府护林防火指挥部办公室。

〖林业厅行政职能〗　2000 年 5 月 26 日，河南省人民政府办公厅关于印发河南省林业厅职能配置内设机构和人员编制规定的通知，明确了河南省林业厅的工作职责：研究制定全省林业生态环境建设、森林资源保护和国土绿化的政策、法规，经批准后组织实施并依法监督检查；指导全省林业经济体制改革。拟定全省林业发展战略、中长期发展规划并组织实施；负责省级林业资金（基金）的筹集和管理；监管全省林业资金的使用。组织开展植树造林和封山育林工作；组织、指导植树种草等生物措施防治水土流失和防沙、治沙工作；组织、协调防治荒漠化有关国际公约的履约工作；指导国有林场（苗圃）、森林公园及基层林业工作机构的建设和管理；负责组织、指导林木良种的培育、审定、检疫、检验工作。组织、指导对全省森林资源（含用材林、防护林、经济林、薪炭林及其他特种用途林）的管理；组织实施天然林保护工程建设项目；组织全省森林资源调查、动态监测和统计；审核并监督森林资源的使用；组织编制森林采伐限额，经省政府批准后，监督执行；监督林木、竹林的凭证采伐与运输；组织、指导林地、林权管理并对依法应由省政府批准的林地征用、占用进行初审；负责森林资源有偿使用并监督林地开发利用；指导全省林地调查、定级、评估工作。组织协调、指导监督全省森林防火工作；组织对《中华人民共和国森林法》、《中华人民共和国野生动物保护法》等有关法律法规的贯彻落实；指导全省森林公安工作，指导、协调、监督、查处破坏森林资源和野生动植物资源的重大案件；打击违犯《中华人民共和国森林法》、《中华人民共和国野生动物保护法》的违法犯罪活动；组织、指导全省森林病虫鼠害的防治、检疫；承担全省猎枪弹具的管理工作。组织、指导陆生野生动植物资源的保护和合理开发利用；拟定及提出国家和省级重点保护的野生动物、植物名录，报省政府批准后发布；在国家级和省级自然保护区的区划、规划原则的指导下，指导森林和陆生野生动物类型自然保护区的建设和管理；组织、协调全省湿地保护和有关国际公约的履约工作；负责全省濒危物种进出口和国家、省保护的野生动物、珍稀物种、珍稀野生植物及其产品出口的管理工作；指导全省珍稀、濒危野生动植物救护、繁殖、驯养工作；组织、协调有关国际公约的履约工作。研究提出全省林业发展的经济调节意见，监管国有林业资产；审批重点林业建设项目。组织、指导全省各类商品林（包括用材林、经济林、薪炭林、药用林、竹林、特种用途林）和风景林的培育。组织指导全省林业科技、宣传、教育工作；组织、指导全民义务植树活动；指导全省林业队伍建设。负责全省林业外事、外经和外资工作，组织全省林业行业开放带动战略工作。指导和宏观管理全省木材生产、木浆造纸、木竹及林果产品加工、森林旅游、林产化工、林业机械、木本药材等林业产业。承办省政府交办的其他事项。

〖林业厅机关处、室、局职能〗　2000 年 5 月 26 日，河南省人民政府办公厅关于印发河南省林业厅职能配置内设机构和人员编制规定的通知，明确了河南省林业厅内设机构厅办公室、植树造林处、资源林政管理处、计划财务处、野生动植物保护处、森林业公安局、政策法规处、计划财务产业处、科学技术处、人事教育外事处（挂机关党委牌子）的职能；其他文件明确了老干部处、纪检(监察)室、河南省人民政府森林防火指挥部办公室的职能。

办公室:协调厅机关政务工作,负责重要文件的起草、重要会议的组织和重要事项的督办;拟定和监督执行厅机关的各项议事规则和工作制度;负责机关文秘、机要、保密、档案、信息、信访工作;承办林业新闻发布工作,负责全省林业宣传工作;完成林业厅交办的其他工作。

植树造林处(河南省绿化委员会办公室牌子):组织起草全省植树造林、封山育林方面的法规、规程并监督执行;组织、协调防治荒漠化方面国际公约的履约工作;承担植树种草等生物措施防治水土流失的工作;指导各类商品林(包括用材林、经济林、薪炭林、药用林、竹林、特种用途林)和风景林的培育;组织、指导全省森林病虫鼠害的防治、检疫和预测预报;指导国有苗圃的建设和管理;指导全省林木种苗、木本药材的生产经营;完成河南省绿化委员会的有关具体工作,承担省绿化委员会办公室的日常工作;完成林业厅交办的其他工作。

资源林政管理处:组织、指导全省森林资源管理,组织全省森林资源调查、动态监测和统计,监督植树造林、封山育林的检查验收,审核并监督森林资源的使用情况,组织编制森林采伐限额;监督林木、竹林的凭证采伐与运输,指导林地、林权管理并承办对依法应由省政府批准的林地征用、占用的初审工作,指导木材检查站的工作,指导有关基层林业工作机构的建设和管理,管理森林资源有偿使用并监督林地开发利用,指导全省林地调查、定级、评估工作;完成林业厅交办的其他工作。

野生动植物保护处:起草全省陆生野生动植物资源保护与管理的政策、法规;组织和监督、指导陆生野生动植物资源的保护与合理开发利用;研究提出国家和省级重点保护的陆生野生动物、植物名录的调整意见;在国家级和省级自然保护区的区划、规划原则指导下,组织、指导森林和陆生野生动物类型自然保护区、森林公园的建设与管理;指导协调全省森林旅游工作;组织、协调湿地保护;负责全省濒危物种进出口和国家及省级保护的陆生野生动物、珍稀树种、珍稀野生植物及其产品出口的管理工作;指导全省珍稀、濒危野生动植物救护、繁殖、驯养工作;指导国有林场的建设与管理;组织、协调有关国际公约的履约工作;承担全省猎枪弹具的管理工作;完成林业厅交办的其他工作。

森林公安局:组织协调和指挥全省性打击破坏森林及野生动植物资源违法犯罪活动的统一行动及专项斗争;指导和督促查处破坏森林资源案件;指导全省森林公安工作,管理森林公安队伍;联系林业检察院和林业法院;完成林业厅交办的其他工作。

政策法规处：研究拟定全省林业生态环境建设、森林资源保护、国土绿化和防治荒漠化等方面的政策、法规，经批准后组织实施并依法监督检查；承办林业执法监督、行政复议；开展普法宣传教育；完成林业厅交办的其他工作。

计划财务产业处：研究提出全省林业发展战略、中长期发展规划和年度计划；管理省级林业资金；监督全省林业资金（基金）的管理和使用；审核重点林业建设项目；研究提出林业发展的经济调节意见；监管国有林业资产和厅机关及直属单位的国有资产；指导全省林业经济体制改革；负责厅机关财务工作；完成林业厅交办的其他工作。

科学技术处：组织拟定全省林业科技发展规划，指导林业科学研究；承办全省林业科技攻关项目的组织指导和申报工作；指导林业适用技术的应用和科技成果的推广，组织有关重点实验室的评审、申报并负责管理工作；指导协调林业技术市场的建设和管理；承担林业技术监督和有关植物新品种的保护、管理工作；指导基层林业科技机构的建设和管理；完成林业厅交办的其他工作。

人事教育外事处：组织拟定全省林业人才培训和教育发展规划并组织实施；承办厅机关和直属单位的人事与机构编制管理及劳动工资工作；调查和预测林业人才资源，指导林业专业技术人员的管理工作；承办林业国际合作与交流的有关工作；指导林业系统的涉外工作；协同有关部门开展国外智力引进工作；协调有关国际条约的履约工作；承办河南省涉及香港、澳门特别行政区及台湾地区的林业事务；完成林业厅交办的其他工作。

厅直党委：承担林业厅机关及直属单位的党群工作；完成林业厅交办的其他工作。

监察室：监督检查驻在部门及所属系统执行党的路线、方针、政策和决议情况，遵守国家法律、法规和执行国务院、省政府决定、命令等情况；在《中国共产党章程》和《中华人民共和国行政监察法》规定范围内，对驻在部门党组（党委）及其成员和其他领导干部实行监督；协助驻在部门党组（党委）抓好党风廉政建设、纠正部门和行业不正之风，会同有关部门对党员、干部进行党纪、政纪教育；监督、检查驻在部门及所属系统党风廉政建设责任制执行情况；督促、协调驻在部门研究制定本系统、本行业预防和治理腐败的措施；受理对检查、监察对象的控告及其申诉，调查处理检查、监察对象违反党纪、政纪的案件；完成省纪委、监察厅和驻在部门党组（党委）、行政领导交办的其他事项。

离退休干部工作处：负责厅机关离退休干部服务和管理工作，指导林业厅直单位离退休人员管理工作；完成林业厅交办的其他工作。

河南省人民政府护林防火指挥部办公室:组织协调、指导监督全省森林防火工作,指导全省森林防火队伍建设;负责全省森林防火基础设施建设;发布森林火险预报和森林火灾信息;管理全省森林火灾档案;配合有关部门查处森林火灾案件。完成林业厅交办的其他工作。

【事业机构】 1978 年,河南省恢复省级林业行政管理机构时,同时恢复了林业勘察设计和技术指导两个林业事业单位。之后,随着林业事业的发展,逐步建立健全了林业事业机构。1980 年 10 月 30 日,河南省编制委员向省林业厅作出《关于林业勘察设计队增加编制的批复》,同意省林业勘察设计队在原编制 65 名的基础上,再增加 25 名。同日,河南省编制委员会向省林业厅作出《关于飞机播种造林队编制的批复》,同意成立河南省林业厅飞机播种造林队,事业编制 15 名。11 月 6 日,河南省编制委员会向省林业厅作出《关于伏牛山宝天曼森林自然保护区管理所编制的批复》,同意把南阳地区内乡县国营万沟林场中的宝天曼、牧虎顶林区划出一部分,成立伏牛山宝天曼森林自然保护区管理所,直属省林业厅领导,事业编制 20 名。1981 年 8 月 6 日,河南省编制委员会批复同意省林业厅在河南省洛阳林业学校增设干部培训班,规模 150 名,教职员工按12∶1 配备,事业编制 13 名。1983 年 8 月,经省编委批准,河南省林野勘察设计队更名为河南省林业勘察设计院。1985 年,河南省林业厅接管了原河南省农林科学院所属的林业科学研究所,在河南省林业技术推广站内设立了森林病虫害防治检疫站。到 1987 年,河南省林业厅下设林业勘察设计院、林业科学研究所、林业技术推广站、森林病虫害防治检疫站、飞机播种造林工作队、洛阳林业学校和林业干部学校等 7 个事业单位。1988 年,河南省编制委员会同意设立《河南林业》杂志社;成立河南省人民政府护林防火指挥部,下设办公室(简称护林防火办公室),办公地点设在林业厅,事业编制 8 名。1991 年 10 月 31 日,河南省林业厅对省林业勘察设计院《关于成立河南省林业资源监测中心的请示》作出批复,同意建立河南省林业资源监测中心,该中心为科级单位,配备人员 20 人。1995 年机构改革时,河南省人民政府办公厅批复,保留河南省林业厅直属事业单位河南省林业勘察设计院、河南省林业科学研究所、河南省林业干部学校、河南省林业技术推广站、河南省洛阳林业学校、《河南林业》杂志社、河南省林业厅招待所等 7 个事业单位,成立河南省森林病虫害防治检疫站、河南省经济林和林木种苗工作站、河南省野生动物救护中心等 3 个事业单位。1998 年,河南省洛阳林业学校更名为河南省林业学校。2000 年机构改革时,河南省保留了河南省林业勘察设计院、河南省林业科学研究所、河南省林业干部学校、河南省林业技术推广站、河南省林业学校、《河南林业》杂志社、河南省森林病虫害防治检疫站、河南省经济林和林木种苗工作站、河南省野生动物救护中心等 9 个事业单位,新增了河南省林业厅机关服务中心(含河南省林业厅招待所)1 个事业单位。另外,根据工作需要,林业厅还先后设立了项目办公室、林业产业管理办公室、林业基金管理站、重点工程稽查办公室和内部审计领导小组办公室等 5 个非常设机构。

〖河南省林业勘察设计院〗 1995 年 12 月 18 日,河南省机构编制委员会《关于河南省林业厅直属事业单位机构编制方案的通知》,保留河南省林业勘察设计院,规格相当于处级,事业编制 120 名,其中领导职数 4 名,经费实行全额预算管理。林业勘察设计院的主要职责是:承担全省林业资源清查、荒山荒沙宜林地调查和人工造林实绩核查任务;承担全省林区开发、大型造林工程和园林绿化工程的规划设计及施工方案编制工作;组织实施飞播造林;承担林业项目规划、林业司法鉴定工作;完成林业厅交办的其他工作。

〖河南省林业科学研究院〗 1995 年 12 月 18 日,河南省机构编制委员会《关于河南省林业厅直属事业单位机构编制方案的通知》,保留河南省林业科学研究院,加挂河南省林产品流通改革试验中心牌子。规格相当于处级,事业编制 108 名,其中领导职数 5 名;经费管理形式:100 名实行全额预算管理,8 名实行自收自支。其主要职责是:承担林业资源和林木新品种、林业新产品的开发研究工作,承担上级下达的重点科研攻关项目和有关部门委托的科研课题,承担上级下达的林产品流通改革试验课题,为木材和林产品流通体制改革提供信息和经验;完成林业厅交办的其他工作。

〖河南省林业干部学校〗 1995 年 12 月 18 日,河南省机构编制委员会《关于河南省林业厅直属事业单位机构编制方案的通知》,保留河南省林业干部学校,筹建事业编制 10 名,经费从筹建经费中解决。其主要职责是:负责筹建省林业干部学校,完成林业厅交办的其他工作。

〖河南省林业技术推广站〗 1995 年 12 月 18 日,河南省机构编制委员会《关于河南省林业厅直属事业单位机构编制方案的通知》,保留河南省林业技术推广站,规格相当于处级,事业编制 25 名,其中领导职数 3 名,经费实行全额预算管理。其主要职责是:为全省林业服务体系建设提供指导和服务,实施全省林业技术推广规划、计划,参与制定林业技术标准,承担林业新技术试验、示范、推广、普及和宣传工作;完成林业厅交办的其他工作。

〖河南省林业厅招待所〗 1995 年 12 月 18 日,河南省机构编制委员会《关于河南省林业厅直属事业单位机构编制方案的通知》,保留河南省林业厅招待所,规格相当于科级,事业编制 15 名,经费实行自收自支。

〖《河南林业》杂志社〗　1995 年 12 月 18 日,河南省机构编制委员会《关于河南省林业厅直属事业单位机构编制方案的通知》,保留《河南林业》杂志社,与河南省林业厅宣传办公室合署办公。规格相当于处级,事业编制 13 名,其中领导职数 2 名,经费实行自收自支。主要职责是:严格遵守新闻出版法律法规和纪律,发挥《河南林业》对全省林业工作的指导作用,宣传国家及省的各项林业政策、法律法规和工作部署,交流林业改革与发展的经验,传播林业科技知识,发布林业生产信息等,为领导科学决策和广大林农提供服务;指导、协调全省林业宣传工作;完成林业厅交办的其他工作。

〖河南省森林病虫害防治检疫站〗　1995 年 12 月 18 日,河南省机构编制委员会《关于河南省林业厅直属事业单位机构编制方案的通知》,成立河南省森林病虫害防治检疫站,规格相当于处级,事业编制 15 名,其中领导职数 3 名,经费实行全额预算管理。主要职责是:承担全省森林病虫害的预测、预报、防治、检疫等任务,完成林业厅交办的其他工作。

〖河南省经济林和林木种苗工作站〗　1995 年 12 月 18 日,河南省机构编制委员会《关于河南省林业厅直属事业单位机构编制方案的通知》,成立河南省经济林和林木种苗工作站,规格相当于处级,事业编制 20 名,其中领导职数 3 名,经费实行全额预算管理。其主要职责是:为全省经济林生产提供技术服务和技术培训等;指导国有苗圃、采种基地、良种基地等建设与管理,负责全省林木种质资源调查和种苗质量的检验、监督工作,承担全省苗木普查和良种选育工作;审定林木新品种;完成林业厅交办的其他工作。

〖河南省野生动物救护中心〗　1995 年 12 月 18 日,河南省机构编制委员会《关于河南省林业厅直属事业单位机构编制方案的通知》,成立河南省野生动物救护中心,规格相当于处级,事业编制 30 名,其中领导职数 3 名,经费实行差额预算管理。其主要职责是:承担全省陆生野生动物资源的调查任务,负责抢救、医治患病或受伤的重点保护野生动物,收容、救护、饲养非正常来源的珍稀濒危野生动物,完成林业厅交办的其他工作。2003 年 6 月 20 日,经河南省机构编制委员会批准,经费管理形式由差额变为全额预算管理。

〖河南省林业学校〗　1996 年,经河南省机构编制委员会办公室审核,经河南省机构编制委员会批准,保留河南省洛阳林业学校,规格相当于处级,事业编制 289 名,其中领导职数 5 名,经费管理形式:256 名实行全额预算管理,33 名实行差额预算管理。1998 年,河南省洛阳林业学校更名为河南省林业学校。其主要职责是:贯彻党的教育方针、政策,做好以林业、森林保护、林业经济等专业为主的教学工作;积极组织开展林业职业教育,承担林业行业在职干部职工的培训任务;完成林业厅交办的其他工作。

〖河南省林业厅机关服务中心〗 2000年机构改革时,河南省机构编制委员会《关于省林业厅机关服务中心机构编制的通知》,批准成立河南省林业厅机关服务中心,规格相当于处级,事业编制10名,其中领导职数1名,经费管理形式为:6名实行全额预算管理,4名实行差额预算管理。其主要职责是:根据机关后勤服务工作规划和要求,承担机关的后勤服务保障和安全保卫工作;承担机关委托管理的部分行政事务性工作;管理机关交由其占用、使用的国有资产,能使经营性资产保值增值;推动所属服务经营单位通过深化改革,转换机制,加强管理,改进服务,提高经济效益;完成林业厅交办的其他工作。

〖河南省林业厅项目办公室〗 河南省林业厅项目办公室为非常设机构,与林业厅林业产业管理办公室合署办公。其主要职责是:负责全省林业利用外资工作的宏观指导和组织协调;起草全省林业外资项目实施与管理的政策、法规及技术规程;制定全省林业利用外资规划;负责全省林业引进外资、对外招商和国际合作项目的组织实施;协助省财政厅做好林业外资项目转贷、执行协议的签定和还贷工作;组织全省林业国外贷款或赠款项目的年度预算、决算和提款报账工作;按照有关法律、法规的规定,指导和督促林业国外贷款或赠款项目实施单位建立健全内部财务监督制度,规范资金使用行为;接受审计部门对林业国外贷款或赠款项目的审计,督促各级项目单位落实审计意见;负责外资项目造林林木采伐的初审工作;完成林业厅交办的其他工作。

〖河南省林业厅林业产业管理办公室〗 河南省林业厅林业产业管理办公室为非常设机构,主要职责是:负责全省速生丰产林基地建设规划的制定、组织实施和管理工作;负责对全省林果产品加工、林产化工、林业机械等林业产业的指导、管理;完成林业厅交办的其他工作。

〖河南省林业基金管理站〗 河南省林业基金管理站为非常设机构,与河南省林业厅重点工程稽查办公室、内部审计领导小组办公室合署办公。基金管理站的职责为:负责全省林业项目、治沙、山区综合开发贴息贷款和其他信贷资金的协调、申报、落实和管理;负责财政贴息的争取和安排;负责中央级、省级林业周转金的争取、投放、回收等管理工作;负责信贷周转金的争取、投放和回收管理;负责全省育林基金的征收、管理和使用;负责省级林业预算外资金的管理、使用;负责全省林业有偿资金的使用和管理。

〖河南省林业厅重点工程稽查办公室〗 河南省林业厅重点工程稽查办公室的职责是:根据林业厅下达的工作计划任务编制稽查计划,按林业厅批准的稽查工作计划对林业重点工程项目单位的资金使用和管理情况进行检查,并根据检查情况提出处理意见和建议；参加有关重点工程规划的编制、会议和重点检查及调研；草拟稽查工作的规章制度和有关报表。

〖河南省林业厅内部审计领导小组办公室〗　河南省林业厅内部审计领导小组办公室职责：按照有关法律、法规和林业厅审计领导小组的要求，制定有关内部审计准则和内部审计制度；指导和监督林业厅厅直单位建立健全内部财务监督制度，配备专(兼)职内部审计人员；依据林业厅年度工作重点和综合财务收支计划，编制年度内部审计工作计划；依照年度审计工作计划安排和领导小组下达的审计任务，组织有关人员组成审计小组，进行内部审计工作，并将审计结果报告领导小组审议后，下达审计结论；配合省审计厅或其他部门完成对林业厅及厅直单位和重点投资项目的专项审计工作。

【企业机构】　1980 年，河南省林业厅招待所(1995 年，河南省林业厅招待所改为自收自支事业单位)和林业厅物资供应站成立。6 月 23 日，河南省编制委员会作出关于成立林产品经销公司的批复，同意成立河南省林产品经销公司，企业编制 20 名；洛阳、南阳、信阳三地区成立分公司，均为自负盈亏单位，编制由所属地区编委自行确定。

1985 年 2 月 18 日，为了提高机关办事效率，进一步搞好生活服务工作。河南省林业厅党组决定，成立河南省林业厅机关服务部，其主要任务是：搞好林业厅招待所、食堂的日常管理和厅直机关职工群众的生活服务、待业知青对外营业性服务等工作。机关服务部按副处级建制，实行经济独立，自收自支，自负盈亏。6 月 12 日，河南省林业厅决定，成立河南省林业厅劳动服务公司，归属林业厅办公室领导，其性质属集体所有制经济组织，自负盈亏。经营范围包括招待所、食堂、小卖部、缮印、维修等。6 月 29 日，根据中央经济体制改革精神，为了发展林业商品生产，疏通产销渠道，交流商品信息，搞活林业经济，促进林工商全面发展，振兴河南林业，经河南省林业厅研究，决定成立中原林工商服务中心。中心为林业生产单位自愿互利、集资入股、联合经营的服务性机构，各联营单位的性质和隶属关系不变。中心实行独立核算、自负盈亏，与行政机关脱钩，在业务上接受河南省林业厅指导。

1986 年 6 月 17 日，河南省计划经济委员会对省林业厅关于成立“河南省林工商开发服务中心”的文件作出批复：同意成立河南省林工商开发服务中心，性质是全民所有制企业，办公地点在郑州市。其主要任务和经营范围是：开发林业资源、发展商品生产，搞好林业产前产后的各项服务工作，并实行林工商统一经营，为发展河南省林业生产服务。

1990 年 8 月 9 日，河南省林业厅批复省林产品经销公司，同意建立河南省林产品经销公司木器综合加工厂。该厂属公司二级机构,实行独立核算,自负盈亏。10 月 3 日,河南省林业厅批复:同意省林产品经销公司在郑州市区开设营业部。

1991 年 7 月 11 日,河南省林业厅同意省林产品经销公司与河南省福利实业公司郑州汽车维修站联合开办郑州茂林联营汽车修理厂。该厂经济性质为大集体,实行自主经营、独立核算、自负盈亏。12 月 18 日,河南省林业厅对省林产品经销公司联办河南省现代办公设备服务中心的请示进行了批复,同意省林产品经销公司与金水区办公自动化销售部联办河南现代办公设备服务中心。该中心企业经济性质为大集体。

1992 年, 河南省林业厅同意省林业技术推广站成立河南省林业科技开发服务中心。中心经营林业新技术的转让、开发咨询、服务,兼营林木良种、苗木、林药、药械、干鲜果品等林副特产。4 月 30 日,河南省科学技术委员会同意省绿化委员会办公室关于创办河南省绿原花木技术开发公司。该机构为自主经营、独立核算的全民性质科技开发企业。6 月 15 日,河南省林业厅成立"河南省银林技术开发服务公司",其宗旨是:开发河南省名特优林产品资源,开展营林技术开发、转让、咨询、推广服务,交流科技兴林信息,培训技术人才。该公司是全民所有制科技开发企业,具有法人资格,是独立、自负盈亏的技术经济实体,其行政和业务工作隶属省林业厅营林处管理。8 月 22 日,河南省计划委员会同意省林业厅成立河南省三林林业联合开发公司,办公地点设在郑州。该公司是独立核算、自负盈亏的全民所有制企业,隶属省林业厅。主要任务是:开发各种林产资源,拓展林产品流通渠道,积极参与河南省林产品市场建设,为林业生产经营和发展提供信息咨询服务,为林业经济再上新台阶作出贡献。8 月 26 日,河南省林业厅制定了兴办经济实体规定,要求:各级领导要高度重视,采取得力措施,积极办好经济实体。要以更好地为基层服务、推动林业生产、活跃林业经济为宗旨,坚持"一业为主、多种经营"和"立足服务办实体,办好实体促服务,搞好服务促发展"的方针,本着"项目自定、资金自筹、产品自销、自负盈亏"的原则,努力把经济实体办好。同时对兴办实体所需资金、人员待遇及奖励等方面作出了详细规定。10 月 5 日,为搞活厅机关经济,办好三林联合开发公司,经河南省林业厅党组研究决定,将厅招待所租赁给河南省三林联合开发公司经营两年,具体租赁事宜由厅办公室和三林联合开发公司负责办理(1993 年 1 月,签订了租赁合同,合同期从 1993 年 1 月 1 日起到 1994 年 12 月 31 日止)。11 月 13 日,河南省劳动厅同意省林业厅成立河南省林海服务公司,地址设在郑州市纬五路 40 号院。公司主营:木材、林产化工、林业机械、林木种苗、农林产品、林副产品、农副产品、日用杂品、土特产品、干菜调料、建筑材料、花卉等。

1993 年 2 月 19 日，河南省委老干部局批复同意省林业厅离退休干部创办河南省宏森开发服务公司。4 月 20 日，河南省林业厅同意省林业勘察设计院成立河南省富林技术开发公司。该公司为全民所有制企业。5 月 22 日，河南省林业厅批复同意林业厅物资站成立河南省新林开发公司。该公司为独立核算、自主经营、自负盈亏的集体性质企业，独立承担民事责任。7 月 20 日，河南省林业厅同意省林科所成立豫林科技开发公司。公司主营：技术培训、技术开发、技术咨询、科技成果转让、园林工程设计、规划和施工，林果、种子、种苗经销；兼营：复印、打字，糖、烟、酒以及汽车配件、建材经销等。公司为独立核算、自负盈亏的全民所有制企业，归省林业科学研究所主管。8 月 10 日，经河南省科学技术委员会同工商行政管理部门审核，同意省林业厅所属的林业科学研究所申请成立河南省豫林科技开发公司。该公司为全民所有制性质。经营范围以林业科学技术方面的科研开发、技术培训、技术咨询、技术转让、技术服务和园林工程设计、规划和施工为主，兼营林果、种子、种苗的销售。

1997 年 9 月 17 日，河南省计委批复：同意河南省林工商开发公司建设河南省林业高新技术试验基地项目，地址选在新郑市孟庄村。建设规模为 30 公顷（豫计农经[1997]1066 号）。12 月 16 日，为了加强对河南省宝石桥林化有限责任公司的领导，组织协调好松脂资源、建设资金及有关政策的落实和实施，河南省林业厅决定成立河南省宝石桥林化有限责任公司筹建领导小组。组长由副厅长张守印担任；副组长由省林业厅产业处、计财处、保护处、林政处、省林工商开发公司及信阳市政府和信阳林业局等单位的有关人员担任。12 月 23 日，河南省林业厅分别成立河南省新郑高新技术试验场和由副厅长张守印任组长，纪检组长李健庭、助理巡视员王镇兴任副组长的河南省新郑林业高新技术试验场开发工作协调小组。

1998 年 3 月 6 日，河南省林业厅批复同意郑州华森实业公司与康迪亚国际贸易南美有限公司（以下简称“外方”）合作成立河南省联合木业发展有限公司，并要求对“外方”资信情况做进一步考察后，按照国家有关法规与“外方”签订合作协议，同时制定措施，确保协议的顺利履行。5 月 20 日，根据省委办公厅、省政府办公厅《关于彻底清理挂靠省直机关的经济实体的紧急通知》（豫办[1998]16 号）精神，河南省林业厅研究决定：自 1998 年 5 月 20 日起，解除河南省兰桐林业（集团）有限公司与省林业厅的挂靠关系。10 月 7 日河南省林业厅下发《关于理顺直属企业隶属关系的通知》。通知明确河南省林工商开发公司、河南省银林技术开发公司、河南省兴林科技开发公司和河南省三林联合开发公司为一级法人单位，河南省林业厅物资站、河南省（新郑）林业高新技术试验场和郑州华森实业公司分别为河南省林工商开发公司、河南省银林技术开发公司和河南省兴林科技开发公司的二级法人单位。通知强调：今后，省林业厅只对以上 4 个一级法人单位（公司）进行监督，二级法人单位由其隶属于的一级法人单位负责管理。12 月 11 日，河南省林业厅批复：同意省三林联合开发公司申请建立经济林组织培养和工厂化育苗基地，项目规模为年产苗木 120 万株，项目总投资为 300 万元。

1999 年 11 月 16 日，河南省林业厅以豫林产[1999]212 号文批复《关于变更郑州市华森实业公司经济性质的请示》，根据公司现有状况，同意将企业经济性质变更为国有企业。

2000 年 12 月 22 日，河南省林业厅关于深化厅直企业改革的若干意见出台。该意见明确了建立以聘任制为主的选人用人制度，下放了企业自主行使生产经营决策权，提出了逐步建立重实绩、重效益、重贡献、形式多样和自主灵活的分配激励机制。通过建立合理安置未聘人员制度，达到精减冗员，鼓励竞争，促进流动，提高素质的目的。到 2000 年，河南省林业厅保留的厅直属企业有 4 个，分别是河南省林业厅物资供应站、河南省林产品公司、河南省林工商开发公司和河南省三林联合开发公司。

1987 年、1990 年、1996 年和 2000 年河南省林业厅机构设置情况分别见图 11－1、图 11－2、图 11－3、图 11－4。

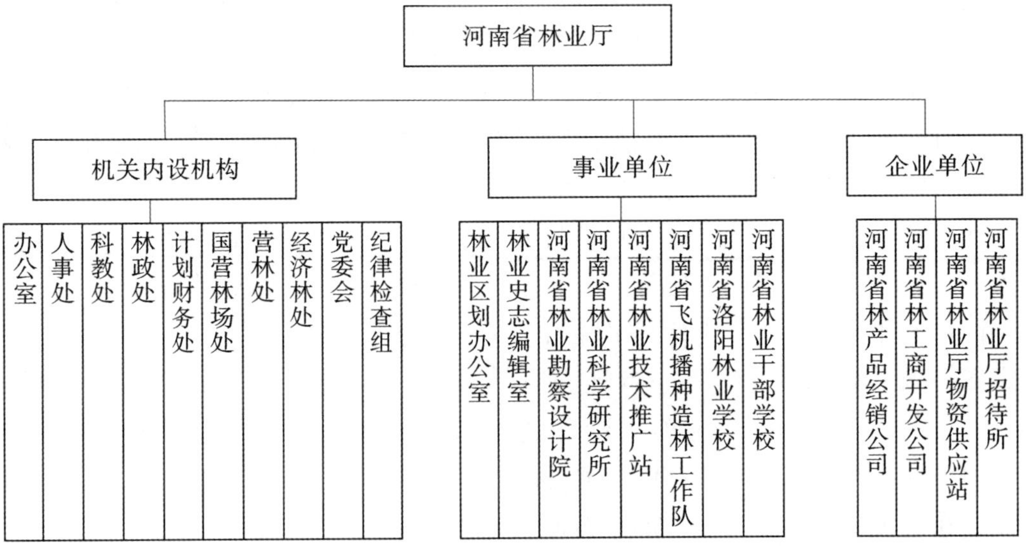

图 11－1　1987 年河南省林业厅机构设置图

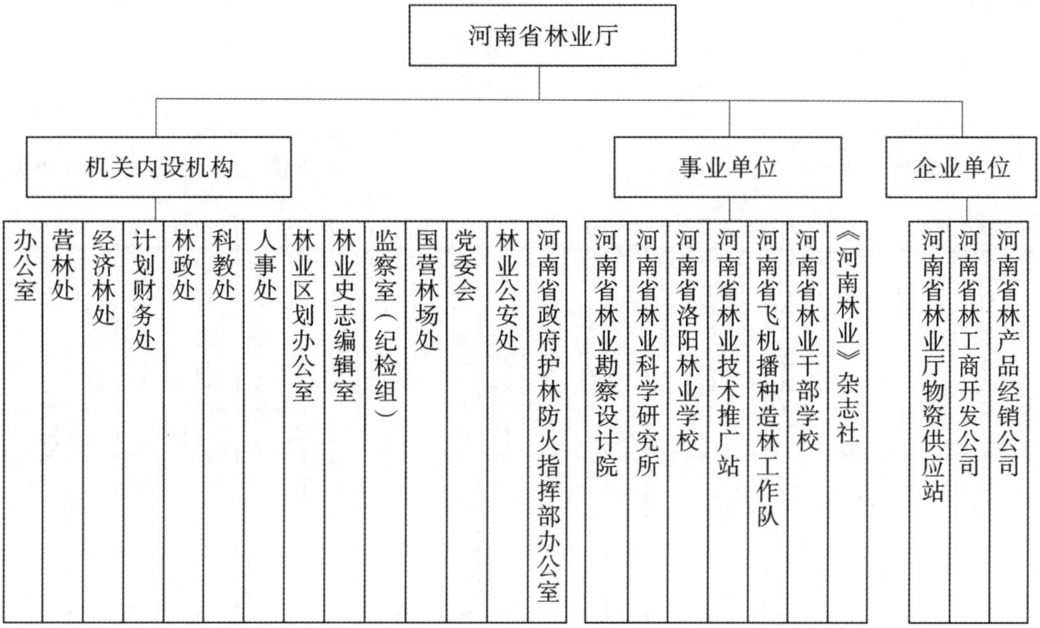

图 11－2　1990 年河南省林业厅机关机构设置图

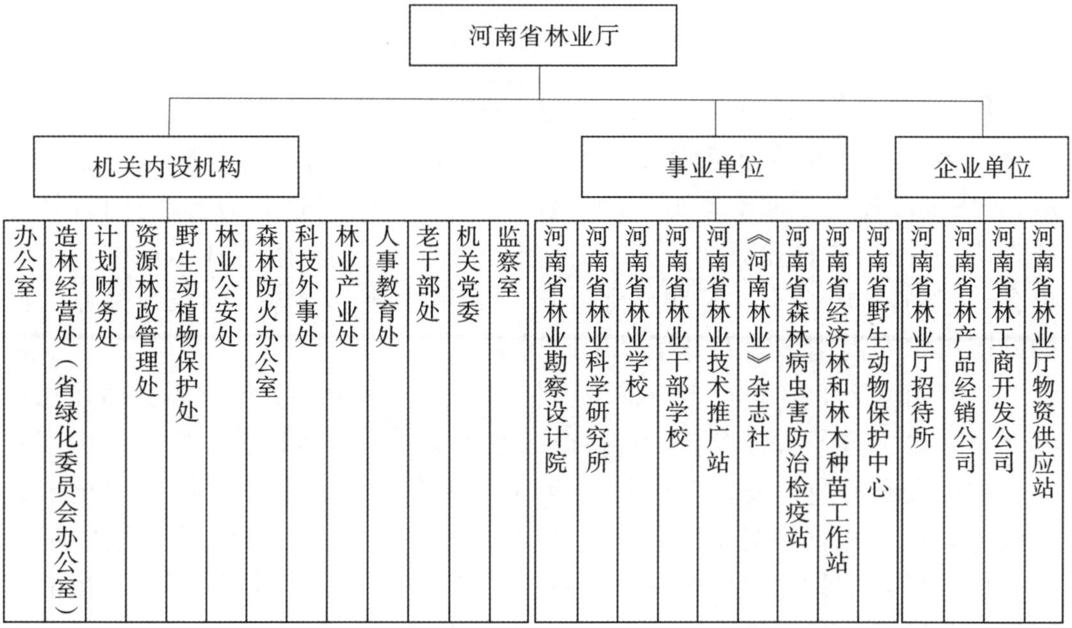

图 11－3　1996 年河南省林业厅机构设置图

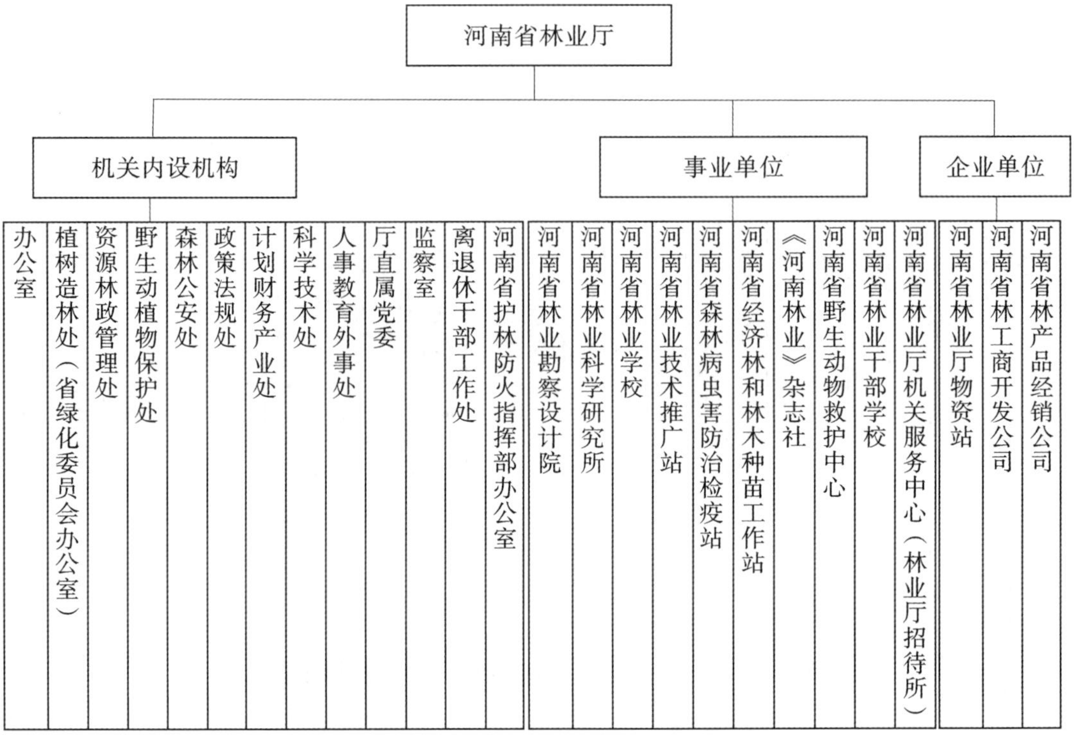

图 11－4　2000 年河南省林业厅机构设置图

【社会团体】　1978 年以前批准建立的省级林业团体有 2 个，分别为河南省林学会和河南省林业科学技术委员会。1978 年之后，随着林业事业的发展，先后批准建立了河南省野生动物保护协会、河南省竹业协会、河南省林业花卉协会、河南省林业产业协会、河南省经济林协会、河南省林木良种审定委员会、河南省林学会森林消防专业委员会等林业社会团体。国家级林业方面的社团组织在河南多次召开了学术研讨会。

1985 年 12 月 13 日至 18 日，中国林学会第六届全国会员代表大会在郑州召开。来自全国各省、自治区、直辖市以及中国科学技术协会、林业部、中国农学会的代表和特邀代表共 160 人会聚郑州，举行了中国林学会第六届全国会员代表大会。林业部副部长董智勇、河南省副省长秦科才出席开幕式并讲话。董智勇在讲话中肯定了中国林学会第五届理事会的工作成绩，介绍了当前我国的林业形势及存在的问题，对林学会工作提出五条建议。会上，颁发了中国林学会基金奖，表彰了 116 名从事林业工作 50 年以上的老一辈科技工作者和 15 个给予学会大力支持和帮助的林业单位，并向即将离开学会领导岗位的理事、顾问等宣读了致敬信。会议讨论通过了工作报告和修改会章的报告，选举产生了由94人组成的中国林学会第六届理事会；与会代表参观了河南省禹县的平原绿化现场；现场有关专家就2000年森林资源发展趋势作了学术报告。

1986年5月7日至8日，中国竹业协会在郑州举行了成立大会，来自省内外的30名代表出席了会议。河南省林业厅副厅长关耀信到会讲话。中国竹业协会副理事长兼秘书长、南京林业大学周芳纯副教授和中国竹业协会理事、四川省竹业协会副理事长兼秘书长刘云工程师到会祝贺并作学术报告。与会代表学习了中国竹业协会章程。会议明确中国竹业协会是群众性的科学技术团体，其宗旨是团结广大竹业工作者和生产者，普及和提高科学技术，为增加竹类资源、开展综合利用、提高经济效益和生态效益、促进竹业生产全面发展而奋斗；其主要任务是积极开展学术交流活动，加强横向联系，以及开展竹业科学技术普及推广、技术咨询服务等。会议选举产生了第一届理事会，讨论制定了学术活动计划。

1987年12月1日至8日，由中国林业经济学会、中国林业科学院、河南省林业厅共同举办的"全国平原林业发展道路学术讨论会"在郑州召开，会议就平原林业发展道路问题进行了广泛的讨论。1989年2月23日至25日，河南省林业厅、中国竹业协会河南分会在博爱县召开了全省竹林资源开发利用研讨会，参加会议的有河南省竹业协会理事和主要产竹地（市）县领导等共38人。这次会议交流了竹林资源开发利用经验和技术方面的信息，参观了博爱县的竹林管理、竹器加工、竹业市场，对河南省竹业生产现状、今后发展目标进行了座谈。1997年12月，中国林学会第九届学术工作委员会第一次会议暨林业新科技革命研讨会在郑州市召开。林业部副部长刘于鹤出席大会并讲话；河南省副省长张世英到会祝贺。

〖河南省林学会〗　河南省林学会于1978年11月在原河南省林园学会的基础上成立。1979年2月26日，河南省林学会选举产生了第一届理事会。徐国梁任理事长，刘运夫、蒋建平、肖位贤、周乾峰、谭永润为副理事长。共有会员245人。3月12日，《河南日报》报道了省林学会在郑州举行第一次理事会的消息。此次会议选举了理事长、秘书长和常务理事，并进行了学术交流。1981年8月4日，《河南日报》报道，河南省林学会在郑州举行理事会议。与会人员认为，在当前森林资源遭受严重破坏、生态趋向恶化的情况下，有组织、有计划地搞好林业科学普及工作，增加人们的林业科学知识，提高对林业重要性的认识，具有重要意义。为此，会议决定成立河南省林学会科学技术普及委员会。1982年4月23日至30日，省林学会在郑州召开全省林业科学技术座谈会。参加会议的有各地区林业科学研究所、林学会和部分县林业科学研究所的负责人以及特邀代表共 90 余人。会议传达学习了省委、省政府转批的《组织"科学技术年"座谈纪要》精神，讨论了 1982 年科学技术年林业活动计划，交流了搞好林业科技工作的经验。1982 年 4 月 24 日，省林学会在省会郑州举行"爱鸟周"鸟类学术报告会，向全社会发出呼吁：积极行动起来，爱鸟护鸟。同年 5 月上旬，省林学会、农学会、水利学会、土壤学会、气象学会联合召开了河南省加快农业发展学术讨论会。1985 年 7 月中旬，河南省林学会在郑州召开第二次会员代表大会，讨论研究了河南省林业发展战略规划；进行了换届选举。新的理事会由 45 人组成，其中新任理事占三分之一。理事会选举张企曾为理事长，蒋建平、王庭训、潭永润为副理事长。

1988 年 7 月 20 日，河南省林学会全体理事会议在郑州举行。学会理事、市(地)学会及学会负责人共 22 人出席会议。会上，传达贯彻了中国林学会工作会议精神和省科学技术协会的有关文件精神，讨论了学会改革问题，修订和落实了下半年的重点活动计划，审批了一批新会员。河南农业大学校长、省林学会副理事长蒋建平出席会议，河南省林业厅副厅长、副理事长王庭训主持会议并就学会改革问题发表讲话。1993 年 6 月 10 日 经河南省科学技术协会与省林业厅研究，同意林学会的业务主管部门由省林业厅变更为省科学技术协会，挂靠单位为省林业厅。

〖河南省生态学会〗 1984 年 2 月 8 日，河南省科学技术协会致函省林业厅，同意成立河南省生态学会，挂靠在省林业厅(省林业厅于同年 12 月会同有关部门协商成立河南省生态学会筹备小组，开始办公)。

〖河南省林业科学技术委员会〗 河南省林业科学技术委员会成立于 1984 年 6 月 1 日，河南省林业厅厅长张企曾任主任，史作宪、魏泽圃任副主任，共有委员 13 人。它的前身是 1963 年 5 月成立的河南省林业科学技术专业组。1981 年 8 月，成立河南省林业科学技术普及委员会。

〖河南省野生动物保护协会〗 1984 年 4 月，经河南省政府批准成立河南省野生动物保护协会。4 月 14 日，河南省野生动物保护协会筹备会在郑州召开。河南省林业厅厅长张企曾主持会议，副省长胡廷积参加会议并讲话。胡廷积指出：河南省野生动物保护协会是群众性组织，在党和政府的领导下，认真贯彻野生动物保护管理工作的方针、政策和法令，团结广大会员，为促进河南省野生动物保护事业的发展作出贡献；协会的主要任务是组织会员开展保护野生动物的宣传教育，争取做到每个公民都能为保护珍贵稀有野生动物出谋献策；尽心尽力，积极配合有关科研、教学、动物饲养单位开展科学研究与学术交流；推广科研成果和先进技术，组织筹募保护野生动物资金。4 月 21 日，河南省野生动物保护协会成立大会暨第三届“爱鸟周”现场会议在桐柏县召开,会议选举河南省副省长胡廷积为河南省野生动物保护协会名誉会长,省林业厅厅长张企曾为会长。

〖河南省林业花卉协会〗　1986年9月17日,为发挥林业部门花卉资源和技术力量的优势,推动并加快城乡绿化美化与花卉事业的发展,河南省林业厅成立河南省林业花卉协会。由崔光华、任雷远担任名誉会长,蒋书铭担任会长,徐枫、刘运夫、周脉常、冯钟粒、赵佩君等5位担任顾问。省林业花协办事机构设在省林业技术推广站种苗科。同年11月5日,启用“河南省林业花卉协会”印章。

〖河南省竹业协会〗　1991年10月,经河南省民政厅批准成立河南省竹业协会(豫民社法证字第0083号),主要职责是开展竹业技术咨询和服务。

〖河南省林业产业协会〗　河南省林业产业协会于1995年12月25日,经河南省民政厅批准成立(豫民社批字1995第47号)。1996年12月15日,河南省林业产业协会在南阳召开了成立大会。省林业厅厅长马新高当选为名誉会长,副厅长张守印当选为会长。林业产业协会的主要职责是指导全省林业产业工作,协调林业产业各企事业单位之间与相关部门的关系;开展林业产业工作理论与实践研究,帮助企业提高经营管理水平;组织培训企业员工,提高企业员工的政治业务素质;协助主管行政部门贯彻林业产业政策,发展同省内外、国内外林业行业交流,开展工作经验交流和学术交流;举办学术研讨、经营交流会、展览会,提供业务咨询;维护会员单位合法权益,收集社会各界有关建议,及时向主管部门反映行业情况,帮助企业解决困难;编印会刊等。1997年1月5日河南省林业产业协会——人造板专业委员会成立。

〖河南省经济林协会〗　1994年3月20日 河南省民政厅对省经济林协会筹备组《关于成立河南省经济林协会的申请》作出批复:根据《社会团体登记管理条例》的有关规定,河南省经济林协会具备全省性社会团体法人资格,特此批准成立,其业务主管部门为河南省林业厅。其主要职责是开展经济林技术咨询和服务。

〖河南省林木良种审定委员会〗　河南省林木良种审定委员会成立于1997年9月,下设用材林、经济林和花卉三个专业委员会,办公室设在河南省经济林和林木种苗工作站。

〖河南省林学会森林防火专业委员会〗　1997年5月22日,河南省政府护林防火指挥部办公室成立河南省森林防火专业委员会。省森林防火专业委员会是河南省林学会下属的森林防火学术性、专业性的群众团体,受省护林防火指挥部办公室、省林学会的领导，办事机构挂靠在省护林防火指挥部办公室。在5月22日召开的河南省森林防火专业委员会成立大会上，选举产生了第一届河南省林学会森林防火专业委员会主任、副主任、秘书长、副秘书长、常委，并设立了南、北部2个学组，南部学组机构暂时挂靠在南阳市护林防火指挥部办公室，北部学组机构暂时挂靠在焦作市护林防火指挥部办公室，分别负责组织我省南、北部的森林防火科研攻关宣传教育等活动。

〖河南省林学会森林消防专业委员会〗　河南省林学会森林消防专业委员会成立于1998年3月20日，为河南省林学会的分支学会，其主要职责是宣传国家有关保护森林的政策、法规，组织森林防火科技攻关，开展各类学术交流，组织开展职工技术培训，推广森林消防先进技术，开展项目评估、科技咨询等活动。

【地(市)县机构】　1987年，河南省的市(地)、县(市、区)林业系统有林业局149个，国营林场87个，国营苗圃88个，林业科学研究所67个，林业技术推广站186个，林产品经销公司88个，木材公司6个，其他机构(包括木竹检查站、林木种子库、林业勘察设计队、林业学校、森林资源保护公司、林木管理站等)98个，共有林业职工23 778人。

1996年河南省机构改革后，全省市(地)、县(市、区)共设有148个林业行政管理机构，人员3 810人；林业教育事业单位2个，人员205人；林业科研单位55个，人员1 260人；林业技术推广站19个，人员320人；国营林场87个，人员10 977人；国营苗圃86个，人员2 487人；乡级林业站620个，人员3 966人；其他林业事业单位(包括种子站、园艺站、竹林所、木材检查站、集体林场等)219个，人员3 270人。

2000年河南省机构改革后，全省18个省辖市中，设有林业局的16个、农林局的1个、林业园艺局的1个；县(市、区)林业管理机构中，设有林业局的120个，非独立设置县级林业管理机构的34个。全省共有国有林场88个，国有苗圃88个，林业科学研究所48个，林业技术推广站92个，种苗站21个，森林病虫害防治检疫站57个，共有林业职工31 607人。

【基层林业工作站建设】　基层林业工作站主要指乡(镇)林业工作站(以下简称乡级林业站)，是林业主管部门指导和组织农村集体、个人发展林业生产的基层林业事业单位，行使部分林业行政管理职能和技术服务职能。河南省乡级林业站建设可分为三个阶段：缓慢发展阶段、初级建站阶段和标准站建设阶段。

新中国成立初期至1987年为缓慢发展阶段。新中国成立初期，河南省已经开始建立乡级林业站，但建设进度缓慢。到 1987 年底，全省 2 110 个乡（镇）中，设有林业站的 360 个，占 17%；绝大多数乡（镇）只配备 1 名林业助理员负责林业生产。

1988 年至 1992 年为初级建站阶段。1988 年 7 月，林业部颁发了《区、乡（镇）林业工作站管理办法》。按照林业部的要求，河南省在原乡（镇）林业助理员的基础上，开始新建乡（镇）林业站。为加快乡级林业站建设的步伐，省、市林业主管部门都明确专门机构负责林业站建设工作，省乡级林业站管理职能由河南省林业技术推广站履行。至 1991 年，全省共建立乡级林业站 2 068 个，核定编制 4 539 人，基本上完成了初级建站任务。

1993 年至 2000 年为标准站建设阶段。1991 年，林业部在开封市的尉氏县开展标准化林业站建设试点。1993 年，尉氏县完成标准化林业站建设试点任务并通过林业部的验收。1993 年后，河南省转入以标准化林业站建设为核心内容的整体推进阶段。标准化林业站建设的主要任务是抓好现有林业站的巩固、完善与提高，20 世纪末达到“规范化、标准化、制度化”的要求，使其充分发挥“管理、组织、指导、服务”的职能。标准化林业站建设以县为单位进行，内容包括机构设置、人员编制、办公用房、交通工具、通信设备、制度图表、档案管理、基地和多种经营、职能发挥、廉政建设等十个方面，全部完成标准化林业站建设任务的县（市、区），被命名为“标准化林业站建设合格县”。围绕标准化林业站建设，1994 年，河南省开展了“综合实力百强站”评选活动，1998 年开展了林业站示范站建设活动。

到 2000 年底，河南省 158 个县（市、区）的 2 144 个乡（镇）中已建立乡级林业站 2 108 个，没有建站的乡（镇）也都设立了专职林业员。全省乡级林业站共有职工 8 784 人，1 520 个站有汽车、摩托车等机动交通工具，有 1 820 个站配备了电话、对讲机等通信设备。全省用于乡级林业站建设的基建投资累计达 7 351. 97 万元，其中林业部补助 654 万元，省级财政补助 791 万元，市（地）、县乡配套投资 5 906. 97 万元。全省有 16 个乡级林业站获得了“全国先进林业站”荣誉称号，有 87 个乡级林业站被河南省林业厅评为“百强站”，有 100 个乡级林业站被河南省林业厅命名为“示范站”，有 11 名乡级林业站职工获得“全国林业站先进工作者”荣誉称号，30 名乡级林业站职工被评为“全国优秀乡村护林员”，5 名乡级林业站职工被授予“全国林业劳模”荣誉称号或获得“全国绿化奖章”。

“八五”初期，全省乡级林业站中，117 个站建有生产基地和开展了多种经营项目，年产值 96. 6 万元。到 2000 年底，全省乡级林业站共建立各类生产基地 2. 22 万公顷,有 1 220 个乡级林业站有自己的经营实体,年产值达 16 360 万元,利润达 1 680 万元。经营范围涉及木材采运加工、果品储藏、矿产开发、养殖、种植、商业服务和技术承包等,涌现出了开封县半坡店乡林业站、新县卡房乡林业站等一批年产值 30 万元以上、年利润达 5 万元以上的乡级林业站,较好地发挥了“管理、组织、指导、服务”的职能和示范带动的作用。

【乡村林场建设】 1978 年之前,河南省的乡村林场称集体林场或社队林场。中共十一届三中全会以后,随着农业联产承包责任制的推行,一批效益不好的集体林场或社队林场由集体经营转变为分户承包经营。1984 年,农村行政体制改革实行政、社分立后,原来的社办林场改为乡办林场,队办林场改为村办林场。据 1984 年统计,全省共有乡办林场 764 个,村办林场 8 750 个;乡村林场共有专业劳动力 64 024 人,经营土地面积 38. 4 万公顷。随着农村经营体制改革的深化和林业生产责任制的逐步完善,涌现出了林业专业户、林业重点户和林业生产联合体等新的林业经营组织形式。到 1987 年,全省乡办林场下降到 732 个,村办林场下降到 5 674 个,乡村林场专业劳动力下降到 46 267 人,经营面积减少到 33 万公顷。1989 年 7 月 13 日至 16 日,林业部在河南省信阳地区新县召开由 14 个省(区)乡村林场工作负责人参加的全国首次乡村林场工作研讨会。林业部造林经营司司长祝光耀作会议总结。会议组织参观了新县乡村办林场;信阳地区林业局、新县人民政府在会上作了典型发言,介绍发展乡村林场的成绩与经验。会议讨论修改了《乡村林场达标升级管理办法》和《乡村林场管理条例》。与会代表回顾总结了我国乡村林场工作 30 多年来走过的艰辛曲折历程、取得的成绩、存在的问题,提出了新的奋斗目标和加快乡村林场改革、发展的政策、技术、措施。

进入 20 世纪 90 年代,随着农村改革的进一步深化,土地实行延包,农村劳动力开始向城市转移,多数乡村林场经营困难,逐步被大户承包独立经营或成为股份制经营的联合体。为了巩固乡村林场建设成果,1990 年 7 月 25 日,全省乡村林场工作会议在信阳召开。林业部造林司总工程师徐世格专程到会指导。会议传达了全国乡村林场工作会议精神,河南省林业厅副厅长王庭训在会上作了《一手抓巩固,一手抓发展,努力开拓我省乡村林场建设的新局面》的工作报告。与会代表参观了信阳市金牛山和信阳县柳林乡非梁村、十三里桥乡寺河村林场及浉河乡造林整地现场。12 个单位在大会上介绍了办乡村林场的经验。会上,表彰了在乡村林场建设中成绩优异的 14 个市(地)、县林业局,111 个乡村林场和作出突出贡献的 153 人,并分别授予“全省乡村林场先进单位”和“全省乡村林场工作先进工作者”称号。1991 年 8 月 23 日,河南省林业厅印发表彰河南省乡村林场全面质量管理先进单位的通报，对信阳县柳林乡“八一”林场等33个乡村林场进行通报表彰，授予其“河南省乡村林场全面质量管理先进单位”称号，并对在组织乡村林场开展全面质量管理评比竞赛活动中措施得力、成绩突出的周口地区林业局、洛阳市林业局、淮阳县林业局、嵩县林业局、南召县林业局等5个单位予以表彰。1995年2月9日，林业部对河南省荣获“全国乡村林场建设先进单位”的长葛市、汝阳县和光山县给予通报表彰，并颁发了证书与奖牌。

第二节 干部队伍

【干部队伍简述】 与机构改革同步，河南省林业厅人事制度也经历了一系列的改革与调整，干部队伍建设逐步得到巩固和加强。在领导班子建设上，河南省林业厅始终坚持“革命化、年轻化、专业化、知识化”的方针和德才兼备原则，不断深化干部制度改革，制定并实施了多项制度。在干部培养与选拔任用上，坚持党性原则，坚持把德放在第一位，坚持民主集中制，坚持干部能上能下；严把选拔对象关、任用程序关和人事工作纪律关，严格按照有关规定选拔任用干部，同时把干部培养和扶贫、社教、党建等工作结合起来，制定并实施了考核、公开选拔、竞争上岗，干部交流等多项制度，努力打造一支政治强、业务精、作风硬、素质高的林业队伍。在科技人才和技能人才管理上，重视人才资源的开发和人才的培养，致力于建设结构合理、素质优良的人才队伍。截至2000年底，河南省林业厅共有职工657人，其中厅机关66人、事业单位525人、企业单位66人。共有专业技术人员370人。

【厅级领导干部】 1978年3月，成立河南省林业局，史宏泉任局长。1979年3月，赵风岐任局长，徐世杰、刘运夫、石振邦任副局长。1979年11月，河南省林业局改为林业厅，成为省政府组成部门。河南省林业厅厅级领导班子随省政府换届而换届。1979年11月，赵风岐任厅长，蒋超、徐世杰、刘运夫、石振邦任副厅长。1983年3月，张企曾任厅长，王庭训、关耀信、蒋书铭任副厅长，徐国梁任顾问。1988年5月起，马新高任厅长，吴烈继、王庭训、关耀信、蒋书铭、李德臣、张守印、余学友先后任副厅长，王会卿、李健庭先后任纪检组长，张企曾任总工程师。1998年2月起，张敬增任厅长，李德臣、张守印、余学友先后任副厅长，李健庭任纪检组长。

【行政干部队伍】 20世纪80年代，干部队伍建设的重点是解决干部不足问题。随着干部制度的改革，干部的选拔任用和管理成为干部队伍建设的重点。

20 世纪 90 年代中期以来，河南省林业厅先后分期分批选送 27 名优秀青年干部到条件艰苦的乡村去培养锻炼。1996 年 2 月 1 日，河南省人事厅对省林业厅《推行国家公务员制度实施方案实施范围及非领导职务设置意见》进行批复(豫人函[1996]4 号)，同意将厅领导成员、办公室、造林经营处、计划财务处、资源林政管理处、野生动植物保护处、林业公安处、森林防火办公室、科技外事处、林业产业处、人事教育处、老干部处、机关党委、纪检监察室列入实施国家公务员制度范围(上述机构中工勤人员不列入实施公务员制度范围)。省林业厅机关设置 81 个公务员职位，其中处长级领导职位 13 名，副处长级领导职位 13 名，调研员 7 名，助理调研员 6 名，主任科员 18 名，副主任科员 11 名，科员、办事员 7 名。1997 年 4 月 24 日至 10 月 20 日，河南省林业厅录用国家公务员工作历时 6 个月，经资格审查、报名、笔试、面试、体检、组织考察、厅党组研究决定、省人事厅批准等环节，录用 12 名国家公务员。同时，根据考察结果和工作需要，省林业厅党组决定增录 2 名国家公务员，总录用人数为 14 人，其中：男 12 人，女 2 人；年龄最大 35 岁、最小的 26 岁，平均年龄 30 岁；党员 8 名，团员 2 名，具有大学文化程度的 9 人，大专文化程度的 5 人；有 7 位已分别担任科级领导职务，13 位具有中级或初级专业技术职务。2000 年机构改革时，河南省林业厅对 4 个正处级、5 个副处级共 9 个领导职位进行竞争上岗。经过一系列措施，一批优秀年轻干部陆续走上领导岗位，林业厅机关处级干部平均年龄由原来的 47. 1 岁下降到 43. 3 岁，厅机关干部平均年龄由 45. 4 岁下降到 42. 3 岁，下降了 3. 1 岁。

1978 ~2000 年河南省林业厅(局)历届领导名录见表 11 -1。

表 11 -1　1978 ~2000 年河南省林业厅(局)历届领导名录

	职 务	姓 名	任职时间
林业局	局长	史宏泉	1978. 3 ~1979. 2
		赵凤岐	1979. 3 ~1979. 10
	副局长	徐世杰	1978. 3 ~1979. 10
		刘运夫	1978. 3 ~1979. 10
		石振邦	1979. 3 ~1979. 10

续表 11－1

	职 务	姓 名	任职时间
林业厅	厅 长	张企曾	1983. 3～1988. 5
		马新高	1988. 5～1998. 2
		张敬增	1998. 2～
	副厅长	吴烈继	1987. 10～1994. 7
		王庭训	1983. 3～1995. 8
		关耀信	1983. 3～1994. 5
		蒋书铭	1983. 3～1988. 5
		李德臣	1993. 9～
		张守印	1994. 5～
		余学友	1996. 11～
	纪检组长	王会卿	1986. 3～1993. 8
		李健庭	1995. 8～
	顾 问	徐国梁	1984. 1～1985. 6
	总工程师	张企曾	1988. 5～1991. 5

【专业技术干部队伍】 1980年之后，河南省开展了林业专业技术职称评定工作，逐步加强了林业专业技术干部队伍建设。根据要求，河南省林业厅和厅直事业单位都建立健全了林业工程、科研和教师中级与初级专业技术职称评定工作领导小组以及专业技术职称评审委员会，林业专业技术职称评审工作走上了规范化、制度化轨道。1990年以后，河南省林业厅开展了林业系统林业工人技术等级评定工作，组织向国家和省推荐享受政府特殊津贴专家与省优秀专家。到2000年，全厅共有专业技术人员370人，其中：教授级高级工程师1人、副高级职称71人、中级职称155人、初级职称143人。有享受政府特殊津贴专家15人，河南省优秀专家11人。

〖专业技术职称评审组织〗 1986年5月3日，为搞好林业厅厅机关和厅直属单位专业技术职务聘任工作，河南省林业厅成立河南省林业厅职称改革领导小组。领导小组组长由副厅长蒋书铭担任。领导小组下设办公室，负责处理日常工作。办公室设在厅科技处。1987年9月29日，河南省林业厅同意洛阳林业学校组建职称改革领导小组和教师职务评审组。1987 年 10 月 21 日，河南省出版系列职务改革领导小组同意省水利厅、林业厅出版专业中级职务评审委员会由李日旭、王庭训、潘人龙、史作宪、王世龙、柳福元、吴邦、王本学、黄祖伟、齐保元等 10 位人员组成。1992 年 2 月 25 日，根据《河南省专业技术职称评审委员会组织办法》的规定和评审工作的需要，经河南省林业厅研究并报省职称改革办公室批准，决定组建河南省林业厅工程科研教师系列中级职务评审委员会。1992 年 11 月 13 日，根据《河南省专业技术职务评审委员会组织办法》和单位推荐意见，经研究并报省职称改革办公室批准，河南省林业厅对工程、科研、教师系列中级专业技术职务评审委员会进行了调整。省林业厅科研系列中级专业技术职务评审委员会由刘双绂任主任委员，王本学、张之武任副主任委员，周哲身等 20 人为委员；省林业厅工程系列中级专业技术职务评审委员会由李焕章任主任委员，金烈谊、李福成任副主任委员，李占安等 20 人为委员。省林业厅教师系列中级专业技术职务评审委员会由吴烈继任主任委员，刘玉萃、王干生任副主任委员，单之星等 20 人为委员。1993 年 10 月 20 日，根据《河南省专业技术职务评审委员会组织办法》和单位推荐意见，经研究并报省职称改革办公室批准，河南省林业厅工程、科研、教师系列中级专业技术职务评审委员会成员再次进行了调整。1995 年 9 月 20 日，经河南省林业厅研究并报省职称改革办公室批准，组成林业厅工程系列中级专业职务评审委员会、林业厅科研系列中级专业技术职务评审委员会和林业厅教师系列中级专业技术职务评审委员会。1996 年 11 月 8 日，河南省林业厅组成林业工程、科研、教师系列中级专业技术职务评审委员会（豫林人[1996]第 238 号）。工程系列中级专业技术职务评审委员会由王树选等 20 人组成，科研系列中级专业技术职务评审委员会由李焕章等 20 人组成，教师系列中级专业技术职务评审委员会由李当彬等 20 人组成。1996 年 11 月 8 日，根据《河南省专业技术职务评审委员会组织办法》，河南省林业厅同意成立由刘进社等 13 人组成的洛阳林业学校教师系列初级职务评审委员会和由邢铁牛等 13 人组成的省林业勘察设计院工程系列初级职务评审委员会。1997 年 11 月 18 日，河南省林业厅分别调整了由 20 人组成的林业工程系列中级专业技术职务评审委员会、科研系列中级专业技术职务评审委员会和教师系列中级专业技术职务评审委员会。1998 年 11 月 12 日，河南省林业厅调整了林业工程系列中级专业技术评审委员会和教师系列中级专业技术职务评审委员会。1999 年 11 月 10 日，河南省林业厅成立了由省林业厅科技处主要负责人任组长的林业工程中级专业技术职务任职资格评审委员会和省林业学校校长任主任委员的中专教师中级专业技术职务任职资格评审委员会。

〖专业技术职称评审结果〗 1980年8月27日，河南省林业厅向林业部人事局、省农村工作委员会科教处呈报《林业厅工程技术干部技术职称评定结果》。本次技术职称评定结果为：维持原工程师称号2人，晋升工程师20人，套改助理工程师34人，晋升助理工程师8人，套改技术员6人，推荐高级工程师2人。

1983年3月15日，河南省人民政府批准，史作宪、魏泽圃、张守先、冯锺朴、张毓朴等5位通过高级工程师任职资格认定，朱振明通过副研究员任职资格认定。

1988年7月27日，河南省林业厅向省林业技术推广站职称改革领导小组行文，经厅工程系列中级职务评审委员会评审通过，并经厅职称改革领导小组审核同意，确认郝猛进、张雪梅、谢春景、吴理安、田光合、林晓安、马永平、卢云凤、耿月英、李建祥等10人具备工程师任职资格；省林业厅向省林业科学研究所职称改革领导小组行文，经厅工程、科研系列中级职务评审委员会通过，并经厅职称改革领导小组审核同意，确认吕久儒、廉秀荣等2人具备工程师任职资格；冯述清、徐祯祥、李云典、赵北林、樊巍等5人具备助理研究员任职资格；省林业厅向河南省人民医院职称改革领导小组行文，经河南省林业厅工程系列中级职务评审委员会评审通过，确认马振中具备工程师任职资格；省林业厅向洛阳林业学校职称改革领导小组行文，经厅教师系列中级职务评审委员会评审通过，并经厅职称改革领导小组审核同意，确认付若桂、宋以谦、丁笑梅、李志奇、李润东、杨建成、吴玉洲、田爱琴、李当彬、崔凌华、田万森、李建娥、岳当珠、张宾子、段守顺等14人具备讲师任职资格。7月28日，省林业厅向省林业勘察设计院职称改革领导小组行文，经厅工程系列中级职务评审委员会评审通过，并经厅职称改革领导小组审核同意，确认于金明、许幼曾、饶相如、刘健生、段绍光、巴梅玲、石严等7人具备工程师任职资格。10月14日，河南省林业厅向林业部郑州泡桐研究中心行文，受林业部委托，经省林业厅会计系列中级职务评审委员会评审，确认周爱菊具备会计师任职资格。

1992年6月22日，经专业技术人员申报、民主评议、单位推荐及各相应系列评委会于1992年3月9日、13日、26日按程序评审通过，并经审查同意，确认赵海林等21人具备中级专业技术职务任职资格。其中：赵海林、王英武、杨献国、许思臣、张玉洁、张超英等6人具备工程师任职资格；朱延林、孔伟鹤、贾志英、赵中懿等4人具备助理研究员任职资格；刘荣森、张青娥、姚方、张择根、张木霞、徐礼军、桑景栓、赵海宽、吕艳萍、梁铁旺、吴国新等11人具备讲师任职资格。同日,根据河南省职改领导小组豫职改字[1992]65 号、74 号、84 号文件的通知,王泽有等 17 人具备高级专业技术职务任职资格,其中:王泽有具备研究员任职资格,王汉涛、徐祯祥、董铁民等 3 人具备副研究员任职资格,金烈谊、赵清道、王文芳、崔建国、周庆华、夏祥云等 6 人具备高级工程师任职资格,茹葳、李钦录、杨宗义、侯西珍、蒋伯廉、李如、丁笑梅等 7 人具备高级讲师任职资格。12 月 1 日,河南省林业厅中专教师系列中级专业技术职务评审委员会评审通过,确认牛同芳、许前忍、张洛雅、陈德成、孙丹萍、陈金法、马占营、宋建龙、郭现清、刘极霞具备讲师职务任职资格。

1993 年 4 月 19 日,经河南省林业厅工程、科研系列中级评审委员会 1992 年 11 月 30 日、12 月 5 日评审通过,河南省水利厅经济、工程系列中级评审委员会 1992 年 11 月 24 日、12 月 11 日评审通过,邢铁牛、徐忠、李国峰、黄维正、刘玉礼、高喜荣、王明富、王理顺、王海涛、光增云、姚勇、姬韶领、刘增喜、田金萍、营根柱、杨智勇、曲进社、亓建农、夏丰昌、葛长江具备工程师任职资格,李良厚、郭良、刘占朝、宋宏伟、陈昌民、魏玉君具备助理研究员任职资格。崔关振具备经济师任职资格。同日,接河南省人事厅豫职改字[1993]28、58、65 号文件的通知,王彦英、冯述清、孙宝珍、钱振国具备副研究员任职资格,卢国美、黄品龙、卢钦尧具备高级工程师任职资格,付若桂、李志琦具备高级讲师任职资格。

1994 年 3 月 26 日,接河南省人事厅豫职改字[1994]5、68、44 号文件通知,罗秀钧具备研究员任职资格;刘治国、刘凤鸾具备副研究员任职资格;吴理安、段绍光具备高级工程师任职资格;李建娥、张宗德、杨建成具备高级讲师任职资格。同日,按省人事厅通知,经河南省林业厅工程、科研、教师系列中级专业技术职务评审委员会 1993 年 10 月 22 日、23 日、28 日评审通过,肖武奇、方保华、张红文、温保良、李向东、刘铁军、张松山、唐秀军、张万钦、王学会、李银生、贾满顶、朱光前具备工程师任职资格;茹桃勤、王团荣、丁向阳、王文彬具备助理调研员任职资格;刘进社、代爱瑜、司守霞、葛祖鸣具备讲师任职资格。

1995 年 3 月 17 日,河南省林业厅印发《关于董云岚等五位同志具备高级专业技术职务任职资格的通知》。根据省人事厅豫职改字[1995]11 号、42 号文件,董云岚具备副研究员任职资格;李当彬、李润东、吴玉周、田爱琴具备高级讲师任职资格。同日,河南省林业厅印发《关于杨建苹等十八位同志具备中级专业技术职务任职资格的通知》。通知指出:经河南省林业厅教师、工程师系列中级专业技术职务评审委员会 1994 年 9 月 19 日、12 月 7 日评审通过,杨建苹、张昭、刘玉卿、胡志东具备讲师任职资格,王建华具备实验师任职资格,郭国杞等具备工程师任职资格。

1996年3月26日,接河南省人事厅豫职改字[1996]27号、36号、88号文件通知,孙金钟、刘翠峰具备研究员任职资格;黄照清、朱延林、樊巍具备副研究员任职资格;方铁庄、岳当珠具备高级讲师任职资格;王书欣、张雪梅、田光合具备高级工程师任职资格。

1997年3月27日,省林业厅印发通知,通知指出:经河南省农业科学研究系列高级专业技术职务评审委员会1996年12月5日至7日评审通过,并经省职称改革领导小组审查同意,刘启慎具备研究员任职资格,赵北林、赵忠懿具备副研究员任职资格;经河南省中等专业学校教师高级专业技术职务评审委员会1996年11月25日至30日评审通过,并经省职称改革领导小组审查同意,刘荣森、姚方、刘进社、王立新、崔玲华具备高级讲师任职资格;经河南省卫生系列高级专业技术职务评审委员会1996年11月27日至12月6日评审通过,并经省职称改革领导小组审查同意,马金凤具备副主任医师任职资格;经河南省工程系列高级专业技术职务评审委员会1996年12月22日评审通过,并经省职称改革领导小组审查同意,张超英、李建祥、张玉洁、艾书田具备高级工程师任职资格;经河南省林业科研、工程、教师系列中级专业技术职务评审委员会1996年11月11日至15日评审通过,并经审查同意,张新胜、贺德留同志具备助理研究员任职资格;冯俐丽、姚国明、刘纪兰、李笑峰、钟浩然、尚中海、申富勇、赵蔚、冯松具备工程师任职资格,刘军、陈成林、王磊具备讲师任职资格。

1998年7月27日,河南省林业厅向省林业技术推广站职称改革领导小组行文,经林业厅工程系列中级职务评审委员会评审通过,并经林业厅职称改革领导小组审核同意,确认郝猛进、张雪梅、谢春景、吴理安、田光合、林晓安、马永平、卢云凤、耿月英、李建祥等10人具备工程师任职资格。同日,省林业厅向林科所职称改革领导小组行文,经林业厅工程、科研系列中级职务评审委员会评审通过,并经林业厅职称改革领导小组审核同意确认吕久儒、廉秀荣等2人具备工程师任职资格,冯述清、徐祯祥、李云典、赵北林、樊巍等5人具备助理研究员任职资格。

1999年4月20日,经河南省工程系列高级专业技术职务任职资格评审委员会1998年12月15日至24日评审通过,并经省职称改革领导小组审查同意,李军、唐秀军、邢铁牛等9人具备工程系列高级工程师专业职务任职资格。同年12月8日至10日,丁向阳等2人通过河南省农业科学研究系列高级专业技术职务任职资格评审委员会评审,并经省职称改革领导小组审查批准,具备副研究员任职资格。

1999 年 12 月 21 日,经河南省林业厅中专教师中级职务评审委员会 1999 年 11 月 13 日评审通过,于燕、穆冬梅、田润果具备讲师任职资格。

〖林业工人技术等级师评定〗 1989 年 9 月 22 日,河南省林业厅成立以副厅长吴烈继任组长的“河南省林业厅技师评聘工作领导小组”,负责组织省林业厅直属单位的技师聘任和检查指导林业行业的技师聘任工作。1991 年,河南省林业系统实行技师聘任制试点单位评聘技师工作圆满结束。全省林业系统共有 162 名技术工人取得高级技工合格证,其中 45 名经考核被聘为技师,享受每月人均 20 元的职务津贴和本单位工程师等中级专业技术人员的有关福利待遇。1993 年 1 月 28 日,河南省林业厅授予信阳地区林业局等 25 个单位“河南省林业系统技师评聘工作先进单位”称号,授予胡炳苏等 51 人“河南省林业系统技师评聘工作先进个人”称号。1995 年 7 月 15 日,按照河南省人事厅《河南省机关事业单位工人技术等级岗位考核实施意见》(豫人薪[1995]8 号)的要求,省林业厅成立了以厅长马新高任组长的机关、事业单位工人技术等级岗位考核工作领导小组。

【优秀林业专家】 1992 年 6 月 20 日,根据人事部人专发[1992]4 号文件精神,河南省林业厅党组研究推荐王泽有等 9 人享受政府特殊津贴,经人事部人专发[1992]22 号文批准,津贴从 1992 年 10 月起发放。1993 年 1 月 19 日,河南省政府命名王泽有、魏鉴章、王铁章、罗秀钧等人为第二批“河南省优秀专家”。1994 年 1 月 3 日,经人事部人专发[1994]1 号文批准,河南省林业厅厅直单位的陶栋伟、王彦英、刘翠峰、王树选、黄品龙等 5 人享受政府津贴,其中:王彦英、陶栋伟享受逐月 100 月的津贴,其他人享受逐月 50 月的津贴。1995 年 5 月 17 日,河南省人事厅转发人事部《关于 1995 年享受政府特殊津贴人员有关问题的通知》指出:经国务院批准,1995 年河南省 66 名作出突出贡献的专家、学者、技术人员享受政府特殊津贴,津贴一次性发放,每人 5 000 元。省林业厅王颖君被列为 1995 年度享受政府津贴人员。1995 年 7 月 6 日,河南省委、省政府命名省林业科学研究所副研究员刘翠峰、刘启慎,省林业技术推广站高级工程师卢国美为第三批河南省优秀专家。1996 年 4 月 29 日,河南省林业科学研究所副研究员朱延林获得第四届中国林业青年科技奖(林人通字[1996]62 号)。1999 年 11 月 24 日,河南省林业厅在省林业科学研究所举行颁证仪式,张敬增厅长向朱延林、吴理安、赵体顺等 3 位省优秀专家颁发了荣誉证书。到 2000 年,河南省林业厅先后有 15 位技术人员享受政府特殊津贴,有 11 位技术人员被命名为“河南省优秀专家”。

第三节　老干部工作

【老干部工作概述】　1983年以来,河南省林业厅老干部工作坚持围绕中心、服务大局,不断完善工作制度,健全工作机制,改进工作方法,提高服务管理水平,认真落实离退休干部政治、生活待遇,积极引导离退休干部发挥作用,推动离退休干部工作更好地适应时代需要和满足老同志需求,实现了老干部工作的健康发展。

【老干部工作】　河南省林业厅于1983年底成立了老干部工作委员会和离退休干部党支部,负责离退休老干部的服务、管理、政治学习和党组织生活。随着厅机关及直属单位离退休干部人数的逐年增加,老干部工作的重要性日益突显。为了加强老干部工作,搞好各部门之间的协调,调动各方面的积极性,共同做好老干部工作,1987年4月26日,河南省林业厅党组调整了老干部工作委员会,由厅党组副书记、副厅长吴烈继任主任委员。1991年12月,河南省林业厅下发了《关于进一步加强老干部工作的意见》,对落实老干部政治、生活待遇,发挥老干部作用,建立健全新老干部联系制度等进行了部署,再次调整了林业厅老干部工作委员会;同时,厅机关调整5间办公用房,设立老干部活动室,配备了相应的学习、娱乐和健身器材。厅直属单位也分别成立了老干部工作领导小组,设立了办事机构,明确了专、兼职工作人员,建立了相应的管理制度。1992年,经河南省林业厅机关党委批准,厅机关分别设立了离休干部党支部和退休干部党支部。1995年10月15日至26日,全国林业第四届"健康杯"门球赛在郑州举行。来自全国林业系统31支由离、退休干部组成的门球队参加了比赛。河南省副省长张世英,全国政协常委、林业部原副部长刘广运,林业部离退休干部局副局长程庆礼,河南省林业厅厅长马新高、副厅长张守印、纪检组长李健庭等出席了开幕式。经过比赛,湖南省林业厅二队获第一名,吉林省延边林管局队获第二名,黑龙江大兴安岭松岭队获第三名,河南省林业厅一、二队等10支球队获"体育道德风尚奖"。1996年,在机构改革中,经省政府批准,河南省林业厅设立离退休干部工作处,编制5名。其主要职责是负责厅机关离退休干部的管理和服务,指导厅直属单位的离退休干部工作。河南省林业厅成立了老干部工作领导小组,厅党组书记、厅长张敬增担任领导小组组长。截止2008年底,河南省林业厅机关及直属单位共有离退休干部职工321人,其中厅机关74人,厅直属单位247人;离休干部30人,退休干部职工291人。设立离退休干部党支部5个,老干部管理机构8个,专兼职工作人员 23 名。

第四节　党建工作

【党建工作概述】 1980 年恢复河南省林业厅厅直党委会以来,在省直工委和河南省林业厅党组的正确领导下,认真贯彻执行党的十一届三中全会以来的路线、方针、政策,围绕中心、服务大局,充分发挥党组织的战斗堡垒和共产党员的先锋模范作用,积极探索新形势下机关党建工作的新方法、新路子,全面加强党的思想、组织、作风建设,为各项工作任务的圆满完成作出了积极的贡献,取得了明显成效。

【党建工作】 河南省林业厅厅直党委会于 1980 年恢复。1984 年 3 月组建中共河南省林业厅机关委员会,下设 3 个党支部,有 82 名党员。1989 年 6 月 28 日至 29 日,在郑州召开了中共河南省林业厅机关第一次代表大会,大会听取审议了上届机关党委工作报告和河南省林业厅马新高代表厅党组所作的关于深入学习四中全会精神的动员报告,选举产生了新的机关党委和纪委。1989 年 7 月 10 日,中共河南省直属机关委员会经过研究同意中共河南省林业厅机关第一届委员会、纪律检查委员会第一次全体会议选举结果:王会卿兼任省林业厅机关党委书记,张兴山任省林业厅机关党委专职副书记,王敬民任省林业厅机关纪委书记。1990 年 4 月 14 日,河南省林业厅在郑州召开全体党员大会,动员部署党员重新登记工作。厅党组书记、厅长马新高作动员报告,副厅长、党组成员吴烈继、王庭训出席会议并发言。省直党委纪检书记薛继曾应邀参加会议并讲话。4 月 26 日,省林业厅登记领导小组召开厅直党员重新登记第二阶段动员大会,厅长马新高作动员报告,对前一段的学习情况进行了总结,并对搞好第二阶段个人总结提出了要求。1991 年 2 月 23 日,根据中央[1989]12 号文件、省委[1990]14 号文件精神和省直工会要求,河南省林业厅党组研究决定成立省林业厅直属单位工会工作委员会,由机关党委副书记张兴山任主任、闫朝花任副主任。

1992 年,河南省林业厅厅直党委会更名为中共河南省林业厅直属单位委员会。8 月 25 日至 26 日,河南省林业厅厅直单位第二次党员大会在郑州召开。会议听取和审查了中共河南省林业厅厅直单位第一届委员会的工作报告和中共河南省林业厅厅直单位纪律检查委员会的工作报告(书面),选举了中共河南省林业厅厅直单位第二届委员会和中共河南省林业厅厅直单位纪律检查委员会。9 月 11 日,中共河南省直机关委员会对省林业厅《关于厅直属单位第二届委员会、纪律检查委员会选举结果的报告》作出批复：同意中共河南省林业厅直属单位委员会第一次全体会议选举的结果，吴烈继为中共河南省林业厅直属单位委员会书记，张兴山为副书记。同意中共河南省林业厅直属单位纪律检查委员会第一次全体会议选举的结果，王敬民为中共河南省林业厅直属单位纪律检查委员会书记，任朴任副书记。10 月 4 日，共青团河南省直属机关委员会对河南省林业厅《关于林业厅第三届团代会选举结果的报告》作出批复：同意由李笑峰、李志峰、张静满、尚中海、赵益民、樊巍等 6 位组成共青团河南省林业厅委员会第三届委员会，李笑峰任书记，李志峰、张静满任副书记。

1994 年 1 月 19 日，全省林业职工思想政治工作研究会在郑州成立。河南省林业厅马新高厅长当选为会长，吴烈继副厅长当选为副会长，张兴山当选为秘书长，闫朝花、王敬民当选为副秘书长。1999 年 6 月 18 日至 8 月 24 日，河南省林业厅按照要求在全厅厅级和处级领导班子、领导干部中开展了“三讲”教育。厅领导班子和 5 位厅级领导干部剖析材料满意率 1 人为 98.5%，其余为 100%。处级领导班子满意率 100% 的有 10 个，90% 以上的 11 个，分别占 45% 和 50%；处级干部个人满意率 100% 的有 19 人，90% 以上的有 20 人，分别占 42% 和 44%。到 2000 年底，河南省林业厅共有党员 349 人，其中预备党员 6 人。

第十二章　人物

自新中国成立以来,河南林业事业不断发展,队伍建设不断壮大,涌现出了许多为河南林业发展作出贡献的代表人物,本章以简介的形式对林业厅获得国务院特殊津贴的专家、省管优秀专家以及劳动模范和其他荣誉获得者予以了记载。

第一节　国务院特殊津贴专家

【白易简】(1927年—)　河南省巩县人,高级工程师。1950年,河南大学森林系毕业。曾任河南省林业勘测设计队副队长,洛阳地区林业科学研究所副所长,河南省林业勘察设计院总工程师,河南省林业厅《林业志》编委会副主任、编辑室主编,河南省林学会理事,河南省水利学会水土保持专业委员会副主任委员。1988年,当选为河南省第六届政协常委。主持或参与完成的"日本落叶松引种试验"、"泡桐种质资源调查收集"和"中国主要树种造林技术"等项目先后获省政府三等奖、林业部一等奖。参与《河南省志·林业志》、《河南经济事典》、《河南省大辞典》等书的编写。1992年,被国务院批准享受政府特殊津贴。

【陶栋伟】(1929年—)　江苏省江阴市人,副研究员,九三学社社员。1957年北京林学院研究生班毕业。曾任河南农学院造林教研室副主任、河南省农林科学院林科所泡桐研究室主任,兼任林科所的学术委员会主任和职称评定委员会副主任以及河南省林学会理事及林木遗传育种专业组副组长、《河南林业科技》和《河南泡桐》期刊编委、林业科学研究所九三学社支社主任委员。获国家发明奖1项,国家科技进步奖1项,省部级科技进步奖12项。先后在省级以上刊物上发表学术论文、研究报告30篇;与人合著《椿树》、《泡桐》等书,担任《河南森林》副主编。1993年,被国务院批准享受政府特殊津贴。

【王广钦】(1931年—)　河南省长垣县人,中共党员,研究员。1955年河南农学院林学系毕业。先后获得科技成果奖11项,其中全国科学大会奖1项,国家科技进步二等奖1项,省部级科技进步奖7项。在省级以上刊物上发表学术论文、研究报告40多篇，主编《豫东防护林》、《农田防护林》等书，担任《林业技术手册》副主编。1992年，被国务院批准享受政府特殊津贴。

【王锡赞】（1932年—）　河南省宜阳县人，中共党员，高级工程师。1954年7月参加工作，1992年退休。1954～1979年，在南阳地区从事林业工作；1980～1992年，在河南省林业技术推广站从事林业技术推广工作。先后获得国家级科技进步奖4项，省部级科技进步奖7项。1992年被国务院批准享受政府特殊津贴。

【王铁章】（1933年—）　河南省郾城县人，中共党员，副研究员。1955年8月洛阳林业学校毕业。1956～1958年，在河南农学院进修期满后回洛阳林校从事土壤农化教学工作。1963年5月，调入河南省林业科学研究所从事林木遗传育种工作。获省部级科技成果7项，在省级以上刊物上发表学术论文、研究报告、译文等13篇。1992年，被河南省委、省政府命名为优秀专家，同年被国务院批准享受政府特殊津贴。

【王泽有】（1933年—）　湖南省新宁县人，中共党员，研究员。1957年由南京林学院毕业分配到河南农学院林学系任教；1978年，调入河南省农林科学院林科所从事林木育种及栽培技术研究。先后获得国家科技进步一等奖1项、二等奖1项、三等奖1项，林业部科技进步一等奖1项，二等奖1项，河南省科技进步三等奖4项。在省级以上刊物上发表学术论文、研究报告20多篇。1992年，被省委、省政府命名为优秀专家，同年被国务院批准享受政府特殊津贴。

【宋玉和】（1934年—）　山东省高唐县人，中共党员，高级工程师。1955年洛阳林业学校毕业。曾任河南省商业厅办公室办事员、河南省林野勘察设计队副分队长、河南省林野勘察设计队飞机播种造林工作队队长。组织完成河南省飞机播种造林23万余公顷，成效达到部颁优级标准。主持制定了《河南省飞机播种造林工作细则》、《河南省飞播区补植补造办法》等工作规范。主持完成的“河南省飞播造林试验与推广”、“洛阳地区飞播造林试验推广”等项目先后获河南省科技成果三等奖，发表学术论文20多篇。1992年，被国务院批准享受政府特殊津贴。

【黄品龙】（1934年—）　河南省平舆县人，中共党员，高级工程师。1952年10月参加工作，1994年退休。1952～1962年，在省林业厅调查队工作；1963～1979年，在新郑县林业局从事枣树科研工作；1980～1994年，在河南省林业技术推广站从事林业技术推广工作。先后获得省部级科技进步三等奖10项，地市级二等奖3项、三等奖3项。发表论文21篇，合著4部。1993年，被国务院批准享受政府特殊津贴。

【肖传法】(1936 年—)　河南省宁陵县人,高级工程师。1955 年洛阳林业学校毕业。曾任河南省林野勘察设计队副分队长,河南省林业勘察设计院业务技术室副主任,河南省林业勘察设计院总工程师。1982 年,被河南省人民政府授予农业劳动模范荣誉称号。主持完成了 1979~1980 年河南省第一次国家级森林资源连续清查、内乡宝天曼自然保护区资源综合调查和嵩山国家森林公园总体规划。主持或参加完成的“河南省林业区划”、“河南省太行山绿化规划设计”等项目先后获省部级二等奖 2 项,省部级三等奖 3 项,出版了《木材 · 立木材积速算表》。1992 年,被国务院批准享受政府特殊津贴。

【刘翠峰】(1936 年—)　河南省永城县人,研究员。1960 年 7 月由河南农学院园艺系毕业分配到信阳农校任教。1970 年,支援苏区,调入新县高中从事农业课教学。1974 年,调入信阳地区林业局从事经济林生产、科研管理工作。1980 年,调入河南省农林科学院林科所从事经济林研究。先后获得国家科技进步三等奖 1 项,国家教委科技进步三等奖 1 项,省科技进步二等奖 1 项、三等奖 3 项。在省级以上刊物上发表学术论文、研究报告 24 篇,合著 6 部。1993 年,被省委、省政府命名为优秀专家,同年被国务院批准享受政府特殊津贴。

【魏鉴章】(1937 年—)　广东省五华县人,高级工程师。1959 年毕业于华南农业大学林学专业。20 世纪 60 年代,作为第一代主持人承担了国家泡桐课题研究项目,在兰考县蹲点搞泡桐样板林,其事迹先后被《人民日报》、《人民文学》、《河南日报》予以报道。获得国家级科技进步奖 2 项、省级科技进步奖 2 项。公开发表论文 30 余篇,并于 1994 年出版了《河南林木种苗论文专集》。1992 年,被省委、省政府命名为优秀专家,同年被国务院批准享受政府特殊津贴。

【罗秀钧】(1939 年—)　苗族,湖南省龙山县人,中共党员,研究员。1964 年中南林学院经济林专业毕业。1970 年,调入河南省农林科学院林科所从事科研工作。曾任河南省林学会理事、河南省林业标准化技术委员会委员。先后获得国家科技进步奖 2 项,省部级科技进步一等奖 8 项。在省级以上刊物上发表学术论文 20 余篇。1992 年,被省委、省政府命名为优秀专家,同年被国务院批准享受政府特殊津贴。

【王彦英】(1939 年—)　女,长垣县人,副研究员。1964 年河南农学院园艺系毕业,1980 年调入河南省农林科学院林科所从事经济林研究。先后荣获省绿化先进工作者、科教兴林先进工作者称号。1992 年出席国家科技授奖大会,受到党和国家领导人接见。先后获得国家科技进步奖 1 项、省部级奖 5 项。

在省级以上刊物上发表学术论文、研究报告26篇。担任《枣树丰产技术》主编、《中国乌桕》副主编。1993年，被国务院批准享受政府特殊津贴。

【王颖君】（1940年—）　女，河南省襄城县人，中共党员，高级工程师。1964年7月毕业于河南农业大学林业专业。曾任河南省林业技术推广站副站长。主持或组织完成了83项林业重点推广项目，其中12项获省以上科技进步奖；主持完成了8项推广项目，其中获国家科技进步三等奖1项，部省级科技进步二等奖2项，部省级科技进步三等奖5项。1988年，参加编著的《河南省森林昆虫志》由河南科学技术出版社出版，获北方10省（区）优秀科技图书二等奖。1995年，被国务院批准享受政府特殊专家。

【王树选】（1942年—）　河南省陕县人，中共党员，高级工程师。1964年河南农学院林学系毕业。曾任河南省林业勘察设计院院长，河南省林业厅资源林政处处长、总工程师、助理巡视员。1983年，参加完成的"太康县应用双重回归抽样调查林业资源"获省政府农业区划三等奖，"濮阳市黄河故道防护林体系总体规划设计"获省科技进步三等奖；1985年，主持完成的"农田林网经营规划设计综合研究"获省科技进步二等奖；1993年，"河南省西峡老界岭自然保护区植被和植物资源综合研究与评价"获省科技进步三等奖。1993年，被评为国家有突出贡献专家，被国务院批准享受政府特殊津贴。

【朱延林】（1963年—）　河南省孟津县人，中共党员。1985年7月，由河南农大林学系毕业分配到河南省林业科学研究所从事林木遗传育种工作。1996年6月，任林科所副所长，2000年8月任所长，兼任中国林学会林木育种分会理事。中国林业科技奖、河南省五一劳动奖章获得者和河南省跨世纪学科带头人培养对象，河南省优秀专家。获国家级科技进步奖4项，省部级科技进步奖3项，先后在省级以上刊物上发表论文、研究报告25篇，主编《现代林业研究》、《农林业教育评价学》，《河南平原绿化理论与技术》副主编，合编《主要阔叶树速生丰产栽培技术》。2000年，被国务院批准享受政府特殊津贴。

第二节　省管优秀专家

【卢国美】　女，汉族，1940年3月出生，内蒙古凉城县人，高级工程师。1964年7月毕业于内蒙古林学院治沙专业。1995年被河南省委、省政府命名为河南省优秀专家。长期从事林木种苗良种选育和造林技术研究、推广工作。先后主持、参加完成科技成果6项，其中3项获省科技进步二等奖，1项获国家农委、科委推广奖，2项获省科技进步三等奖。主持完成的"油松种子园建立和经营管理技术研究"、"油松种子园开花结实和产量预测研究"、"河南省林木种苗配套标准推广研究"分别获1988年省科技进步二等奖、1991年省科技进步三等奖、1994年省科技进步二等奖。先后在省级以上刊物上发表论文10篇。

【赵体顺】 1941年出生,河南省唐河县人,教授级高级工程师。1964年,河南农学院林学专业毕业。1996年6月至2000年8月,任河南省林业勘察设计院总工程师。1998年1月,当选为河南省第八届政协常委。1999年10月,被命名为河南省优秀专家。2000年9月,被聘任为河南省人民政府参事。主持完成了1993年、1998年两次河南省国家级森林资源连续清查、"世行贷款河南省沿黄地区农业开发项目林果业总体设计"、"黄河中游水土流失区生态环境林业重点治理工程—河南部分可行性研究"等多项大型林业工程项目。2000年,主持起草了《河南省林业发展第十个五年计划》。作为主持人或主要完成人,完成了12项科研项目,获得省部级科技进步二等奖4项、三等奖7项、星火三等奖1项。1999年获联合国发展署防治沙漠化和干旱实用技术最佳实践奖。主编或参编出版《当代林业技术》、《河南平原绿化理论与技术》等论著10部。在省级以上刊物上发表论文25篇,其中7篇载入全国中文核心期刊,国际学术会议交流2篇,在国外杂志上刊登1篇。

【吴理安】 1943年10月出生,河南省南乐县人,中共党员,教授级高级工程师。1968年7月毕业于内蒙古林学院。长期从事林木种苗技术研究、推广工作。1989年起,任全国林木种子标准化委员会委员。1995年,获国家技术监督局"标准化人员资格证书"。1999年,被河南省委、省政府命名为河南省优秀专家。为"六五"、"七五"、"八五"期间《油松种子园营建技术研究》、《侧柏种源试验》国家科技攻关和林业部重点科技课题的主要参加者。主持、参与编写了"河南省苗圃建设项目"等可行性研究报告30余篇。1982年以来,主持、参与完成的科研项目共获得部省级成果奖16项,其中主持完成的《油松种子园优质高产的遗传基因和管理技术》科研项目获1999年度河南省科技进步二等奖。公开发表学术论文15篇。作为副主编,编写出版了《河南林木种苗》一书。

【刘启慎】 1944年出生,四川省乐山市人,中共党员,研究员。1966年由内蒙古林学院林业专业毕业分配到陕西省林业科学研究所从事泡桐研究工作;1979年5月调入河南省农林科学院林业科学研究所工作。曾任中国林学会造林分会理事、河南省生态经济学会理事。先后获得国家科技进步2项,省部级科技进步奖3项。在省级以上刊物上发表论文30余篇。先后担任《太行山林业研究》和《太行山林业生态》主编、《太行山主要水土保持植物及培育》和《太行山生态林业工程实用技术》副主编，与人合著《黄土高原造林》等书。1995 年，被省委、省政府命名为优秀专家。

第三节　省劳动模范及其他荣誉获得者

【王本学】　1940 年出生，江苏省建湖县人。1964 年 7 月南京林学院毕业。1964 年 7 月至 1969 年 9 月，在林业部森林综合调查队工作；“文化大革命”期间，被下放到黑龙江省大兴安岭；1974 年 5 月，调至焦作市教育局工作；1979 年 5 月，调至省林业厅工作直至退休，曾任副处长、调研员、省林业产业协会秘书长、常务副理事长等职，参与中等林校《机关应用文》教材编写工作。获省科技进步二等奖 1 次。1978 年，被河南省革命委员会、省军区授予人民防空先进工作者荣誉称号。

【孙宝存】　1941 年出生，黑龙江省依安县人。1964 年东北农学院园艺系毕业。曾任河南省新郑县林业局工程师、局长，省绿化委员会办公室综合组副组长，林业厅经济林处处长、造林处处长兼省绿化委员会办公室主任。1982 年 12 月，被河南省人民政府授予省农业劳动模范称号；1984 年 1 月，被国家经济委员会、国家科学技术委员会、农牧渔业部、林业部联合授予农林科技推广先进工作者称号；2000 年，获得“全国绿化奖章”。

【闫朝花】　女，1942 年出生，汝州市人。1965 年河南农大林学系毕业。曾任省林业技术推广站副科长，省林业厅科技处秘书、厅直工会副主任、妇女工作委员会主任等职。获得部省级科技成果三等奖 2 次。曾在全国妇联开展的“双学双比”活动中获得全国和省“双学双比”活动先进个人，并于 1995 年获“省三八红旗手”称号。

后　记

《河南林业志》(1978～2000)经过编写人员的艰苦努力和辛勤劳动,终于编纂完成并与广大读者见面。这部志书全面记述了1978～2000年河南林业的发展历程和取得的巨大成就,希望能给林业工作者以及关心河南林业建设和发展的人们提供翔实的史料和有益的帮助。

本志书的编写工作在编委会的直接领导下进行,得到了各级领导高度重视和各部门的大力支持,在此表示衷心的感谢。

本书的具体分工是:徐忠担任主编,负责全书的通编和定稿工作;李华堂、杨晓周担任副主编,负责全书编辑的协调工作。王翃、王一品、王丽娜、王英武、冯茜茜、冯慰东、申富勇、乔文彬、光增云、刘玉、刘宇新、刘建清、宋明伟、张文杰、张玉洁、张顺生、张梦林、张新胜、李辉、李灵军、李桂娥、杨文培、杨洪义、杨朝兴、肖武奇、陈卫、陈伟、陈明、陈风顺、胡建清、赵蔚、姬韶岭、徐霄研、柴明清、袁黎明(按姓氏笔画排序)参与了书稿的撰写工作。

由于内容繁多,文字量大,编纂工作持续时间长,资料的收集和核实工作有一定的难度,加之编写经验不足和能力所限,因而本志书错漏之处在所难免,敬请广大读者批评指正。

编　者

2011年10月